航空发动机基础与教学丛书

轴流压气机叶型
设计理念与设计方法

刘 波 茅晓晨 靳 军 陈云永 李 俊 著

U0230460

科学出版社

北 京

内 容 简 介

　　轴流压气机作为航空发动机和燃气轮机的三大核心部件之一,对整级的工作性能至关重要;压气机叶型设计对压气机的整体性能起着非常关键的作用。本书聚焦于轴流压气机叶型的气动设计,重点关注不同压气机叶型的设计原理和设计方法。

　　全书共 11 章,主要介绍轴流压气机叶型的分类与发展现状、叶型的设计理论和方法、基于人工智能的叶型优化设计方法与应用、叶型优化设计系统的构建,以及特殊气动需求下的压气机叶型设计方法等。

　　本书可供流体机械行业的工程技术人员参考,也可作为高等工科院校叶轮机械设计相关专业的课程教材。

图书在版编目(CIP)数据

轴流压气机叶型设计理念与设计方法/刘波等著.
—北京:科学出版社,2023.5
(航空发动机基础与教学丛书)
ISBN 978 - 7 - 03 - 075391 - 5

Ⅰ. ①轴… Ⅱ. ①刘… Ⅲ. ①航空发动机—轴流式压缩机—叶型—设计 Ⅳ. ①V233.6

中国国家版本馆 CIP 数据核字(2023)第 067200 号

责任编辑:胡文治/责任校对:谭宏宇
责任印制:黄晓鸣/封面设计:殷 靓

科学出版社 出版
北京东黄城根北街 16 号
邮政编码:100717
http://www.sciencep.com

南京展望文化发展有限公司排版
广东虎彩云印刷有限公司印刷
科学出版社发行　各地新华书店经销

*

2023 年 5 月第 一 版　开本:B5(720×1000)
2024 年 11 月第六次印刷　印张:17 3/4
字数:348 000
定价:140.00 元
(如有印装质量问题,我社负责调换)

丛书序

航空发动机是"飞机的心脏",被誉为现代工业"皇冠上的明珠"。航空发动机技术涉及现代科技和工程的许多专业领域,集流体力学、固体力学、热力学、燃烧学、材料学、控制理论、电子技术、计算机技术等学科最新成果的应用为一体,对促进一国装备制造业发展和提升综合国力起着引领作用。

喷气式航空发动机诞生以来的 80 多年时间里,航空发动机技术经历了多次更新换代,航空发动机的技术指标实现了很大幅度的提高。随着航空发动机各种参数趋于当前所掌握技术的能力极限,为满足推力或功率更大、体积更小、质量更轻、寿命更长、排放更低、经济性更好等诸多严酷的要求,对现代航空发动机发展所需的基础理论及新兴技术又提出了更高的要求。

目前,航空发动机技术正在从传统的依赖经验较多、试后修改较多、学科分离较明显向仿真试验互补、多学科综合优化、智能化引领"三化融合"的方向转变,我们应当敢于面对由此带来的挑战,充分利用这一创新超越的机遇。航空发动机领域的学生、工程师及研究人员都必须具备更坚实的理论基础,并将其与航空发动机的工程实践紧密结合。

西北工业大学动力与能源学院设有"航空宇航科学与技术"(一级学科)和"航空宇航推进理论与工程"(二级学科)国家级重点学科,长期致力于我国航空发动机专业人才培养工作,以及航空发动机基础理论和工程技术的研究工作。这些年来,通过国家自然科学基金重点项目、国家重大研究计划项目和国家航空发动机领域重大专项等相关基础研究计划支持,并与国内外研究机构开展深入广泛合作研究,在航空发动机的基础理论和工程技术等方面取得了一系列重要研究成果。

正是在这种背景下,学院整合师资力量、凝练航空发动机教学经验和科学研究成果,组织编写了这套"航空发动机基础与教学丛书"。丛书的组织和撰写是一项具有挑战性的系统工程,需要创新和传承的辩证统一,研究与教学的有机结合,发展趋势同科研进展的协调论述。按此原则,该丛书围绕现代高性能航空发动机所涉及的空气动力学、固体力学、热力学、传热学、燃烧学、控制理论等诸多学科,系统介绍航空发动机基础理论、专业知识和前沿技术,以期更好地服务于航空发动机领域的关键技术攻关和创新超越。

丛书包括专著和教材两部分,前者主要面向航空发动机领域的科技工作者,后者则面向研究生和本科生,将两者结合在一个系列中,既是对航空发动机科研成果的及时总结,也是面向新工科建设的迫切需要。

丛书主事者嘱我作序,西北工业大学是我的母校,敢不从命。希望这套丛书的出版,能为推动我国航空发动机基础研究提供助力,为实现我国航空发动机领域的创新超越贡献力量。

2020 年 7 月

前　言

　　未来,先进航空发动机和燃气轮机对高等熵效率、高负荷、高通流能力和宽稳定工作范围的轴流压气机提出了迫切需求。压气机叶片的几何形状及其气动性能对压气机的整体性能起着至关重要的作用,其设计方法和水平是影响压气机气动性能的主要因素,因此开展轴流压气机叶型设计理论和设计方法的探索对未来高性能航空发动机和燃气轮机压缩系统部件的气动设计具有重要意义。本书正是针对这类需求而撰写的,希望能为从事航空发动机和燃气轮机压缩系统部件气动设计的科研人员开展相关研究工作提供一定参考。

　　全书共11章。第1章介绍轴流压气机叶型设计中的关键参数、叶型的分类与发展、研究现状及工作特性等。第2章介绍压气机叶型的一般设计原则、若干种常见叶型中弧线形式,以及常规叶型厚度分布特征和设计方法。第3章提出四段圆弧超声速压气机叶型中弧线和厚度分布的设计方法,通过对两套现有叶型的改型设计验证了四段圆弧超声速压气机叶型设计方法的有效性。第4章介绍基于非均匀有理B样条(NURBS)的压气机叶型/叶片几何参数化技术,并对基于NURBS方法的压气机叶型参数方法进行有效性验证。第5章介绍基于人工神经网络技术的叶片优化设计技术,包括优化用训练样本数据库的建立、两台两级轴流压气机的原始流场分析及目标叶片排的叶片优化改型设计。第6章为基于神经网络技术的压气机叶片优化设计系统构建,详细介绍开发完成的一套适用性强、操作简单、功能可扩展的叶轮机叶片优化设计平台。第7章介绍级环境下风扇/压气机转子叶片的优化设计方法及优化前后的流场对比分析,验证多叶片排全三维优化方法的有效性。第8章介绍基于遗传算法的叶型多目标优化设计方法,包括优化变量选取、适应度选择等,通过可控扩散叶型的优化和级环境下的叶型优化证明了该方法的有效性。第9章为针对特殊气动需求的压气机叶型设计,包括超高总压比压气机叶型设计和低雷诺数压气机层流叶型设计、低雷诺数压气机叶栅流动特性分析与优化改型设计。第10章介绍叶轮机械叶型设计的势、流函数反方法,主要内容有叶型设计反方法介绍,结合优化技术的势、流函数反方法叶型优化设计,考虑攻角和落后角的优化设计,以及反方法设计叶型与几何方法设计叶型的对比。第11章为前缘构型对叶型气动性能的影响研究,重点介绍椭圆弧前缘构型、非对称前缘构型及对称曲率连续前缘构型对叶型气动性能的影响机理。

本书第1章由西北工业大学的刘波编写,第2章由西北工业大学的茅晓晨编写,第3章由西北工业大学的刘波编写,第4章和第5章由中国船舶重工集团公司第七〇四研究所的靳军和西北工业大学的茅晓晨编写,第6章由西北工业大学的刘波和茅晓晨编写,第7章由中国航发商用航空发动机有限责任公司的陈云永编写,第8章由西北工业大学的刘波和茅晓晨编写,第9章由中国航发沈阳发动机研究所的李俊和西北工业大学的茅晓晨编写,第10章和第11章由西北工业大学的刘波编写。此外,全书由刘波统一修改、定稿。

刘存良教授和高丽敏教授对全书进行了审阅,提出了很多宝贵的意见;南向谊、乔立青、韩子晨、张瑞辰和冯翰霖也参与了有关章节的插图和文字校验工作。科学出版社在本书的出版中提供了很多帮助和支持,在此一并表示诚挚的感谢!

由于作者水平有限,书中不足之处在所难免,敬请指正。

刘　波
2022 年 10 月

符号表

1. 主要变量

符 号	含 义
C_p	静压系数
H	形状因子
i	攻角
p	静压
p^*	总压
r	圆弧半径
r_1	叶型前缘半径
r_2	叶型尾缘半径
t	栅距
W	气流速度
u	气流 x 向分速度
v	气流 y 向分速度
V	速度
α	叶型前、尾缘构造角
α_S	中弧线拐点位置 S 处的切线角(拐点角)
β	气流角
β_S	中弧线拐点角

续 表

符 号	含 义
$\Delta\beta$	气流转折角
β_k	几何构造角
β_y	叶型安装角
χ_1	叶型前缘角
χ_2	叶型尾缘角
θ	叶型弯角
τ	叶栅稠度
σ	总压恢复系数
$\bar{\omega}$	总压损失系数
ρ	气体静密度
Ω	轴向速度密流比
π	总压比
Ψ	流函数
Γ	叶片环量

2. 主要英文简写

符 号	含 义
ANN	人工神经网络
ASA	自适应模拟退火
BDP	(轴流压气机)叶片设计平台
BP	反向传播
BTE	钝尾缘(叶型)
CDA	可控扩散叶型
DCA	双圆弧叶型
DLL	动态链接库

续　表

符　号	含　义
DOE	实验设计
IGV	进口导叶
MCA	多圆弧叶型
MOD	改进设计叶型
MVC	模型-视图-控制
NLPQL	非线性二次规划算法
NURBS	非均匀有理 B 样条
NWPU	西北工业大学
OGV	出口导叶
OLD－T	原始叶型的实验结果
OLD－C	原始叶型的计算结果
OOP	面向对象程序设计
VER－C	改进叶型的计算结果

目　录

第 5 章　基于人工神经网络技术的叶片优化设计技术

第6章　基于神经网络技术的压气机叶片优化设计系统

第7章　级环境下风扇/压气机全三维叶片优化设计

第8章　基于遗传算法的压气机叶型多目标优化设计

第9章　针对特殊气动需求的压气机叶型设计

第 1 章
轴流压气机叶型主要参数及基本分类

　　轴流压气机是现代航空喷气发动机的重要组成部分,航空发动机性能与压气机性能有着密切的联系,而叶片设计直接影响压气机的性能,因此叶片叶型的研究就显得尤为重要。随着科学技术水平的进步和飞行马赫数的提高,现代先进航空发动机对轴流压气机叶片叶型性能的要求也越来越高。在过去的数十年里,叶栅叶型由平板叶型发展到钝头叶型、大弯度叶型、超临界叶型、双圆弧叶型、多圆弧超声速叶型、定制叶型等,还有在 20 世纪 80 年代积极发展起来的高等熵效率新概念叶型,即可控扩散叶型。通常,按照来流速度,可以将叶型分为低速叶型和亚声速叶型、跨声速叶型和超声速叶型。未来先进航空飞行器对高推重比航空发动机的迫切需求将使得压气机级负荷越来越高,因此为了满足高性能、高负荷压气机的发展需求,高负荷大弯度叶型应运而生,并受到越来越多的关注,主要包括常规大弯度叶型、开缝叶型、变几何叶型及串列叶型等。下面就对轴流压气机叶型设计研究中的关键参数、各种形式叶型的发展和研究过程等进行阐述。

1.1　叶型与平面叶栅的主要参数

1.1.1　轴流压气机基元级平面叶栅

　　受气动设计手段和材料水平的约束,单级轴流压气机的增压能力是有限的。为获得更高的循环热等熵效率和足够高的增压比,实际中轴流压气机通常由多级构成。图 1.1 为一个十级轴流压气机的几何模型(深色叶片为动叶,浅色叶片为静叶),从图中可以看出多级轴流压气机由很多静止叶片排和转动叶片排沿轴向交替串联组成。然而,直接对多级轴流压气机中的流动开展研究是

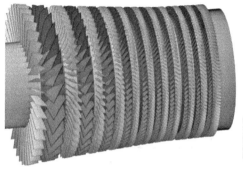

图 1.1　某十级轴流压气机几何模型

非常复杂和困难的。鉴于多级轴流压气机是由多个单级压气机沿压气机轴向叠加组成的,而且每级压气机的结构与工作原理是基本类似的,因此可以对多级轴流压气机进行简化,通过了解单级压气机的加功和增压原理,探索多级压气机中的级间干涉与匹配等特有问题,就可以了解和掌握整个多级轴流压气机的内部流动特征和增压原理等。

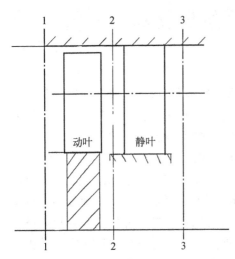

图1.2　单级轴流压气机子午面示意图

图1.2给出了单级轴流压气机的子午面示意图,可见单级轴流压气机是由一排动叶(也称为转子)和一排静叶(也称为静子)组成。为了说明气流参数在压气机级中的变化规律,通常在转子和静子的前后各取一个与回转轴相垂直的截面。通常,转子前的截面记为1-1截面,转子后静子前的截面记为2-2截面,静子后的截面记为3-3截面,且以上三个不同截面上的气流参数分别常用下标"1""2""3"来表示。

对于级总压比不高的压气机或多级轴流压气机的后面级,压气机内径和外径沿轴向的变化不大,每个级中不同半径处的流线基本上都各在一个圆柱面上。尽管不同半径处的流动情况各有差异,但其工作原理大致相同,因此可以通过研究某一个半径处的流动特征和增压原理来了解和掌握整个压气机级和多级轴流压气机中的流动特性和工作原理。用一个与压气机同轴、半径为r的圆柱面对某一压气机级进行剖切,就可以得到一个圆柱面上的环形基元级,如图1.3所示,该环形基元级包括一排转子叶栅和一排静子叶栅。这样,就可以通过研究该环形基元级中的流动来了解整个压气机级的基本工作原理和过程。实际应用中,为了便于问题分析

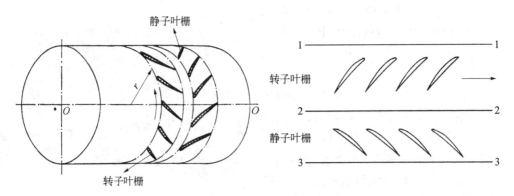

图1.3　压气机环形基元级示意图　　　　　**图1.4　基元级平面叶栅**

和实验验证,常把圆柱面上的环形基元级展开成一个平面,这样就得到了一个平面上的基元级,如图 1.4 所示。该平面基元级包含两排平面叶栅,分别为转子叶栅和静子叶栅。实践证明,采用平面叶栅中的流动近似代替环形叶栅中的流动与实际情况十分接近,因此可以用平面叶栅中的流动分析来研究压气机中的流动情况和工作原理。

1.1.2　叶型的几何参数

通常,压气机叶片具有弯扭三维特征,因此要在不同叶展位置处分别开展基元级的气动设计,也就是按照给定设计条件下的速度三角形,给出相应的叶栅。平面叶栅是研究压气机工作原理的基本单元,叶型是平面叶栅的基本组成元素,平面叶栅由一定数量几何形状相同的叶型按照要求的距离间隔排列组成。要掌握平面叶栅中的流动,首先需要对叶型和平面叶栅的基本参数(包括几何参数、气动参数及性能评价参数)有所了解。下面对叶型和平面叶栅的主要参数进行介绍。

一个典型叶型及其主要几何参数如图 1.5 所示,包含的主要几何参数如下。

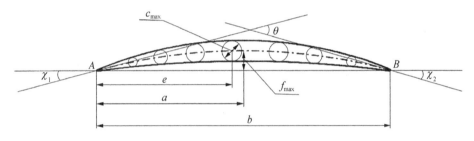

图 1.5　叶型的主要几何参数

(1) 叶型型线:通常需要给出叶型的型线坐标来描述叶型的型线。一般将叶型型线的凸面称为吸力面(又称叶背),叶型型线的凹面称为压力面(又称叶盆)。

(2) 中弧线:通过叶型所有内切圆圆心的曲线,又简称为中线。

(3) 弦长 b:中弧线与叶型型线的前缘和尾缘分别相交于点 A 和点 B,A 和 B 两点之间的连线称为弦线,其长度记为弦长,通常用 b 表示。

(4) 最大厚度 c_{max} 及其相对位置:叶型的最大厚度等于叶型最大内切圆的直径,最大内切圆的圆心距前缘的距离记为 e。实际中,叶型的最大厚度及其相对位置常使用相对于弦长的值来表示,即最大相对厚度 $\bar{c} = c_{max}/b$,最大厚度相对位置 $\bar{e} = e/b$。

(5) 最大挠度 f_{max} 及其相对位置:叶型中弧线到弦线的最大距离称为最大挠度 f_{max},弦线的此点距前缘的距离记为 a。实际中,常使用相对于弦长的值表示,即最大相对挠度 $\bar{f}_{max} = f_{max}/b$,最大挠度相对位置 $\bar{a} = a/b$。

（6）叶型前缘角χ_1和尾缘角χ_2：叶型中弧线在前缘点A和尾缘点B处的切线与弦线之间的夹角分别记为前缘角χ_1和尾缘角χ_2。

（7）叶型弯角θ：中弧线在前缘点A处的切线和在尾缘点B处的切线之间的夹角，表示叶型弯曲程度的大小。弯角等于前缘角和尾缘角之和，即$\theta=\chi_1+\chi_2$。

使用以上几何参数即可以针对任意一个叶型的几何形状给出总体轮廓的描述，包括叶型长短、厚薄、弯曲程度等，这些参数对叶栅的气动性能有着直接影响。

1.1.3　平面叶栅的几何参数

叶型确定以后，需要按照一定的要求把叶型排列成满足要求的叶栅，接下来对叶栅的主要几何参数进行简要介绍，如图1.6所示。

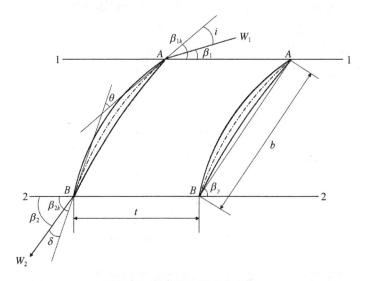

图1.6　叶栅的主要几何参数

（1）叶型安装角β_y：叶型弦线与额线之间的夹角，表示叶型在叶栅中安装时的倾斜程度。额线就是连接所有叶型前缘点A或尾缘点B的直线。

（2）栅距t：两相邻叶型对应点之间沿额线方向的距离，表示叶型排列的疏密程度。

（3）叶栅稠度τ：等于叶型弦长与栅距的比值，即$\tau=b/t$，表示叶栅叶型排列相对疏密的程度，稠度也称为实度。

（4）几何进口角β_{1k}和几何出口角β_{2k}：分别为叶型中弧线在前缘点A和尾缘点B处的切线与叶栅额线之间的夹角。这两个角度是用于描述气流相对于叶栅的方向，是确定气流在叶栅进口和出口处方向的参考基准，这两个参数又分别称为进口构造角和出口构造角。

1.1.4　平面叶栅的气动参数

对于一个给定的叶栅,其主要气动参数如下,参考图 1.6。

(1) 进气角 β_1:1-1 截面处气流来流方向与叶栅额线之间的夹角。

(2) 攻角 i:叶栅几何进口角 β_{1k} 与气流进气角 β_1 之间的夹角,即 $i = \beta_{1k} - \beta_1$。

(3) 出气角 β_2:在 2-2 截面处气流方向与叶栅额线之间的夹角。

(4) 落后角 δ:气流出气角 β_2 与叶栅几何出口角 β_{2k} 之间的夹角,即 $\delta = \beta_{2k} - \beta_2$,该角度也称为脱轨角。

(5) 气流转折角 $\Delta\beta$:表示气流流过叶栅后流动方向发生的改变量,其大小可以表示为 $\Delta\beta = \beta_2 - \beta_1 = (\beta_{2k} - \delta) - (\beta_{1k} - i) = (\beta_{2k} - \beta_{1k}) + i - \delta = \theta + i - \delta$。

1.1.5　叶栅(叶型)性能的评价参数

在叶型或叶栅设计完成后,需要采用相应的性能评价参数来评估其性能,常见的叶栅(叶型)性能评价参数包括以下几种。

(1) 总压损失系数 $\bar{\omega}$:用来表示气流流过叶栅的总压损失,通常总压损失系数越大,代表叶栅内部流动损失越大,叶栅性能越差,其定义公式为

$$\bar{\omega} = \frac{p_1^* - p_2^*}{\frac{1}{2}\rho W_1^2} \tag{1.1}$$

式中,p_1^*、W_1、ρ 分别为 1-1 截面的总压、进口速度、密度;p_2^* 为 2-2 截面的总压。

对于不可压缩的气体,式(1.1)中分母中的动压等于总压与静压之差,则式(1.1)可以表示为

$$\bar{\omega} = \frac{p_1^* - p_2^*}{p_1^* - p_1} \tag{1.2}$$

式中,p_1 表示 1-1 截面的静压。

(2) 总压恢复系数 σ:实际上,也常采用叶栅总压恢复系数来表征叶栅性能,总压恢复系数越大,代表叶栅内部损失越小,叶栅性能越好,其定义公式为

$$\sigma = \frac{p_2^*}{p_1^*} \tag{1.3}$$

式中,p_1^* 和 p_2^* 分别为 1-1 和 2-2 截面的总压。

(3) 静压升系数 p_2/p_1:也称为静压增压比,静压升系数越大,意味着叶栅的扩压能力越高,其中 p_1 与 p_2 分别为 1-1 截面和 2-2 截面的静压。

(4) 扩散因子 D:用来表征气流流过叶栅的相对扩压程度的大小,扩散因子

越大,代表叶栅的负荷越高,扩压能力越强。通常,动叶叶尖附近的扩散因子应不高于0.5,动叶其他叶展位置及静压的扩散因子不宜高于0.6,否则将会导致较大的损失,使叶栅效率下降。扩散因子的定义公式为

$$D = 1 - \frac{W_2}{W_1} + \frac{\Delta W_u}{2W_1\tau} \tag{1.4}$$

式中,W_1、W_2分别为叶栅进出口的速度大小;ΔW_u为扭速大小;τ为叶栅稠度。

（5）临界马赫数 Ma_{cr}:当叶栅进口马赫数增加到某一值时,在叶栅通道内开始出现了局部超声速区,也可能产生激波,激波与附面层干涉使得叶栅总压损失系数急剧增大,通常将此时对应的叶栅进口马赫数记为临界马赫数,常用 Ma_{cr} 表示。在叶型设计时,应尽可能使叶栅工作时的进口马赫数低于临界马赫数,设计中也常采用最大厚度或最大挠度位置后移的设计思路来提高叶型的临界马赫数。

1.2　低速及亚声速叶型

最早的叶栅是由简单的平板叶型构成的。平板叶型叶栅,是指将平板加以适当的弯曲,从而得到相邻两叶型所形成的扩张式叶栅通道。这种叶型的主要缺点包括叶型前缘不能满足来流方向改变时的需要;叶型厚度基本不变,也就无法有效控制沿叶型表面上的压力梯度。后来根据机翼剖面和螺旋桨叶剖面,将平板叶型修改成为流线形状的钝头叶型,即现在常见的低速和亚声速叶型,这类叶型一般都具有圆头尖尾特征,圆头可以适应不同的栅前来流方向;尖尾则可以避免叶型后部压力梯度太大,以免引起附面层分离,从而达到减小压差阻力的目的。

轴流压气机叶片的原始叶型大多源于机翼的原始翼型,因此翼型的研究对压气机叶型的改进起到了重要的推动作用。钝头叶型就是根据机翼剖面或者螺旋桨桨叶剖面转化而来的,在早期的叶片设计中,通常将此类叶型作为压气机的原始叶型,或者称为基本叶型,图1.7给出了某钝头叶型示意图。在设计压气机叶型时,可以根据设计要求,选定合理的原始叶型,加以适当的弯曲和厚度变化来得到。常见的基本叶型有美国的 NACA65 系列叶型、苏联的 BC6 系列叶型及英国的 C 系列叶型等。

英国 C 系列叶型的几何特征如表 1.1 所示,早期在轴流压气机中通常采用 C1 及 C2 两种基本叶型。为了减小气体压缩性的影响,或提高机械强度,后来又提出了 C3、C4、

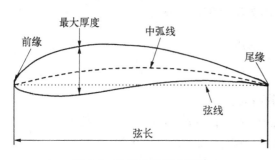

图1.7　某钝头叶型示意图

C5 叶型。C3 叶型的最大厚度位于 50% 弦长处,以便减小气体压缩性的影响,而 C4 和 C5 叶型类似于 C1 及 C2 叶型,但为了提高强度,适当增大了尾缘半径。C7 叶型是从 NACA 叶型中得来的,类似于 C4 叶型的形状,最大厚度在 40% 弦长处,这是因为叶型的最大厚度位置朝尾缘方向移至 50% 弦长处,而不在 30% 弦长处时,能提高进气马赫数。但是在低速来流条件下工作时,攻角范围会减小。最大厚度位置移至 40% 弦长处就是一种折中方案,各方面的性能均比较均衡,显然,这是适应早期叶型工作范围的需要。图 1.8 给出了 C4 叶型对应的某叶栅示意图。

表 1.1　英国 C 系列叶型的几何特征

几何特征	C1	C2	C3	C4	C5	C7
最大相对厚度 c_{max}/b	10%	10%	10%	10%	10%	10%
前缘半径 r_1/t	8%	12%	12%	12%	12%	12%
尾缘半径 r_2/t	2%	2%	2%	6%	12%	6%
最大厚度相对位置/b	33%	30%	50%	30%	30%	40%

早期的 NACA65 系列、BC6 系列和 C 系列原始叶型都属于层流机翼翼型范畴。从几何形状来看,这类翼型厚度变化比较平坦,具有层流区较大、摩擦阻力较小的特点,适合在亚声速条件下工作,但其跨声速性能不理想,主要原因在于:当来流马赫数超过临界值后,在翼型上表面出现局部超声区,并可能产生较强的激波。由于激波与附面层的相互干扰,流动产生分离,导致气流损失增大。为了减小损失,翼型的前缘

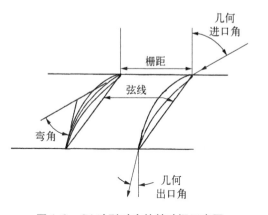

图 1.8　C4 叶型对应的某叶栅示意图

不得不变得越来越薄,这是以损失有效工作范围和可靠性为代价的。

20 世纪 40 年代,主要航空大国在航空发动机压气机研制过程中,对以钝头叶型为主的亚声速叶型叶栅进行了广泛的理论和实验研究,例如,文献[1]中,在来流马赫数为 0.1~1.0 的条件下,对 6 种不同形状的叶型和中线进行了实验研究,重点针对叶型形状、中线形状和叶型厚度的影响进行了吹风实验,文献[2]针对不同最大弯度位置对叶栅性能的影响进行了研究;在文献[3]和[4]中,针对 C 系列和 NACA65 系列基本叶型,在不同叶型几何参数下对叶栅性能产生的影响进行了一系列的研究;在文献[5]中,对钝头叶型和尖头叶型的流动特性进行了对比研究。

总之,经过一系列亚声速钝头叶型平面叶栅风洞吹风实验、单级性能实验及多级压气机性能实验,针对钝头叶型不同几何参数和气流参数对叶栅性能的影响,基本上有了一定的掌握,而且积累了比较完整的实验数据,可以作为设计时的参考。

对于亚声速钝头叶型叶栅,一些参数应用范围如下:叶型最大厚度位置一般在30%~40%弦长处,并具有10%弦长的最大厚度;气流转折角为20°~40°;叶栅稠度为0.5~2.0。与此同时,根据上述一系列叶型叶栅实验结果,发现当叶型中线由抛物线改为圆弧中线时,能够得到较大的叶栅喉部面积,且较小的落后角对应较高的进口临界马赫数。同时也发现:对于叶型上下表面及中线均为圆弧段的叶型,在高速来流条件(马赫数为0.7~0.8)下,其性能比较优越;当最大弯度向尾缘方向适当后移时,叶型具有较强的增压能力和较高的等熵效率。

1.3 跨声速叶型

早期设计压气机时,为了避免亚声速钝头叶型叶栅出现较大的损失和流量堵塞,一般将其进口马赫数限制为0.70~0.75,为此必须限制叶尖速度和进口速度。如果要满足现代压气机较高的负荷要求,则必须突破上述限制,这就需要解决高来流马赫数和高叶尖速度下压气机叶片有效工作的难题,因此跨声速叶型的研制就显得尤为必要。

在初期研究高马赫数的叶型问题时,基于跨声速叶型理论的基本概念,为减小阻力,要求叶片应薄,不仅要减小叶型的最大厚度,并且叶型最大厚度点需朝尾缘方向后移,叶型前缘半径减小,负荷分配也更适用于跨声速流动。

基于这一理念,研究人员于1950年设计并制造出了第一个进口级为跨声速的转子,叶尖设计马赫数为1.1,叶尖叶型最大厚度为6%弦长,等熵效率达到了90%。压气机在跨声速工作条件下所采用的跨声速叶型主要有任意平直前缘叶型、双圆弧叶型、超临界叶型、可控扩散叶型,现分述如下。

1.3.1 任意平直前缘叶型

通常的叶型设计过程是根据给定来流工作条件,经过设计计算确定叶片进出口基元级速度三角形,选定来流攻角和出口落后角后,确定叶型中弧线形式和厚度分布规律,得到能基本满足气动需求的叶型。任意平直前缘跨声速叶型的吸力面或压力面通常都由规则曲线组成,例如,在叶型进口部分的

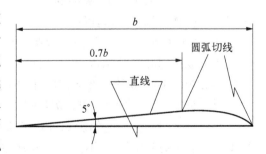

图 1.9 某平直前缘叶型(CW-1)示意图

吸力面或压力面,可以都是直线;在叶型的后半部分,可以是二次曲线或直线。某平直前缘叶型(CW-1)示意图如图 1.9 所示。

1.3.2　双圆弧叶型

1. 双圆弧叶型综述

早在 1941 年,Howell[6]就提出了由圆弧所构成的叶型,即 2 段圆弧叶型和 3 段圆弧叶型,这实质上就是现代跨声速双圆弧叶型(double circular airfoil,DCA)和超声速多圆弧叶型。双圆弧叶型的上下表面和中弧线,都是一个圆弧,其最大厚度和最大弯度位置一般在叶型距前缘约 50% 弦长处,其前、尾缘半径可以相等,也可以不相等,同时采用了较大的叶型弯角(30°~60°),适用于进口气流马赫数为 0.7~1.2 的工况。为什么这种叶型限定于在该马赫数范围下工作呢? 首先,与常用的一般亚声速钝头叶型,如 C1、C2、C3、C4 等 C 系列叶型相比,在低速工作条件下,双圆弧叶型的来流有效攻角工作范围要小一些。其次,双圆弧叶型也限制了叶型表面上的最大气流速度不能太大。最后,在这一进口马赫数工作范围内,双圆弧叶型表面上具有较理想的速度分布。双圆弧叶型和叶栅的几何参数示意图分别如图 1.10 和图 1.11 所示。

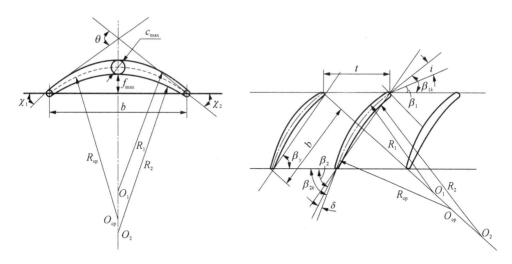

图 1.10　双圆弧叶型的几何参数示意图　　图 1.11　双圆弧叶型叶栅的几何参数示意图

美国国家航空航天局(National Aeronautics and Space Administration,NASA)刘易斯(Lewis)研究中心于 1950 年通过实验验证了双圆弧叶型在跨声速工作范围内具有良好的工作性能,这是轴流压气机高速叶型发展过程中的一个重大收获。同时,这种双圆弧叶型具有便于设计制造和分析的优点,简化了跨声速压气机叶片的设计问题,如果能控制好叶片前缘和叶型最大厚度及其位置,就能由亚声速工作条件过渡到超声速工作条件,而且具有良好的连续性,因此被选作轴流压气机跨声速叶片的基本叶型。

双圆弧叶型应用于叶片的平均半径处时,一般最大厚度为 6%弦长,叶型弯角可以达到 60°左右;在栅前进口马赫数为 0.8 及最小损失攻角下,其总压损失系数约为 0.03。现在已经研制的一些跨声速轴流压气机,很多转子和静子叶片均采用了双圆弧叶型,获得了良好的跨声速性能。

在不同的进口马赫数下,双圆弧叶型静子叶栅的总压损失系数随叶背攻角的变化关系如图 1.12 所示。由图可见,在进口马赫数范围为 0.78~0.88 工作条件(相当于钝头叶型的临界马赫数)下,最小损失工况点(叶背攻角为-4°)下的总压损失系数为 0.04 左右;在进口马赫数为 1.02~1.09 时,最小损失工况点(叶背攻角约 1°)时对应的总压损失系数为 0.16。由此可见,这种双圆弧叶型叶栅在高速工作条件下,具有很大的优越性。

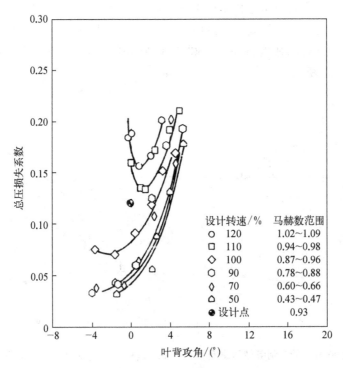

图 1.12　双圆弧叶型叶栅在不同马赫数下的总压损失系数与叶背攻角的关系

2. 与损失特性关联的双圆弧叶型设计计算

这里介绍的跨声速双圆弧叶型叶栅设计计算方法,是半经验方法,就是利用由实践得来的经验数据和由理论所推导出来的函数关系,将叶型叶栅参数(如叶栅稠度、进气攻角、气流扭转角及叶型厚度等)关联起来,提供叶型叶栅主要几何参数和性能参数的最佳组合,以期在设计中得到较小的叶栅总压损失和较高的叶栅效率[7]。

双圆弧叶型具有一种特殊的等转折率造型方法,即叶背、中线和叶盆都是由不同大小半径的圆弧段构成(图 1.10)。因此,对于这种叶型的造型,最重要的是要找出它在给定工作条件下的主要性能参数和几何参数之间的关联,然后根据该叶型叶栅所积累的各种有效数据进行分析比较,从而求出叶栅在给定工作条件下的总压损失系数,并希望总压损失处于较低的水平。

参见叶栅流动简图(图 1.13)及文献[8],可得叶栅总压损失系数 $\bar{\omega}$ 为

$$\bar{\omega} = \widetilde{Ma}_1 \left(\frac{\sin\beta_1}{\sin\beta_2} \right)^2 \delta_2 (1 - \delta_2 H_2)^{-3} \cdot \frac{4H_2}{3H_2 - 1} \tag{1.5}$$

式(1.5)又可以写为

$$\bar{\omega} = \widetilde{Ma}_1 \left\{ \frac{p_2^* q(\lambda_2)}{\Omega p_1^* q(\lambda_1)} \right\}^2 \left(\frac{\delta_2}{b} \right)_2 \cdot \frac{\sigma}{\sin\beta_2} \left[1 - \left(\frac{\delta_2}{b} \right)_2 \cdot \frac{\sigma H_2}{\sin\beta_2} \right]^{-3} \cdot \frac{4H_2}{3H_2 - 1} \tag{1.6}$$

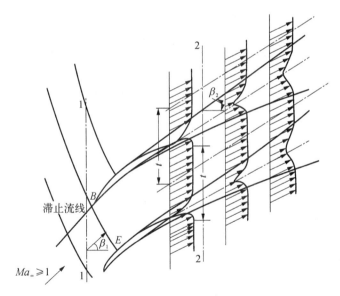

图 1.13　叶栅流动简图

Ma_∞ 为来流马赫数;点 B 为叶型前缘滞止点;点 E 为前缘激波与相邻叶片吸力面交点

下面将式(1.5)和式(1.6)中的各项说明如下。

(1) 下角标"1"及"2",分别表示叶栅进口 1-1 截面和出口 2-2 截面处的各气流参数。

（2）$\widetilde{Ma_1}$ 称为叶栅进口马赫数参数，它是叶栅进口马赫数 Ma_1 的函数，即

$$\widetilde{Ma_1} = f(Ma_1) \tag{1.7}$$

（3）式（1.6）中的 Ω 为表征流动二元性的轴向速度密流比。显然，叶栅在每个工作状态下的流动损失与 Ω 值有着密切的关系。

（4）式（1.6）中的 p_1^*、p_2^*、$q(\lambda_1)$、$q(\lambda_2)$ 分别表示叶栅进口/出口处的气体总压力和流量函数，b 为叶型弦长。

（5）由于

$$\frac{\sin\beta_1}{\sin\beta_2} = \frac{p_2^* q(\lambda_2)}{\Omega p_1^* q(\lambda_1)} \tag{1.8}$$

式（1.6）也关联了叶栅进气角 β_1 和出气角 β_2，也就是与气流在叶栅中的转折角 $\Delta\beta$ 相关，因而也关联了叶栅叶型的弯度。

（6）式（1.5）和式（1.6）中的 δ_2 和 H_2 分别表示叶栅出口截面 2-2 处的附面层动量度和形状因子，这两个气动参数都是附面层特性参数。

根据以上所述，式（1.5）和式（1.6）基本上关联了跨声速双圆弧叶型叶栅中的一些主要几何参数和气动参数。在利用上述公式进行叶型叶栅设计计算时，可以采用一些有效的双圆弧叶型叶栅数据和要求的气动性能参数进行分析研究和反复计算，基本上可以得到较好的参数组合。

关于应用式（1.5）或式（1.6）计算轴流压气机叶栅总压损失系数的具体方法，可以参考文献[8]。

综合国内外一些参考资料，早期跨声速双圆弧叶型叶栅的一些设计数据的适用参数范围如表 1.2 所示，可以在初步设计计算时作为参考。

表 1.2　早期跨声速双圆弧叶型叶栅的一些设计数据

参　　数	转子叶型取值范围	静子叶型取值范围
设计攻角（平均半径处）/(°)	0~8.5	-5.5~7.5
落后角 δ/(°)	0~17	0~17
扩散因子 D	0.3~0.5	0.3~0.6
叶栅总压损失系数 $\overline{\omega}$（在最小损失攻角下）	$Ma_1 = 0.4 \sim 1.2$ $\overline{\omega} = 0.02 \sim 0.15$	$Ma_1 = 0.4 \sim 1.2$ $\overline{\omega} = 0.02 \sim 0.15$
叶栅稠度 τ	1.00~2.50	1.10~2.15

续　表

参　　　数	转子叶型取值范围	静子叶型取值范围
叶型弯角 $\theta/(°)$	1~61	25~56
叶型弦长 b/mm	22~90	20~85
最大相对厚度 $\bar{c}$	0.03~0.10	0.04~0.10
叶型前、尾缘小圆半径： $r_1 = r_2$ 或 $r_1 \neq r_2$	$r_1 = 0.003b$ 或 $r_1 = 0.25 ~ 0.51$ mm	$r_1 = 0.003b$ 或 $r_1 = 0.25 ~ 0.51$ mm

1.3.3　超临界叶型

在跨声速工作条件下,究竟有无可能实现翼型表面超声速区向亚声速区的无激波过渡呢? 围绕这一问题,学术界曾展开过广泛的争论。随后,实验证实了孤立翼型表面无激波超临界流场的存在,并在此基础上发展了超临界翼型,该翼型于 20 世纪 70 年代中期被移植到轴流压气机上的叶型设计中。

超临界叶型(supercritical airfoil)有时又称为超临界无激波叶型,这种叶型是由飞机翼型理论中的超临界机翼移植而来的,"超临界"是指流场中存在着大于"临界"或声速的气流速度。无激波的性质使气流完全是无旋的,因此适合采用位流方程来模拟。自从 NASA 兰利研究中心在跨声速叶栅风洞中证实了无激波超临界流场的存在,发展和改进无激波超临界叶型设计方法也得到了相关设计人员的重视。1978 年,Korn[9]将复特征线法推广到无激波超临界叶栅设计,并在跨声速风洞设备中进行了超临界叶栅实验。实验结果表明:这种叶型在设计和非设计两种状态下均具有良好的性能。另外,即使在非设计状态下,流场中存在的激波强度也是可以接受的。由于速度图法设计叶型具有复杂性和不便利性,1980 年,Schimidt[10]建立了另外一种设计方法,即设计压气机和涡轮叶型的势、流函数法,采用该方法设计的叶型由此得到了进一步发展。这种方法允许设计具有高亚声速进口气流且在叶片表面存在局部超声速区的叶型,当给定叶型表面合适的速度分布,激波的影响可减弱甚至消除。

超临界叶型的气动设计要求如图 1.14 所示[11],主要如下:① 叶型表面上气流马赫数峰值应不超过 1.3,以避免激波-附面层的严重相互作用所引起的附面层分离;② 在叶型吸力面上,气流应在加速到马赫数峰值之前转捩;③ 叶型吸力面上,气流速度由马赫数峰值继续减速到尾缘,维持具有较小表面摩擦损失的紊流附面层,并且避免在离开尾缘之前分离;④ 在叶型压力面上,气流应具有接近不变的亚声速马赫数的速度分布。图 1.15 给出了这种叶型叶栅在不同进气角下的性能。

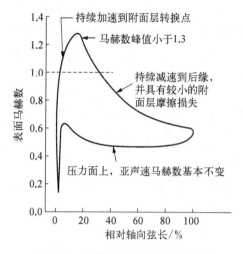

图 1.14 超临界叶型气动设计要求

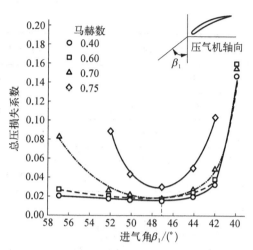

图 1.15 超临界叶型叶栅性能

1.3.4 可控扩散叶型

在跨声速流动条件下,如何在较大的进气攻角和进气马赫数范围内,设计出优良的跨声速叶型,使得压气机仍然处于性能良好状态,这是设计人员迫切需要解决的技术难题。参考国外有关叶轮机械资料,20 世纪 80 年代初期,出现了一种轴流压气机叶型,即可控扩散叶型(controlled diffusion airfoil, CDA),而且相关研究人员陆续发表了一些与这种新叶型相关的理论分析和实验研究论文,认为这种新设计概念和新叶型应用在多级轴流压气机上有利于级间匹配,不仅可以显著提高级总压比和级等熵效率,扩大喘振裕度,也可以减少叶片数目和减小级数。

实际上,可控扩散叶型的本质就是超临界叶型的拓展和应用,应归类于轴流压气机中的跨声速叶型,其发展历程可追溯如下。1981 年,NASA 的 Canal 等[12]首先开展了可控扩散静子叶片的研究,首先提出了可控扩散叶型的设计标准。1983 年,Sanger[13]提出了采用数值优化设计技术进行压气机叶片设计,并且应用于可控扩散静子叶栅的设计。1984 年,Dunker 等[14]设计了跨声速轴流压气机级可控扩散静子叶片,证明了它能承受较高的空气动力负荷。与此同时,可控扩散叶型开始应用于多级压气机上,提高了等熵效率、级负荷和喘振裕度,也改善了级间匹配性能。1985 年,Rechter 等[15]将可控扩散叶片应用于多级轴流压气机静子上,同时与常用的 NACA65 系列叶型进行对比分析,验证了这种可控扩散叶型叶栅能够减小损失,而且低损失工作范围能够扩大到较高的马赫数和较大进气角工作条件下。

为了将数值优化技术引入叶型设计系统,Sanger[13]结合逆向速度图法和优化方法提出了数值优化方法,即从初始叶型出发,通过反复进行的气动性能计算,使最终得到的叶型满足规定的设计目标,整个设计系统包括几何生成、流场计算、附面层修正和优化程序等几个部分,采用 9 个设计变量来控制叶片几何形状。由于叶型的反复修正过程是在优化概念下进行的,设计时具有较大的灵活性,Goel 等[16]也把这种方法扩展至涡轮叶片设计。

在高亚声速进气条件下,叶栅中的气体流动特点是叶型吸力面产生局部超声速区域。这个超声速区域扩大到一定的范围后以一道正激波结束,随之导致的是激波-附面层相互干扰和附面层分离,导致叶栅损失增加。因此,可控扩散叶型的设计理念就是要设计出一种特殊的叶型形状,能够控制叶型表面前面弦长部分的超声速区域,超声速流动能够接近无激波地减速到亚声速,并且继续等熵减速到叶型尾缘出口速度。由此可见,跨声速可控扩散叶型的设计概念是以叶型表面上的马赫数分布或压力分布为根据的,而这些分布又是基于附面层分离控制理论得出的最佳值。准确地说,就是要限制叶片表面上的气流马赫数峰值,为了避免叶型表面后面部分的附面层分离,在峰值马赫数减速到叶型出口尾缘马赫数的过程中,应合理地控制叶型表面压力梯度的大小,也就是速度的扩散程度。

可控扩散叶型的设计标准如下。

(1) 控制叶型吸力面上的峰值马赫数到低超声速水平,避免产生强激波。

(2) 吸力面前缘区域继续加速到峰值马赫数,这是为了提供一个有利的压力梯度,来维持一段层流附面层。

(3) 应对由峰值马赫数位置起到叶型尾缘处的扩散加以控制,即附面层形状因子保持不变,使得叶型的整个后面部分维持附面层不分离。

(4) 控制叶型压力面峰值速度,以保证叶型具有堵塞裕度和使叶型不产生负攻角的失速。

(5) 在叶型尾缘处,马赫数分布应封闭。

因此,依据图 1.16 给出的可控扩散叶型设计标准,在跨声速设计工作条件下,设计出的可控扩散叶型剖面如图 1.17 所示。

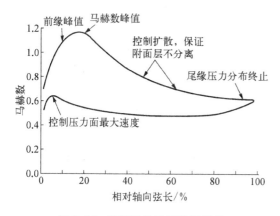

图 1.16　可控扩散叶型设计标准

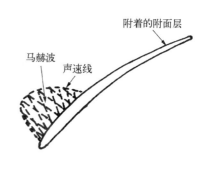

图 1.17　可控扩散叶型剖面示意图

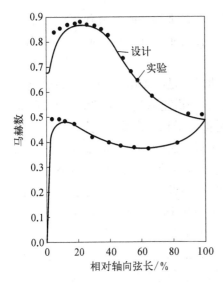

图 1.18 叶片表面马赫数分布的
设计值与实验值对比

图 1.18 给出了文献[17]中所设计的可控扩散叶型,在设计工作条件下,叶片表面的马赫数分布与实验测量的马赫数分布的一致性较高。

为了验证这种可控扩散叶型的优越性,国外一些研究机构将可控扩散叶型用于轴流压气机的静子、压气机级及多级轴流压气机上,所进行的一些实验对比结果如图 1.19 和图 1.20 所示[15],其中 β_1 为进气角,Ω 为轴向速度密流比。由图可知,在相同的设计条件下,与常规 NACA65 系列叶型相比,可控扩散叶型(SKG3.6 叶型)在性能方面具有明显的优势。根据大量可控扩散叶型实验结果,证实了这种新叶型的设计概念是建立在改善气体流动本质的牢固基础上的,其设计技术的可靠性和有效性均得到验证,这种叶型主要应用于实际轴流压气机静子叶片和部分转子叶片(靠近叶根部分),具有改进整个压缩系统的潜力。

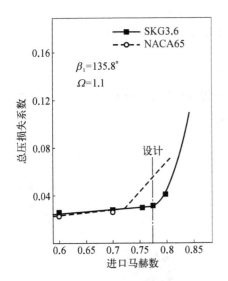

图 1.19 叶栅总压损失系数随进口
马赫数的变化

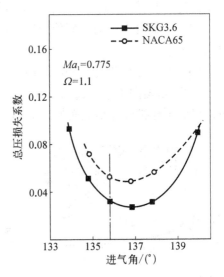

图 1.20 叶栅总压损失系数
随进气角的变化

1.4　超声速叶型

实验表明：在超声速工作条件下，特别是在叶栅进口马赫数超过 1.2 时，跨声速叶型叶栅有较大的损失，这时应该采用相应的超声速叶型。应该着重指出的是，这里所说的超声速叶型，是指在进口马赫数为 1.1~1.5 时所应选用的叶型。下面将讨论的几种超声速叶型中，部分叶型也同时具有较好的跨声速性能，并且已实际应用于跨声速压气机中。目前，广泛采用的超声速叶型有多圆弧叶型（multiple circular airfoil，MCA）、尖劈叶型、钝尾缘（blunted trailing edge，BTE）叶型和定制超声速叶型等，本节主要叙述多圆弧叶型的设计计算方法，同时也对尖劈叶型和钝尾缘叶型作简单的介绍。

1.4.1　尖劈叶型

与其他跨声速、超声速叶型一样，尖劈叶型具有平直的前缘部分，而叶型最大厚度则在靠近尾缘部分。实质上，这种尖劈叶型也是多圆弧叶型的一个特例。如图 1.21 所示的这种尖劈叶型，在前缘处具有 5° 的楔形角，底部平直，后部呈圆弧状，最大厚度为 6.3% 弦长。

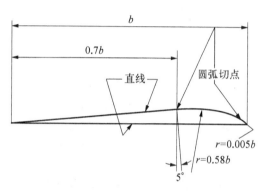

图 1.21　某超声速尖劈叶型示意图

1.4.2　钝尾缘叶型

早在 1947 年，美国国家航空咨询委员会（National Advisory Committee for Aeronautics，NACA）的 Eggers[18] 开始在超声速工作条件下对钝尾缘叶型开展实验研究，由这种叶型所构成的叶栅已经成功地应用于轴流压气机转子[19]。研究结果表明，与一般尖尾缘叶型相比，钝尾缘叶型具有较好的叶栅性能，该类叶型具有细长、弯曲楔子的形状，其前缘楔角较小，以保证前缘激波不脱体，并且激波的强度也较弱。在叶型吸力面上靠近前

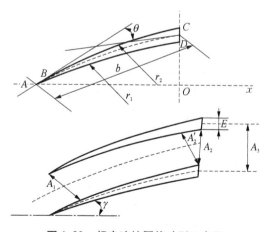

图 1.22　超声速钝尾缘叶型示意图

b 为弦长；θ 为叶型弯角；r 为圆弧半径；γ 为安装角；A 为不同截面处的面积；E 为尾缘厚度

缘部分,采用平直段,以限制吸力面上的最大当地马赫数。叶型厚度连续增大,导致这种叶型形成三连叶片装置(即吸力面、压力面和底边),底边是钝的,它具有对应叶型最大厚度的尺寸,因此将这种叶型称为钝尾缘,其示意图如图 1.22 所示。

1.4.3　多圆弧叶型

轴流压气机的超声速多圆弧叶型如图 1.23 所示。这种叶型的上下表面和中线都是由两个不同半径的圆弧段构成的,相互间的切线在交点处连续。

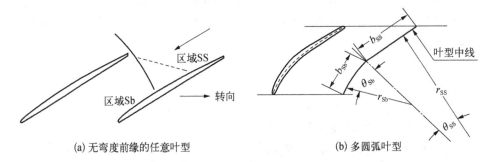

(a) 无弯度前缘的任意叶型　　　　(b) 多圆弧叶型

图 1.23　无弯度前缘的典型跨、超声速叶型和多圆弧叶型

SS 和 Sb 分别代表超声速区域和亚声速区域;b_{SS}、b_{Sb} 分别为超、亚声速区域弦长;θ_{SS}、θ_{Sb} 分别为超、亚声速区域叶型弯角;r_{SS}、r_{Sb} 分别为超声速和亚声速区域中线圆弧半径

通常来讲,大半径的圆弧构成了叶型前缘部分(超声速部分),而小半径的圆弧构成了叶型的尾缘部分(亚声速部分)。前缘中线长度(超声速区)与整个叶型中线的比值,称为中线比。这种叶型的最佳情况,应该是在超声速激波损失与亚声速扩散损失之间达到最好的平衡。这种多圆弧叶型由两个双圆弧叶型部分组成,并且压力面、吸力面和中线均在其连接处相切,可以控制叶型的弯度分布并获得最小的叶型总压损失。

关于超声速多圆弧叶型的研究,国外发表的研究论文较多。在文献[20]中,比较详细地叙述了多圆弧叶型应用于轴流压气机静子叶片的情况。目前,在高马赫数、高负荷的轴流压气机进口级叶片上,常常在靠近叶尖部分采用多圆弧叶型,叶中部分也可采用双圆弧叶型或将两种叶型混合应用,也具有良好的连续性[21]。根据国外公布的资料,多圆弧叶栅在进口马赫数为 1 及叶背攻角为 0° 的工作条件下,其最小总压损失系数为 0.08~0.09。

在图 1.24 中,还可能看出多圆弧静子叶型叶栅在不同进口马赫数下的总压损失系数的变化情况,例如,在进口马赫数为 1.01~1.06 的条件下,最小总压损失系数为 0.08~0.09,这时相应的进气叶背攻角为 0°;进口马赫数为 0.40~0.44 的条

件下,最小总压损失系数约为 0.04,此时叶背攻角为-3°左右。总之,在高亚声速
和跨声速工作条件下,多圆弧叶型叶栅的总压损失也是比较小的。

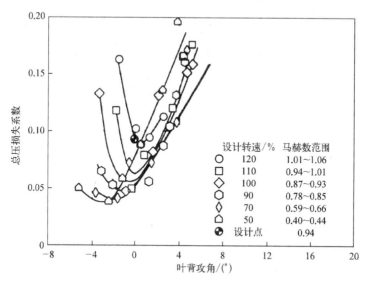

图 1.24　多圆弧静子 50%叶展处的叶型叶栅性能[20]

多圆弧叶型可以认为是轴流压气机在超声速工作范围($Ma_1 = 1.3 \sim 1.6$)的基
本叶型。对于这种多圆弧叶型叶栅,还有些问题值得进一步研究,例如,栅前进口
马赫数在什么工作范围,多圆弧叶型应具有什么样的几何参数,叶型叶栅的激波损
失与亚声速扩散损失之间应如何达到最佳平衡等。

西方发达国家对研究和发展高性能轴流压气机叶型相当重视,在较早的传统
叶型设计上,大多都拥有自己的标准系列化叶栅设计数据库,并不断改进叶型设计
方法,特别是美国、英国、俄罗斯、德国等国家一直未间断对新叶型设计方法的理论
探讨与实验研究[22]。美国的通用电气公司、普拉特·惠特尼集团公司(简称普·
惠公司)和英国的罗尔斯·罗伊斯公司(简称罗·罗公司)在多级轴流压气机超、
跨声速叶片造型技术上已达到了相当高的水平。

1.5　高负荷大弯度叶型

1.5.1　高负荷大弯度叶型概述

早期的压气机设计为亚声速钝头叶型积累了不少数据,也总结了一些经验和
半经验公式,但绝大多数都是以低速实验结果($Ma_1 < 0.3 \sim 0.4$)为基础的,如
Howell 的叶栅额定特性曲线和 Carter 的落后角计算公式,都是基于大量的小弯角
($\theta = 20° \sim 40°$)下的吹风实验结果得出的[7]。随着航空发动机的飞速发展,对轴流

压气机的工作马赫数、叶片负荷及工作范围的要求越来越高,压气机叶栅中的气流增压进一步提高,来流马赫数已从亚声速步入跨声速范围。从 20 世纪 60 年代开始,设计人员在发展跨声速叶型叶栅的同时,也特别注重大弯度扩压叶型的研究,通过增大叶型的弯角,使气流在叶栅通道中承受较大的气流扭转,以提高压气机的增压比,目前扩张式大弯度叶型叶栅的叶型弯角已经增大到 50°~70°,在总压比提高的同时,其等熵效率下降也较小。

对于压气机叶型,主要是采用不同的叶型形式来增大弯度,包括:常规大弯度叶型、开缝叶型、变几何叶型及串列叶型。采用不同形式的叶型和叶栅,目的都是增大或者调整叶型的弯度,以及在设计工作条件和非设计工作条件下,尽量避免气流在叶型表面的分离,在不显著增大损失的前提下提高叶型负荷。下面将几种大弯度叶型分述如下。

1.5.2　常规大弯度叶型

常规大弯度叶型是一种简单地将叶型弯角增大的一般亚声速叶栅叶型,图 1.25 给出了某压气机静子根部的大弯度叶型,叶型弯角超过 66°。大弯度叶型可以增大压气机各级的输入功,以提高级增压比,从而减小压气机的尺寸和质量。增大叶型弯度以后,对叶栅最佳攻角、临界马赫数和落后角的影响如何,以及对叶栅稠度和安装角的要求等,国内外都进行过相应的研究[23]。目前,比较一致的观点是:当增大叶型弯角(如 60°~70°)时,如果要减小叶栅中的二次损失,最好是同时采用开缝叶型,避免等熵效率出现明显的降低[24]。现在所有各种形式的压气机,

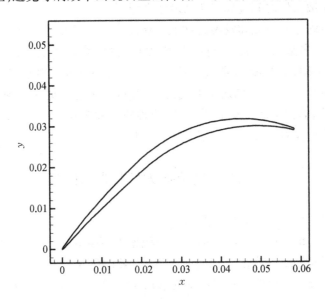

图 1.25　某压气机静子根部的大弯度叶型

在高亚声速($Ma_1 = 0.7 \sim 0.9$)或跨声速($Ma_1 = 0.9 \sim 1.2$)工作条件下,一般都要求静子叶片扭转 $40° \sim 60°$,以满足实现高负荷的要求。

1.5.3　开缝叶型

随着来流马赫数的增大,大弯度叶型会因扭转过大而导致过度的亚声速扩散,叶片表面附面层更易分离,叶型损失也会增大,如果叶栅中产生了激波,激波-附面层的相互干扰会加剧损失。因此,减小或防止气体分离的较简单的办法就是采用开缝叶型,如图1.26 所示。

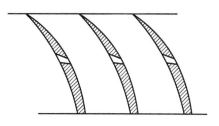

图 1.26　开缝叶型简图

开缝就是在叶型吸力面和压力面之间开一个短的通路,它的最佳位置是气流分离点,或在其前面。由于叶型压力面将气流喷射到吸力面中的附面层,喷射气流应该在收敛通路中进行加速,高能量气体的喷射能够在一定程度上阻止气体的分离。但在设计时,应避免流过收敛通路中的气流速度超过声速。这种开缝叶型虽然可以增大气流扭转和减小损失,但会降低叶栅中的气流增压。在文献[25]中,比较详细地叙述了开缝叶型的设计。

1.5.4　变几何叶型

为了保证航空发动机在不同的高度和速度下都能可靠地工作,压气机需要具有较宽的稳定工作范围,这样在压气机进口产生进气畸变时,不致太敏感。扩大压气机稳定工作范围的措施之一,是采用变几何叶型,即在不同的工作条件下,适当地减小或增大叶型的弯度,以适应来流的进气角。对于可调静子叶片,过去都采用单叶片形式整体转动调节,如图 1.27 所示。

从气动设计来看,静子叶片排与转子叶片排之间的沿叶展切向分速的分布,可以用下面的通式表示,即

$$Cu = \frac{B}{r} + C + Dr + Er^2 \qquad (1.9)$$

式中,r 为流线位置距压气机轴的径向距离;B、C、D、E 为常数。

图 1.27　可调单叶片形式

对于进气导向叶片,在不考虑畸变的情况下,进气方向为轴向,因此对于单叶片形式的可调叶片,将叶片转动以后,相应的进气攻角将偏离设计状态,使叶型的流动损失增加,因而又出现固定前缘的两片式(或三片式)变弯度

进气导向叶片,如图 1.28 所示。采用变弯度的进气导向叶片以后,从保证转子叶片可靠工作出发,从叶根到叶尖的叶型旋转角,在设计时可以选择一定的分布规律,在结构上也是可以实现的。

与变弯度进气导向叶片的情况相类似,也有变弯度静子叶片,图 1.29 给出了一种两片式可动变弯度静子叶片,叶片的前缘构造角和尾缘构造角都能改变。在压气机非设计状态下,两片可动叶片还可以形成一个开缝,以保证可靠地扭转较大的角度。

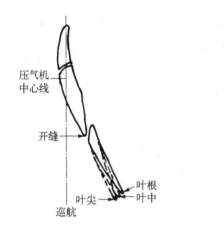

图 1.28　固定前缘的两片式可调叶片

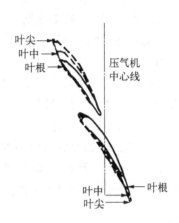

图 1.29　两片式可动变弯度静子叶片

图 1.30 给出了其他几种变几何静子叶片方案,图中实线表示设计状态,虚线表示非设计状态。有的资料还对压气机进口导流叶片、转子叶片和静子叶片提出了变几何概念和方案[26]。目前,变弯度可调进气导向叶片已经在美国 F-100 加力式涡扇发动机的高压压气机上得到采用。这种进气导向叶片,从叶弦三分之二处分开,叶片前缘固定,尾缘是全程可调节的。

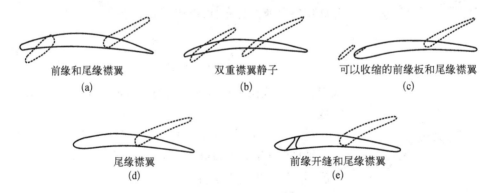

图 1.30　变几何静子叶片方案

1.5.5　串列叶型

　　采用串列气动布局也是一种增大叶片弯度,即加大气流扭转的办法,常常应用于跨声速压气机级或高负荷的亚声速压气机。图 1.31 给出了一串列转子叶型示意图,其利用前排叶片的尾缘和后排叶片前缘之间所形成的缝隙,吹除叶背上越来越厚的附面层,延迟气体分离,改善气动性能,以适应增大的气流扭转并满足负荷分配的需要,常规单排大弯度叶型和串列叶型附面层流动示意图如图 1.32 所示。图 1.33 显示,采用串列叶片很好地消除了叶片叶展中部截面附近的附面层分离。如图 1.34 所示,关于串列叶型的宽度和重叠部分,通常需要优化调配来确定。

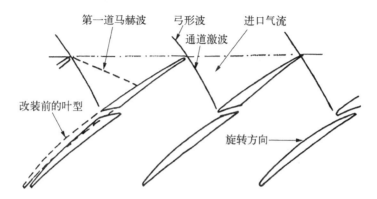

图 1.31　串列转子叶型

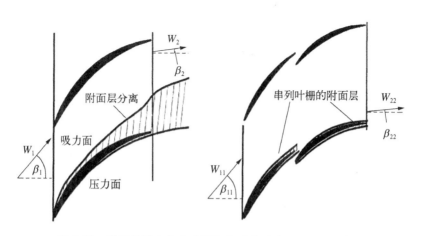

图 1.32　常规单排大弯度叶型和串列叶型附面层流动示意图

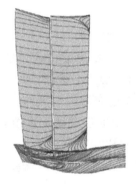

图 1.33　叶片吸力面和轮毂极限流线

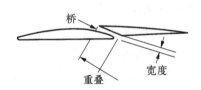

图 1.34　串列叶型的相对位置

　　跨声速串列叶型的前面部分一般为超声速,而后面部分通常设计为亚声速,前后部分承担的负荷要进行优化分配。有关串列叶型的详细设计资料和实验数据很多[27],典型的串列叶栅系列实验结果表明:在进口马赫数从 0.6 变化为 0.8 的情况下,当气流在串列叶型叶栅中的扭转角为 56° 时,其总压损失系数 $\overline{\omega}$ 大致为 0.13。当进口马赫数高于 0.8 时,可能出现堵塞和损失增大的现象;当进口马赫数等于 0.9 时,总压损失系数 $\overline{\omega}$ 约为 0.2,图 1.35 和图 1.36 分别给出了一个典型串列叶型的总压损失特性和流场特征。

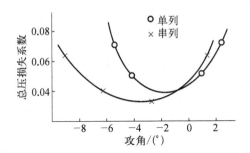

图 1.35　典型串列叶型的总压损失特性

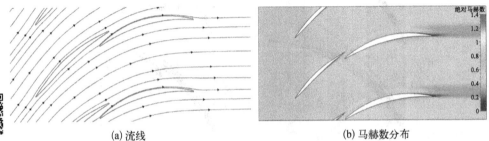

(a) 流线　　　　　　　　　　　　(b) 马赫数分布

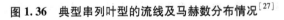

图 1.36　典型串列叶型的流线及马赫数分布情况[27]

1.6　小　　结

叶型是轴流压气机叶片的基本组成元素,其性能直接决定着压气机的性能。本章首先介绍了轴流压气机基元级平面叶栅的概念,明确了平面叶栅的基本组成特点。为了更好地开展压气机叶型气动设计,对压气机叶型与平面叶栅中的关键几何参数、气动参数及性能评价参数等进行了简要说明。

在此基础上,对不同类型的叶型设计原理和发展过程进行了大致介绍。根据适用的来流速度大小,将叶型分为了三大类,即低速及亚声速叶型、跨声速叶型、超声速叶型。其次,给出了适用于高负荷等条件下的特殊叶型,包括常规大弯度叶型、开缝叶型、变几何叶型及串列叶型。最后,对不同叶型的发展和研究过程、结构特点及工作特性等进行了阐述,为后面章节所述的压气机叶型和叶片设计提供了依据。

第2章
任意中弧线叶型设计方法

2.1 叶型设计基本原则

压气机叶型的气动设计,通常都有几种目标作为指导。第一个目标是使叶型表面上的速度扩散率尽可能得到有效控制,这也是最重要的目标。在超声速进口条件下,压气机叶片前缘区的弯度一般要小一些,甚至呈 S 形,以降低激波强度。在超声速马赫数下,扩散率降低到最低限度意味着要使通道激波上游吸力面的超声速膨胀降至最低,甚至使激波位置上游产生有限量的超声速扩散。获得超声速扩散有两种主要方法,当所用叶片靠近前缘处的弯度为零或正值时,可由环形壁面的收敛来获得扩散。此外,在大展弦比超声速风扇转子叶片设计中,叶型的前缘区先具有负弯度,然后变为正弯度,所形成的 S 形叶片也可实现超声速扩散。

第二个目标是要求叶型的形状能适应叶展方向上的不同情况而连续变化,从而使每个基元叶片保持合理的扩散率。

第三个目标是,决定叶片气动特性的参数变化范围要广,并且在这个范围内避免产生较多的机械结构方面的问题。

采用常规叶型设计方法,能满足以上三个目标的叶型通常包括:四次多项式中弧线和指数函数中弧线叠加上标准厚度分布的叶型。叶型厚度分布通常由两个三次多项式组成,一个在前缘和最大厚度之间,另一个在最大厚度和尾缘之间。

通过控制中弧线曲率变化,多圆弧叶型和双圆弧叶型仍能应用于超声速和跨声速压气机叶片设计中。本章所讨论的多圆弧叶型是指中弧线由一对圆弧组成,其中任何一个圆弧都可蜕变成一条直线,以保持一定的设计灵活性。

为了获得曲率圆滑变化并满足压气机叶片设计要求的中弧线,可用数学方程的形式来表示,这种方程的类型和阶次受所加边界条件的影响。另外,为了适应全部必要的边界条件,方程必须有足够高的阶次。但是,为了使其有效工作范围内可能发生的奇点数减至最少,方程的阶数也不应过高[28]。

在以下章节的讨论中,假定中弧线方程具有 $y = f(x)$ 的形式,其中 x 为一元因次变量。规定基元叶片平面上的轴线方向为 x 轴,x 可从叶片前缘处的 $x = 0$ 变化

到尾缘处的 $x=1$，以使边界条件的处理最为简化。

确定中弧线几何关系的方程 $y=f(x)$ 中必须满足的三个边界条件如下。

（1）相对坐标系原点固定在中弧线上的一点。

（2）规定前缘处的斜率。

（3）规定尾缘处的斜率。

单是以上三个条件就足以确定两端点之间的唯一的一条圆弧中弧线。但对于能在相对高马赫数下有效工作且有特殊要求的叶片，采用这些边界条件无法确定中弧线。

通常要求超声速压气机叶片在前缘部分具有很小的弯度，即要求前缘的弯度可以为负、零或稍大于零。控制弯度简便的方法是对前、尾缘处中弧线的二次导数施加一边界条件，并采用无量纲形式，用前缘处的二次导数与二次导数最大绝对值的比值来规定，这便是第四个边界条件。第五个边界条件主要是出于保证叶片性能的目的而提出的，原因是单用前四个条件有可能会导致叶片尾缘处的曲率非常大，这样将产生大的落后角，相应地，产生的损失也较大。因此，要对尾缘处的二次导数加一个条件，其给定形式与前缘处的完全相同。

上述五个边界条件可用数学的形式表示如下。

在 $x=0$ 处：

$$\begin{cases} y=0 \\ y'=\tan\alpha_1 \\ y''=P_{(y'')\max} \end{cases} \qquad (2.1)$$

在 $x=1$ 处：

$$\begin{cases} y'=\tan\alpha_2 \\ y''=Q_{(y'')\max} \end{cases} \qquad (2.2)$$

式中，y' 和 y'' 分别表示 y 的一次导数和二次导数。

本章主要研究几种中弧线的生成方法，推导叶片标准厚度分布的几何关系，分析截面参数与厚度关系及其叶片特征。通过设计实例来分析和讨论叶型中弧线的曲率变化及厚度分布特点，分析各种叶型的适应性和应用范围。

2.2　叶型截面中弧线生成方法

2.2.1　多项式中弧线

将 2.1 节中所讨论的五个边界条件应用于多项式方程中便可求得中弧线。对于具有正弯度的叶片，出于简单实用的目的，可选用简单的四次多项式。四次多项式的二阶导数是二次的,同时也有三个边界条件应用了二次导数。因此,首先用抛物线的形式来表示四次多项式的二阶导数是最为简单和方便的。这样,其标准形式可写为

$$(x - h)^2 = 4a(y'' - k) \tag{2.3}$$

或

$$y'' = 1/4a(x - h)^2 + k$$

式中,h 为二阶导数最大(或最小)时对应的 x 轴的位置;k 则是二阶导数在该点的值。

积分两次得

$$\begin{cases} y' = \dfrac{1}{12a}(x - h)^3 + kx + b \\[2mm] y = \dfrac{1}{48a}(x - h)^4 + \dfrac{k}{2}x^2 + bx + c \end{cases} \tag{2.4}$$

将三个边界条件用于上述方程,可得到如下结果。

当 $x = 0$ 时,$y = 0$, 则由式(2.4)得

$$c = - h^4/48a \tag{2.5}$$

在 $x = 0$ 处,$y' = \tan \alpha_1$, 由式(2.4)得

$$b = h^3/(12a) + \tan \alpha_1 \tag{2.6}$$

在 $x = 0$、$y'' = P_{(y'')\max}$ 时, 其所表示的 P 为前缘处的二阶导数与整条曲线的二阶导数最大绝对值的比值,即

$$P = y''_{(x = 0)} / y''_{\max}$$

由前面的定义可知,$y''_{\max} = k$,所以在 $x = 0$ 时,$y'' = Pk$,由式(2.3)得

$$Pk = h^2/4a + k \tag{2.7}$$

或

$$k = - \frac{h^2}{4a(1 - P)}$$

利用 $x = 1$、$y' = \tan \alpha_2$, 由式(2.4)得

$$\tan \alpha_2 = \frac{1}{12a}(1 - h)^3 + k + b \tag{2.8}$$

代入式(2.6)和式(2.7)中的 b、k 得

$$a = \frac{1}{4(\tan \alpha_1 - \tan \alpha_2)}\left(\frac{P}{1-P}h^2 + h - \frac{1}{3}\right) \qquad (2.9)$$

$x = 1$ 时，$y'' = Q_{(y'')\max}$ 中的 Q 为尾缘处的二阶导数与整条曲线上二阶导数的最大绝对值的比值，即

$$Q = \frac{y''_{(x=1)}}{y'_{(\max)}}$$

结合式(2.3)得

$$Qk = \frac{1}{4a}(1-h)^2 + k \qquad (2.10)$$

代入式(2.6)和式(2.7)中的 a 和 k，式(2.10)变为

$$h = \frac{1}{1 + \sqrt{\dfrac{1-Q}{1-P}}} \qquad (2.11)$$

在设计叶型时，各截面上的 P、Q、α_1、α_2 是已知的（α_1、α_2 分别为叶型前、尾缘构造角），因此，只要按照式(2.10)、式(2.9)、式(2.7)、式(2.6)、式(2.5)的顺序即可求得由式(2.4)表示的四次多项式的各系数 h、a、k、b、c，这样便可获得四次多项式中弧线的几何关系。

必须注意，当 α_1 和 α_2 相等时，无论 P、Q 的值如何，该四次多项式都变为一条直线。给出的参数 Q 值可为 $0 \sim 1.0$，针对大多数实例，Q 值取 0.5 即可。由式(2.10)可以看出，与参数 P 有关的奇点，部分取决于 Q 值。$P = 1.0$ 时，则奇点与 Q 无关。但是，$Q = 1.0$ 时，各方程可在 $P = -2.0$ 时退化。一般来说，可取 $-2.0 < P < 1.0$。对于大多数设计，$P = 0$ 是常见值。靠近压气机轮毂处，希望 P 取较小的正值；而靠近叶尖时，则给 P 以稍小的负值。应当指出的是，这种特定的中弧线并不能生成 S 形叶片，特别是叶型截面总弯度接近于零时更是如此。P 取负值时仅在前缘处产生出微小的负弯度，这对推迟正曲率的起始点是有效的。

采用四次多项式方法生成的典型叶展处叶型中弧线随有关参数的变化情况如图 2.1~图 2.4 所示。其中，Q 代表尾缘处的二阶导数与整条曲线上二阶导数的最大绝对值的比值，P 代表前缘处的二阶导数与整条曲线的二阶导数最大绝对值的比值，α_1、α_2 分别为叶型前、尾缘构造角。由图 2.1 看出，随着参数 P 的减小，中弧线在前缘处的曲率增大。由图 2.2 的中弧线角度分布来看，当 $P = -0.5$ 时，前缘处几乎呈直线段，当 $P = -1.0$ 和 -1.5 时，中弧线角度相对于前缘构造角 α_1 有一个上

升的区域,也就是说在前缘出现一个 S 形状,这种形状对超声速流动具有潜在的用途,但总的曲率变化不明显,特别是 α_1 和 α_2 接近时更是如此,由图 2.3 便可看出这种规律。由图 2.4 可以看出,参数 Q 只影响中弧线后段曲率的变化,但作用不大。

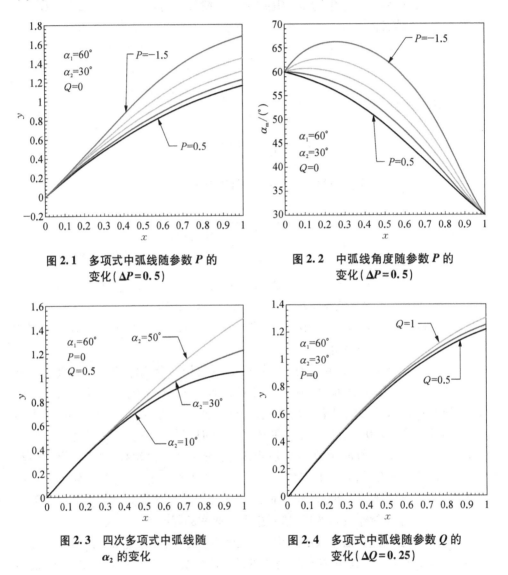

图 2.1　多项式中弧线随参数 P 的
　　　　变化 $(\Delta P = 0.5)$

图 2.2　中弧线角度随参数 P 的
　　　　变化 $(\Delta P = 0.5)$

图 2.3　四次多项式中弧线随
　　　　α_2 的变化

图 2.4　多项式中弧线随参数 Q 的
　　　　变化 $(\Delta Q = 0.25)$

　　采用上述四次多项式中弧线方法设计的单级压气机转子叶片各截面沿叶展在质心上积叠后的投影图如图 2.5 所示。由图可以看出,随着半径的增加,由于相对进口速度增加,气流速度有可能为超声速,为了适应这种变化,叶型变得尖而薄,而且叶型前缘进口段的曲率变得很小。

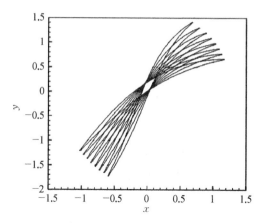

**图 2.5　单级压气机转子叶片各截面沿叶展
在质心上积叠后的投影图**

2.2.2　指数中弧线

指数中弧线在 S 形叶片设计中有独特作用,它除满足多项式中弧线的所有基本准则外,还补充了几个生成 S 形的独特条件。具体做法是:必须能将拐点放置在中弧线上的任何地方,该拐点处叶片角必须是可以单独规定的。而且这种方法必须在叶片总弯度为正值、零和负值时都有效。同时,经过拐点的转变必须圆滑和迅速,避免叶片中部有一长的直线段。另外,所描述的曲线可从 S 形圆滑地转变为一般叶型的形状。为达到此目的,需在前面五个边界条件之外再增加一个条件,即

$$在 x = S 处, \quad y' = \tan \alpha_S$$

式中,α_S 为拐点位置 S 处的角度。

对于这六个边界条件,检验了包括多项式在内的许多方程,得到的结果是:在拐点的两边各用一个方程来规定中弧线即可获得较满意的效果。如前所述,最容易的方法就是研究中弧线二阶导数的方程,然后积分二次即可获得坐标方程。指数中弧线的两部分所选择的统一方程是

$$y'' = b(x - S) e^{a(x-S)} \tag{2.12}$$

一组常数用于 $0 \sim S$,另一组常数则应用于 $S \sim 1$。y'' 的最大值发生在 $y'' = 0$ 处,即

$$x = S - 1/a \tag{2.13}$$

注意,常数 a 在拐点 S 之前为正,其后为负。每个中弧线段的中弧线二阶导数最大(或最小)值为

$$y''_{\max} = - b/ae \tag{2.14}$$

对二阶导数方程(2.12)积分二次得

$$y' = \frac{b}{a^2} e^{a(x-S)} [a(x - S) - 1] + c \tag{2.15}$$

$$y = \frac{b}{a^3} e^{a(x-S)} [a(x - S) - 2] + c(x - S) + d \tag{2.16}$$

方程包括四个任意常数 a、b、c、d，要分两组来加以确定。由于表示中弧线两部分的方程是不同的，在前述六个条件外增加第七个条件，即在拐点处，两部分中弧线上的坐标是相等的。

利用适合中弧线前缘部分的四个条件，即 $x = 0$、$y = 0$，则由式(2.16)得

$$d_1 = (a_1 S + 2) \frac{b_1}{a_1^3} e^{-a_1 S} + c_1 S \tag{2.17}$$

在 $x = 0$ 处，$y' = \tan \alpha_1$，由式(2.15)得

$$c_1 = \tan \alpha_1 + (a_1 S + 1) \frac{b_1}{a_1^2} e^{-a_1 S} \tag{2.18}$$

在 $x = 0$ 处，$y'' = P_{(y'')_{max}}$，则 $P = y''_{(x=0)} / y''_{max}$，由式(2.12)和式(2.14)得

$$P = \frac{- b_1 S e^{-a_1 S}}{- \dfrac{b_1}{a_1 e}} = a_1 S e^{(1-a_1 S)} \tag{2.19}$$

利用 $x = S$、$y' = \tan \alpha_S$，则由式(2.15)可得

$$c_1 = \tan \alpha_S + \frac{b_1}{a_1^2} \tag{2.20}$$

联立式(2.17)和式(2.20)中两个 c_1 的表达式，则得

$$b_1 = \frac{a_1^2 (\tan \alpha_1 - \tan \alpha_S)}{1 - (a_1 S + 1) e^{-a_1 S}} \tag{2.21}$$

这样，中弧线前段部分的四个系数 a_1、b_1、c_1、d_1 可由式(2.17)、式(2.19)和式(2.20)确定。

应用适合于中弧线后部的四个条件，即 $x = S$、$y' = \tan \alpha_S$，$y = y_{前部分}$，根据式(2.15)可得如下结果。

$$c_2 = \tan \alpha_S + \frac{b_2}{a_2^2} \quad (2.22)$$

在 $x = S$ 处，y 等于中弧线前部分得来的值，由式(2.16)得

$$d_2 = -2\left(\frac{b_2}{a_2^3} - \frac{b_1}{a_1^3}\right) + d_1 \quad (2.23)$$

$$c_2 = \tan \alpha_2 - \frac{b_2}{a_2^2}e^{a_2(1-S)}\left[a_2(1-S) - 1\right] \quad (2.24)$$

联立求解 c_2 的两个表达式[式(2.22)和式(2.24)]，则得

$$b_2 = \frac{a_2^2(\tan \alpha_1 - \tan \alpha_S)}{1 + \left[a_2(1-S) - 1\right]e^{a_2(1-S)}} \quad (2.25)$$

在 $x = 1$ 处，$y'' = Q_{(y''_{\max})}$，即 $Q = \dfrac{y''_{(x=1)}}{y''_{\max}}$，由式(2.12)和式(2.14)得

$$Q = (S - 1)a_2 e^{1 + a_2(1-S)} \quad (2.26)$$

这样，确定中弧线后段部分指数函数方程的四个系数 a_2、b_2、c_2、d_2 分别由式(2.26)、式(2.25)、式(2.24)、式(2.23)确定。

确定 a_1 和 a_2 的式(2.19)和式(2.26)是隐函数方程，需要迭代求解，在这种情况下，各常数都有两个解(假设 P 和 Q 小于0)。由于要求二阶导数在拐点与前缘或尾缘之间达到其最大值，相应的判别条件为

$$a_1 > \frac{1}{S} \text{ 及 } a_2 < \frac{1}{S - 1} \quad (2.27)$$

这种中弧线及中弧线角分布的一般特征如图 2.6~图 2.12 所示。保持其他常数不变，中弧线形状和分布角度随标准化二阶导数 P 和 Q 的变化情况如图 2.6 和图 2.7 所示，由图可知，当 P 和 Q 由大变到小时，中弧线在拐点前的弯度角略有增加。进口区弯度为零，保持其他常数不变时，中弧线随拐点位置 S 的变化情况如图 2.8 和图 2.9 所示，由图可知，随着 S 的增加，中弧线由等曲率直线过渡为正曲率曲线。图 2.10 和图 2.11

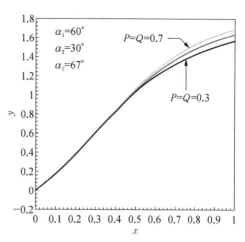

图 2.6　指数中弧线随参数 P 和 Q 的变化 $(\Delta = 0.2)$

表示指数中弧线随拐点角 α_S 的变化,由图可知,当 α_S 由小到大变化时,拐点前的弯度则由正值变化到零,再变化到负值,且随 α_S 的变化较明显,该参数的调整对设计适应超声速流动的 S 形叶片具有决定作用。图 2.12 为采用指数中弧线设计的某一单级压气机转子叶片以质心为积叠轴的投影图,由图可知,从叶根到叶尖,叶片前缘由正弯度连续地变化到负弯度,说明这种中弧线的造型方法可以适应流速的变化。

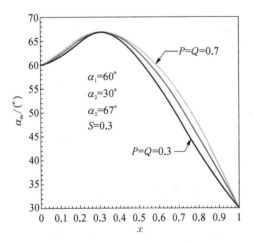

图 2.7　指数中弧线角 α_m 随参数 P 和 Q 的变化 $(\Delta = 0.2)$

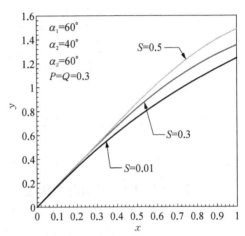

图 2.8　指数中弧线随参数 S 的变化

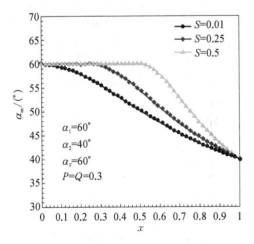

图 2.9　指数中弧线角随参数 S 的变化

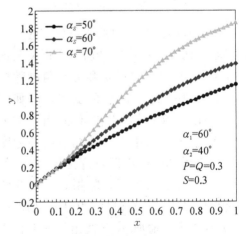

图 2.10　指数中弧线随参数 α_S 的变化

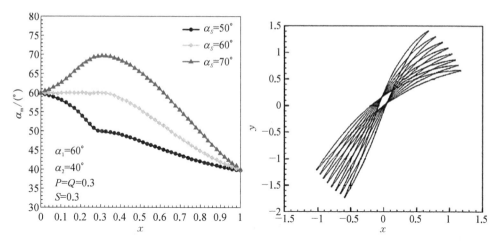

图 2.11　指数中弧线角随 β_S 的变化　　图 2.12　采用指数中弧线设计的单级压气机
　　　　　　　　　　　　　　　　　　　　　　　　转子叶片以质心为积叠轴的投影图

2.2.3　圆弧中弧线

圆弧中弧线所得到的双圆弧叶型在跨声速叶片机中有较广泛的用途,通常应用于高性能压气机的静子叶片。式(2.1)和式(2.2)所给的五个边界条件中,包含 y'' 的条件对规定圆弧中弧线来说则是多余的。

这种中弧线方程具有如下形式:

$$(x - x_0)^2 + (y - y_0)^2 = R^2 \tag{2.28}$$

式中,(x_0, y_0) 和 R 分别为圆心坐标和半径,而所求中弧线是该圆的一部分,依据边界条件可得确定圆弧的三个参数:

$$y_0 = \frac{y_2^2 - 2y_2 \tan \alpha_2 - 1}{2(y_2 - \tan \alpha_2)} \tag{2.29}$$

$$x_0 = \frac{(y_2^2 - 1)\tan \alpha_2 + 2y_2}{2(y_2 - \tan \alpha_2)} \tag{2.30}$$

$$R^2 = \frac{(y_2^2 + 1)\sec^2 \alpha_2}{4(y_2 - \tan \alpha_2)^2} \tag{2.31}$$

式(2.29)~式(2.31)给出了以未知数 y_2 表示的所求中弧线所需的常数。采用规定原点处斜率的三个边界条件,使用已知参量 x_0 来表示 y_2 和 R,则有

$$x_0 = -y_0 \tan \alpha_1 \tag{2.32}$$

$$y_2 = \frac{y_0(\tan\alpha_2 - \tan\alpha_1) - 1}{\tan\alpha_2} \tag{2.33}$$

$$R^2 = \frac{(y_2^2 + 1)\sec^2\alpha_2}{4(y_2 - \tan\alpha_2)^2} \tag{2.34}$$

这样,圆弧中弧线的三个参数就完全确定了。

2.2.4　多圆弧中弧线

多圆弧中弧线包括并扩大了 2.2.3 节圆弧中弧线的方案,构成规定中弧线的两条曲线,在原则上可以是圆弧,也可以一段是圆弧而另一段是直线。它的应用价值是,可以设计由两段圆弧组合成的 S 形叶片及由一段直线和一段圆弧组成的 J 形叶片。

要得到这样的中弧线,除圆弧中弧线的三个边界条件外,还必须规定第一段圆弧的轴向位置 x_S 和切线角 α_S。

根据确定圆弧中弧线的三个未知数(x_0, y_0, R)的公式,用于两段圆弧上的修正公式如下。

第一段圆弧($0\sim x_S$)的圆心坐标(x_{01}, y_{01})和半径 R_1 的关系式为

$$y_{01} = \frac{-\tan\alpha_1\sec^2\alpha_S + \tan\alpha_S\sec\alpha_1\sec\alpha_S}{\tan\alpha_1 - \tan\alpha_S}(x_S - x_1) + y_1 \tag{2.35}$$

$$y_S = \frac{y_{01}(\tan\alpha_S - \tan\alpha_1) - 1}{\tan\alpha_S}(x_S - x_1) + y_1 \tag{2.36}$$

$$x_{01} = -y_{01}\tan\alpha_1(x_S - x_1) + x_1 \tag{2.37}$$

$$R_1^2 = \frac{(y_S^2 + 1)^2\sec^2\alpha_S}{4(y_S - \tan\alpha_S)^2}(x_S - x_1)^2 \tag{2.38}$$

当 $\alpha_1 = \alpha_S$ 时,上述圆弧退化为一条直线。第二段圆弧($x_S\sim 1$)处的圆心(x_{02}, y_{02})和 R_2 的表达式为

$$y_{02} = \frac{-\tan\alpha_S\sec^2\alpha_2 + \tan\alpha_2\sec\alpha_S\sec\alpha_2}{\tan\alpha_S - \tan\alpha_2}(1 - x_S) + y_S \tag{2.39}$$

式中,x_S、y_S 为拐点 S 处的坐标。

$$y_2 = \frac{y_{02}(\tan\alpha_2 - \tan\alpha_S) - 1}{\tan\alpha_2}(1 - x_S) + y_S \tag{2.40}$$

$$x_{02} = -y_{02}\tan\alpha_S(1 - x_S) + x_S \tag{2.41}$$

$$R_1^2 = \frac{(y_2^2 + 1)^2 \sec^2\alpha_2}{4(y_2 - \tan\alpha_2)^2}(1.0 - x_S)^2 \tag{2.42}$$

至此,确定两段圆弧的几何关系式全部获得。

图 2.13~图 2.16 给出了双圆弧中弧线及其角度的变化。这种中弧线曲率的变化主要通过拐点位置 S 和拐点角 α_S 来规定。当 $\alpha_S = \alpha_1$ 时,能形成 J 形叶片。当 α_S 由小到大变化时,中弧线拐点前的弯度由正值到零,再过渡到负值连续变化,这种变化规律类似指数中弧线,当 $\alpha_S > \alpha_1$ 时能生成 S 形叶片。图 2.17 为采用双圆弧中弧线设计的某一单级压气机转子叶片以质心为积叠轴的投影图。

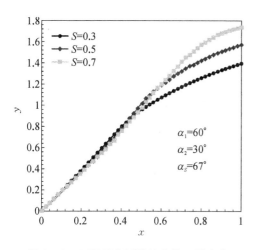

图 2.13　双圆弧中弧线随参数 S 的变化

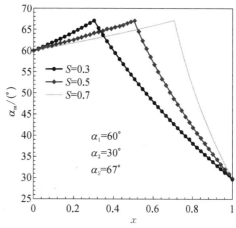

图 2.14　双圆弧中弧线角随参数 S 的变化

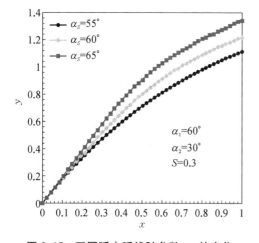

图 2.15　双圆弧中弧线随参数 α_S 的变化

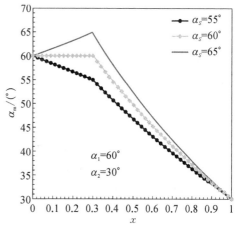

图 2.16　双圆弧中弧线角随参数 α_S 的变化

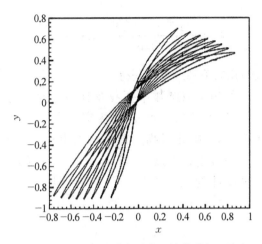

**图 2.17　采用双圆弧中弧线设计的单级压气机
转子叶片以质心为积叠轴的投影图**

2.3　常规叶型厚度分布特征

2.3.1　标准厚度分布

对于超声速压气机叶型,希望其厚度分布具有以下特征。

(1) 最大厚度可在常用范围内任意给定。

(2) 最大厚度位置应该尽可能放置在叶型后半部的任意点上。

(3) 曲线二阶导数必须是连续的,以确保曲率无间断。

(4) 考虑到机械结构上的要求,叶型的厚度分布必须是连续凸起的,即二阶导数符号不变。

(5) 叶型必须具有细长的前缘,这与前四个条件是相适应的。

为了达到这些目标,用单个方程来满足前述所有的条件是相当困难的。目前,通常采用两个方程来规定厚度分布:一个方程规定前缘至最大厚度点,另一个方程规定最大厚度点到尾缘。在连接点处,则使两段厚度分布曲线相同,且其一阶和二阶导数相等。为了防止厚度分布在靠近前缘处产生反曲率,令前缘处厚度的二阶导数为零。值得注意的是,方程中的自变量不是绝对轴向坐标,而是中弧线的相对弧长。前缘和尾缘的厚度是分别规定的,因此前缘和尾缘的厚度并不要求相等。在前、尾缘处,叶片的型面由圆弧形成。

两段厚度分布所选择的边界条件可汇总如下。

前缘部分:

$$x = 0, \quad y = y_0, \quad y'' = 0$$

$$x = \bar{e}, \quad y = c_{\max}/2, \quad y' = 0$$

尾缘部分:

$$x = \bar{e}, \quad y = c_{\max}/2, \quad y' = 0, \quad y'' = y''_{前面部分}$$
$$x = 1, \quad y = y_1$$

这里, y 代表基元叶片的厚度的一半, 而 $c_{\max}$ 是最大厚度总值, 两者都是与中弧线单位长度成比例的, 参数 $\bar{e}$ 表示中弧线上最大厚度位置。对于前缘部分, 可用三次多项式的形式表示如下:

$$\begin{cases} y = ax^3 + bx^2 + cx + d \\ y' = 3ax^2 + 2bx + c \\ y'' = 6ax + 2b \end{cases} \tag{2.43}$$

将上述边界条件用于式(2.43), 则可得如下结果($0 \leqslant x \leqslant \bar{e}$ 范围内):

$$a = -\frac{c_{\max}/2 - y_0}{2\bar{e}^3}, \quad b = 0, \quad c = \frac{3(c_{\max}/2 - y_0)}{2\bar{e}}, \quad d = y_0 \tag{2.44}$$

另外, 在 $x = \bar{e}$ 处, 叶片尾缘部分有如下边界条件:

$$y'' = -\frac{3(c_{\max}/2 - y_0)}{\bar{e}^2} \tag{2.45}$$

同理, 可用类似的三次方程来定义厚度分布的尾缘部分, 并可写为

$$\begin{cases} y = e(x - \bar{e})^3 + f(x - \bar{e})^2 + g(x - \bar{e}) + h \\ y' = 3e(x - \bar{e})^2 + 2f(x - \bar{e}) + g \\ y'' = 6e(x - \bar{e}) + 2f \end{cases} \tag{2.46}$$

应用尾缘部分的有关边界条件, 可得如下结果(在 $e \leqslant x \leqslant 1$ 范围内):

$$\begin{cases} e = \dfrac{3(c_{\max}/2 - y_0)}{2\bar{e}^2(1 - \bar{e})} - \dfrac{c_{\max}/2 - y_1}{(1 - \bar{e})^3} \\ f = -\dfrac{3(c_{\max}/2 - y_0)}{2\bar{e}^2} \\ g = 0 \\ h = c_{\max}/2 \end{cases} \tag{2.47}$$

因为厚度分布方程是三次多项式, 所以就有可能在厚度分布中引进拐点。三次方程仅有一个拐点, 而前缘处的二阶导数为零, 因此最大厚度点之前的厚度分布不可能含有拐点。考查后段厚度分布方程则得到这样的结果, 即 $\bar{e}$ (最大厚度位置)有一最小值, 当 $\bar{e} > \bar{e}_{\min}$ 时, 该方程的拐点不在叶片表面上, $\bar{e}$ 的最小值为

$$\overline{e}_{\min} = \cfrac{1}{1 + \sqrt{\cfrac{1 - 2y_1/c_{\max}}{1 - 2y_0/c_{\max}}}} \qquad (2.48)$$

这样,如果前、尾缘的厚度相等,则 $\overline{e}_{\min} = 0.5$,且 $e_{\min}$ 将随尾缘与前缘厚度比值的增加而增大。因此,当前、尾缘的半径确定后,可适当选取最大厚度位置 $\overline{e}$,当 $\overline{e} > \overline{e}_{\min}$ 时,则叶型厚度分布不含有拐点。

为了适应超声速流动,超声速叶型一般都非常尖而薄。在满足机械结构和强

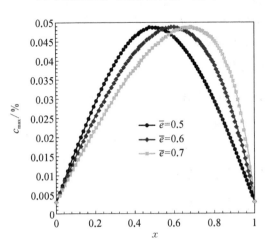

图 2.18　相对中弧线弧长下叶型厚度分布随 $\overline{e}$ 的变化

度要求的前提下,应尽量选取较薄的厚度分布。图 2.18 是叶型应用三次厚度分布生成的实例,由图可以看出,厚度分布几乎呈正弦形状,也可以认为是二次曲线形状。随着 $\overline{e}$ 增大,厚度分布峰值逐渐向后移动。最大厚度位置的分布决定了叶型对气流做功沿弦长的分布,$\overline{e}$ 的位置前移,叶型对气流的做功量主要在叶型前部完成,这样使得速度峰值过早达到,有可能造成气流过早分离,对超声速流动不利。超声速压气机叶型的最大厚度位置基本处于 60% ~ 70% 弦长。

2.3.2　双圆弧厚度分布

由于单圆弧中弧线是以等曲率变化的,为了适应叶型厚度分布的要求,厚度分布曲线不应有拐点。因此,中弧线上、下表面只能加上圆弧厚度分布。双圆弧厚度分布的确定,实质上包含着坐标系的平移和旋转的几何变换问题,为便于表示,采用极坐标系。

圆心的 x 坐标与中弧线相同,圆半径 R 和圆心 y 坐标可用如下公式求得

$$R_S = r_0 + \cfrac{R\sin\varphi}{\sin\left[\cos^{-1}\left(\cfrac{1 - A^2}{1 + A^2}\right)\right]} \qquad (2.49)$$

$$y_S = R - R_S + \frac{c_{\max}}{2} \qquad (2.50)$$

其中,

$$A = \frac{(c_{max}/2 - r_0) + R(1 - \cos \varphi/2)}{R\sin \varphi/2} \quad (2.51)$$

2.4 小 结

几种常规中弧线的生成方法,控制中弧线曲率的参数各有特点,特别是适应超声速流动的 S 形叶片和 J 形叶片具有各自特殊的控制规律参数及其特点。对于四次多项式中弧线,改变中弧线曲率的参数有标准化二阶导数 P 和 Q。当 P 由正到负连续变化时(一般取 $-2<P<1$),中弧线前缘区的曲率由正到负连续变化。这种变化能生成适应超声速流动的 S 形叶片,但曲率的变化不显著,特别当总弯度很小时,改变参数 P,对生成典型的 S 形叶片的作用很小,而参数 Q 只略微改变中弧线后段曲率。

指数中弧线曲率的改变是通过变化参数 P、Q 及拐点位置 S 和拐点角 α_S 来实现的。其中,P 只对前段曲率的变化产生影响,但变化不明显;这种中弧线曲率主要是通过 S 和 α_S 来控制,改变 S 和 α_S 能生成适用于超声速流动的 S 形叶片和 J 形叶片。

双圆弧中弧线和指数中弧线类似,中弧线曲率是通过改变拐点位置 S 和拐点角 α_S 来实现的,也能生成适应超声速流动的 S 形叶片和 J 形叶片。

单圆弧中弧线在跨声速叶片机中有广泛的用途,高性能压气机级的静子叶片上有时采用该种叶型。在超声速压气机中,通常不使用这种中弧线叶型。

一些常见的压气机叶型,其厚度分布都是标准型的,即采用相对中弧线弧长的两个三次多项式分布,一个从前缘到最大厚度点,一个从最大厚度点到尾缘。这种厚度分布类似于正弦曲线形状(也有研究认为是二次抛物线形状),图 2.18 清晰表明了这种厚度分布曲线随最大厚度位置 $\bar{e}$ 的变化规律。参数 $\bar{e}$ 的变化,影响叶片对气流做功沿弦向的分配情况,同时 $\bar{e}$ 的选取也受叶片质心偏离积叠中心位置的支配。现代超、跨声速压气机叶片都具有尖而薄的形状,即在保证压气机叶片强度的前提下,应选取较小的前、尾缘半径,以及尽量小的最大厚度值。

第3章
四段圆弧超声速叶型设计方法及分析

3.1 概　　述

采用S形叶片和J形叶片能较好地控制中弧线曲率的变化,特别是前缘进口区的曲率,因此在超声速压气机叶片设计中广泛采用,具有这种分布特征的叶型有多项式中弧线叶型、指数中弧线叶型和多圆弧叶型。

由第2章的讨论可知,控制多项式中弧线曲率的参数有无量纲化二阶导数 P 和 Q,其中 Q 对中弧线后段曲率的变化有微小的影响。当 P 由 1.0 变化到 -2.0 时,前缘进口区的曲率由正值连续地变化到负值。但是当叶型截面总弯度接近于零时,这种中弧线不能有效生成S形叶片。

对于指数中弧线,控制曲率变化的参数有 P 和 Q,以及拐点角 α_S 和拐点位置 S。其中,P 和 Q 只对中弧线曲率的变化起微小的影响,生成S形叶片的关键控制参数是 α_S,但是控制参数只有一个,不能用多点来控制中弧线曲率的变化,应用范围受到限制。

控制多圆弧中弧线曲率变化的参数只有拐点角 α_S 和拐点位置 S,同样的问题是控制参数太少,前后两段圆弧是以等曲率变化的,不利于局部控制超声速气流。

标准厚度分布的最大厚度及其位置一定时,厚度分布呈正弦曲线或二次曲线形状,这种厚度分布没有充分发挥叶型型面控制气流的作用。常规叶型的前、尾缘和上、下表面切点都是用一段圆弧连接的,因为圆弧是以等曲率变化的,所以超声速气流在叶型前缘的加速程度相当大。

基于以上讨论,设计高性能超声速压气机叶型的理想方法应能任意控制中弧线多段曲率的变化,即增加中弧线上的控制点数及叶型型面的变化,达到对气流的有效控制。本章将提出一种新的多段圆弧叶型设计方法,即采用四段圆弧生成叶型中弧线,叶型吸力面也用四段圆弧来生成,这样控制叶型中弧线的点数增多,而且型面变化也易控制。同时,叶型前、尾缘切点用一个椭圆弧来连接,与圆弧相比,椭圆弧变化缓慢,超声速气流在叶型头部的加速得以减缓,气流的峰值点将有所降低,这对于控制激波强度和波后附面层分离是有利的。

3.2　四段圆弧中弧线的生成方法

与单圆弧或双圆弧中弧线相比,四段圆弧
中每段的给定边界条件相同,即给定每段起点
的坐标(x, y)和该点的切线角,以及末端点的
轴向坐标x和该点的切线角,如图 3.1 所示。
具体的参数有x_1、x_3、x_4、x_5、x_2、α_1、α_3、α_4、
α_5、α_2,其中x_1和x_2分别位于相对坐标轴的 0
点和点 1 上,即$x_1 = 0$、$x_2 = 1$。

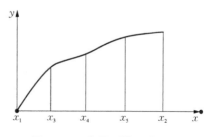

图 3.1　四段圆弧推导关系图

参照式(2.35)~式(2.38),可将四段圆弧中心、半径及对应的末端点的纵坐标
表示如下。

第一段$(x_1 \sim x_3)$:

$$\begin{cases} y_{013} = \dfrac{-\tan \alpha_1 \sec^2 \alpha_3 + \tan \alpha_3 \sec \alpha_1 \sec \alpha_3}{\tan^2 \alpha_1 - \tan^2 \alpha_3}(x_3 - x_1) + y_1 \\[3mm] y_3 = \dfrac{y_{013}(\tan \alpha_3 - \tan \alpha_1) - 1}{\tan \alpha_3}(x_3 - x_1) + y_1 \\[3mm] x_{013} = -y_{013}\tan \alpha_1(x_3 - x_1) + x_1 \\[3mm] R_{13}^2 = \dfrac{(y_3^2 + 1)^2 \sec^2 \alpha_3}{4(y_3 - \tan \alpha_3)^2}(x_3 - x_1)^2 \end{cases} \tag{3.1}$$

第二段$(x_3 \sim x_4)$:

$$\begin{cases} y_{034} = \dfrac{-\tan \alpha_3 \sec^2 \alpha_4 + \tan \alpha_4 \sec \alpha_3 \sec \alpha_4}{\tan^2 \alpha_3 - \tan^2 \alpha_4}(x_4 - x_3) + y_3 \\[3mm] y_4 = \dfrac{y_{034}(\tan \alpha_4 - \tan \alpha_3) - 1}{\tan \alpha_4}(x_4 - x_3) + y_3 \\[3mm] x_{034} = -y_{034}\tan \alpha_3(x_4 - x_3) + x_3 \\[3mm] R_{34}^2 = \dfrac{(y_4^2 + 1)^2 \sec^2 \alpha_4}{4(y_4 - \tan \alpha_4)^2}(x_4 - x_3)^2 \end{cases} \tag{3.2}$$

第三段$(x_4 \sim x_5)$:

$$\begin{cases} y_{045} = \dfrac{-\tan\alpha_4\sec^2\alpha_5 + \tan\alpha_5\sec\alpha_4\sec\alpha_5}{\tan^2\alpha_1 - \tan^2\alpha_3}(x_5 - x_4) + y_4 \\[3mm] y_5 = \dfrac{y_{045}(\tan\alpha_5 - \tan\alpha_4) - 1}{\tan\alpha_5}(x_5 - x_4) + y_4 \\[3mm] x_{045} = -y_{045}\tan\alpha_4(x_5 - x_4) + x_4 \\[3mm] R_{45}^2 = \dfrac{(y_5^2 + 1)^2\sec^2\alpha_5}{4(y_5 - \tan\alpha_5)^2}(x_5 - x_4)^2 \end{cases} \tag{3.3}$$

第四段 $(x_5 \sim x_2)$：

$$\begin{cases} y_{052} = \dfrac{-\tan\alpha_5\sec^2\alpha_2 + \tan\alpha_2\sec\alpha_5\sec\alpha_2}{\tan^2\alpha_5 - \tan^2\alpha_2}(x_2 - x_5) + y_5 \\[3mm] y_2 = \dfrac{y_{052}(\tan\alpha_2 - \tan\alpha_5) - 1}{\tan\alpha_2}(x_2 - x_5) + y_5 \\[3mm] x_{052} = -y_{052}\tan\alpha_5(x_2 - x_5) + x_5 \\[3mm] R_{52}^2 = \dfrac{(y_2^2 + 1)^2\sec^2\alpha_2}{4(y_2 - \tan\alpha_2)^2}(x_2 - x_5)^2 \end{cases} \tag{3.4}$$

这样,确定了四段圆弧的各段圆心和半径后,四段圆弧中弧线也就确定了。

图 3.2 和图 3.3 分别为四段圆弧中弧线随中弧线切线角 α_3、α_4 的变化曲线,从图中可以看出:第二点中弧线切线角 α_3 的影响与指数中弧线、两段圆弧中弧线拐点角 α_S 的作用相同,即在前缘进口区,改变 α_3,中弧线的曲率可由正值连续地变

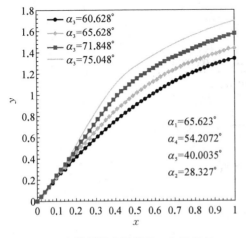
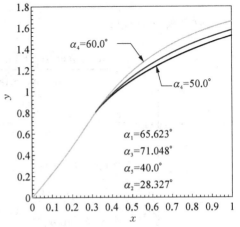

图 3.2　四段圆弧中弧线第二点切线角 α_3 对中弧线的影响　　图 3.3　四段圆弧中弧线第三点切线角 α_4 对中弧线的影响 $(\Delta\alpha_4 = 5.0°)$

化到负值,这样既可以生成 J 形叶片,也可以生成 S 形叶片。同时,第二点以后的曲率也可以根据气流流动的规律进行调整和控制。

四段圆弧中弧线除随前、尾缘构造角变化外,中间还可以对三个点的切线角及其位置进行调整,可改变的中弧线曲率点增多,而且位置可以根据气流流动的需要任意确定。与第 2 章中讨论的几种中弧线相比,四段圆弧控制中弧线的曲率更灵活便捷,更有利于控制局部叶型型面,但缺点是控制参数多,搭配关系复杂,需根据设计经验和设计工作条件综合考虑才能合理给定。

3.3 四段圆弧厚度的生成方法

3.3.1 圆弧的生成

在对标准厚度分布规律研究的基础上,给出相对于中弧线弧长向下一些的点的厚度,通过三次样条插值法可以得出中弧线的绝对坐标 x_m、y_m。为了求得四段圆弧厚度分布方程,应该给出 5 个特定点的 x 坐标。确定一个圆需要求解 3 个未知数,即圆心 (x_0, y_0) 和半径 R,这样,4 个圆共需要 12 个方程。根据前后圆弧连接点的坐标相等及一阶导数相等的条件,可以获得 6 个方程,总共可列出 11 个方程,还差 1 个未知数才能使方程封闭。其实,叶型吸力面前缘切点角与中弧线前缘构造角相差不多,且通过调整该切点角可以控制吸力面形状。因此,给定前缘吸力面切点角作为一个条件是合适的,且具有控制吸力面形状的双重作用。

下面就一段圆弧在给定第一点坐标 (x_{S1}, y_{S1}) 和其切线角 α_{S1},以及第二点坐标 (x_{S2}, y_{S2}) 的边界条件下,推导该圆弧的中心 (x_0, y_0) 和半径 R 的几何关系式。给定的几何条件及其关系如图 3.4 所示,其中 A、B 是给定的两点,α_{S1} 为点 A 的切线角,OO_1 为 AB 的垂直平分线,O 为圆心。

直线 OA 的斜率为

$$k_1 = -\frac{1}{\tan \alpha_{S1}} \tag{3.5}$$

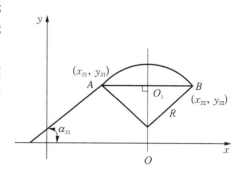

图 3.4 单段圆弧厚度给定几何关系

直线 OA 的方程为

$$y = k_1(x - x_{S1}) + y_{S1} \tag{3.6}$$

点 A 和点 B 的中心为

$$\left(\frac{x_{S1} + x_{S2}}{2}, \frac{y_{S1} + y_{S2}}{2} \right)$$

OO_1 的斜率为

$$k_2 = -\frac{x_{S2} - x_{S1}}{y_{S2} - y_{S1}} \tag{3.7}$$

OO_1 的直线方程为

$$y = k_2\left(x - \frac{x_{S1} + x_{S2}}{2}\right) + \frac{y_{S1} + y_{S2}}{2} \tag{3.8}$$

联立求解方程(3.6)和式(3.8)即可获得圆心坐标：

$$\begin{cases} y = k_1(x - x_{S1}) + y_{S1} \\ y = k_2\left(x - \dfrac{x_{S1} + x_{S2}}{2}\right) + \dfrac{y_{S1} + y_{S2}}{2} \end{cases}$$

令

$$A_1 = -\frac{1}{\tan \alpha_{S1}}, \quad B_1 = y_1 - A_1 x_{S1}$$

$$A_2 = k_2, \quad B_2 = \frac{y_{S1} + y_{S2}}{2} - \frac{A_2}{2}(x_{S1} + x_{S2})$$

方程组变为

$$\begin{cases} y = A_1 x + B_1 \\ y = A_2 x + B_2 \end{cases}$$

求解得

$$x = \frac{B_2 - B_1}{A_1 - A_2}, \quad y = \frac{A_1 B_2 - A_2 B_1}{A_1 - A_2}$$

即圆心坐标为

$$x_0 = \frac{B_2 - B_1}{A_1 - A_2}$$

$$y_0 = \frac{A_1 B_2 - A_2 B_1}{A_1 - A_2}$$

圆半径为

$$R = \sqrt{(x_{S1} - x_0)^2 + (y_{S1} - y_0)^2}$$

直线 OB 的斜率为

$$k_3 = \frac{y_{S2} - y_0}{x_{S2} - x_0}$$

k_3 可以作为下一段圆的已知条件使用。每段圆弧的圆心和半径的确定方法相同，逐一推导便可确定四段圆弧。

3.3.2　圆弧的离散过程

3.3.1 节中已获得四段圆弧厚度分布的几何关系式。在给出叶型型面坐标时，要求以足够多的离散点来表示叶片的型面，因此便需要将四段圆弧离散来获得型面坐标。

离散过程是在已知中弧线上的点 $(x_m,$ $y_m)$ 和该点的切线斜率的情况下进行的。如图 3.5 所示，已知中弧线上的点 $A(x_m,$ $y_m)$ 和该点切线斜率 k_m；圆的方程为 $(x - x_0)^2 + (y - y_0)^2 = R^2$，确定点 A 的法线与圆弧的交点 (x_s, y_s) 及两点间的距离 D。

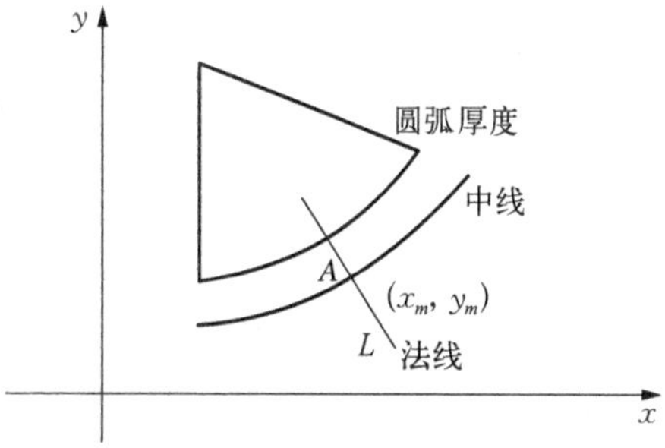

法线 L 的直线方程为

$$y = -\frac{x}{k_m} + \frac{x_m}{k_m} + y_m \qquad (3.9)$$

图 3.5　圆弧厚度离散几何关系

令 $C_1 = -\dfrac{1}{k_m}$，$C_2 = \dfrac{x_m}{k_m} + y_m$，方程 (3.9) 变为

$$y = C_1 x + C_2 \qquad\qquad (3.9)$$

联立圆的方程得

$$\begin{cases} y = C_1 x + C_2 \\ (x - x_0)^2 + (y - y_0)^2 = R^2 \end{cases}$$

求解得

$$\begin{cases} x_1 = \dfrac{-B + \sqrt{B^2 - 4AC}}{2A}, & y_1 = C_1 x_1 + C_2 \\[3mm] x_2 = \dfrac{-B - \sqrt{B^2 - 4AC}}{2A}, & y_2 = C_1 x_2 + C_2 \end{cases}$$

这里的 x、y 各有两个解，即两个交点，此处的判定准则为

$$\begin{cases} D_1 = \sqrt{(x_1 - x_m)^2 + (y_1 - y_m)^2} \\ D_2 = \sqrt{(x_2 - x_m)^2 + (y_2 - y_m)^2} \end{cases}$$

如果 $D_1 < D_2$，则 $x_s = x_1$、$y_s = y_1$、$D = D_1$；如果 $D_1 > D_2$，则 $x_s = x_2$、$y_s = y_2$、$D = D_2$。照此方法，沿中弧线各点，逐一求得叶型吸力面上的坐标点 (x_s, y_s)。然后，以中弧线上的 (x_m, y_m) 为中心，对称映射即可得到压力面的坐标点 (x_p, y_p)。

标准厚度分布与四段圆弧厚度分布在相对弧长下的变化规律对比如图 3.6 所示。四段圆弧厚度分布的中间三个点的厚度值的给定参考了标准厚度分布，经过反复调整后才得到这种分布曲线规律。四段圆弧厚度分布同样可以应用到之前讨论过的几种中弧线上产生叶型型面(除单圆弧中弧线外)。如图 3.7 所示的叶片投影图，各截面叶型中弧线均为四段圆弧，厚度分布也为四段圆弧，从图中可看出，这种叶型设计方法能很好地适应相对气流速度沿叶展方向的变化。

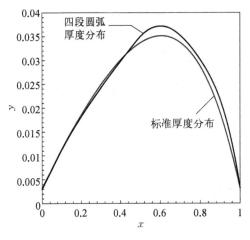

图 3.6 标准厚度分布与四段
圆弧厚度分布对比

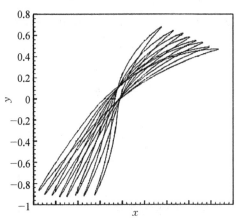

图 3.7 采用四段圆弧中弧线和四段圆弧
厚度设计的叶片投影图

四段圆弧厚度分布的确定有五个点，各参数间的搭配关系多，能较好地控制叶片型面，特别是超声速气流对型面较敏感的区段，通过调整厚度及其位置，可以较好地控制局部型面。而且，改变叶背前缘切点角能对控制叶型前缘区曲率变化发挥重要作用，通过控制该值能较容易地设计所需要的叶背前缘进口区型面，对于设计适应超声速流动的 S 形叶片也较为有效。由于四段圆弧厚度分布的生成中所需的参数较多，各参数间的搭配关系与调整规律较复杂，设计者需有一定的经验。

3.4　超、跨声速叶型设计分析

基于某型号压气机两套叶栅的流场计算结果分析,发现原设计存在一些缺陷,因而有必要采用本章发展的叶型设计方法对其改进设计,并检验前述超声速叶型新设计方法的有效性。改进设计时中弧线采用四段圆弧,前、尾缘切点用椭圆弧连接,采用标准厚度分布。

3.4.1　原始叶型设计参数及特点

本节研究两套叶栅,一套为高跨声速压气机静子叶型,编号为 JGY2,已在平面叶栅风洞上进行了吹风实验。另一套为超声速转子叶尖叶型,编号为 F23。详细资料可参阅文献[29]和[30]。

JGY2 叶型的几何设计参数和气动设计参数分别见表 3.1 和表 3.2,这是一套典型的跨声速压气机静子叶型,其设计进口马赫数为 0.92,叶型转折角达 51.0°,气动负荷较高。另外,该叶型的最大相对厚度较小,位置靠后,且前、尾缘很薄。

表 3.1　JGY2 叶型几何设计参数

前缘构造角/(°)	47.0	安装角/(°)	21.5
尾缘构造角/(°)	−4.0	弦长/mm	37.61
最大相对厚度/%	4.31	最大相对厚度位置	0.62
前缘半径/mm	0.12	尾缘半径/mm	0.12
稠度/mm	2.41	栅距/mm	15.71

表 3.2　JGY2 叶型的气动设计参数

进口马赫数	0.92	设计攻角/(°)	2.0
进气角/(°)	49.0	设计落后角/(°)	6.0
出气角/(°)	−2.0	轴向速度密流比	1.2

F23 叶栅是一种典型超声速压气机转子叶尖叶型,该叶型非常尖薄,弯度非常小(3.84°),意味着气流转折小。同时,该叶型的稠度较小,表 3.3 列出了该叶型的设计参数。

表 3.3 F23 叶型的设计参数

进口马赫数	1.44	安装角/(°)	61.67
进气角/(°)	63.85	稠度	1.44
出气角/(°)	60.01	设计攻角/(°)	0
前缘半径/mm	0.14	尾缘半径/mm	0.14

3.4.2 改进设计叶型与原始叶型参数的比较

为了保证参照性并利用原始叶型的进出口实验条件,改进设计叶型中除改变中弧线角度分配外,其他几何参数与原始叶型完全相同,即保持叶型的轴向弦长和稠度不变,前、尾缘构造角和厚度参数不变。前、尾缘椭圆弧的延伸点是沿各自构造角方向向外延伸,距中心点的距离是各自半径的 2 倍,四段圆弧中弧线各段的轴向长度是等分的。JGY2 和 F23 叶型的改进设计参数分别见表 3.4 和表 3.5,原始叶型与改进叶型形状对比分别如图 3.8 和图 3.9 所示。

表 3.4 JGY2 叶型改进设计参数

前缘构造角/(°)	47.0	安装角/(°)	21.39
前缘构造角/(°)	−4.0	弦长/mm	35.02
最大相对厚度/%	4.31	最大相对厚度	0.62
稠度	2.41	中弧线第二点切线角/(°)	37.0
中弧线第三点切线角/(°)	20.0	中弧线第四点切线角/(°)	2.0

表 3.5 F23 叶型改进设计参数

进口马赫数	1.44	安装角/(°)	63.14
进气角/(°)	63.85	出气角/(°)	60.01
中弧线第二点切线角/(°)	65.50	中弧线第三点切线角/(°)	62.85
中弧线第四点切线角/(°)	61.85	稠度	1.44
最大相对厚度/%	2.90	最大相对厚度位置	0.60

从叶型改进设计参数来看,JGY2 叶型中弧线前缘到第二点的转折角只占总转折角的 20%,其余 80% 的叶型转折角在后面的三段圆弧完成,而且中间两段的最大。叶型进口区的弯度较小,有利于降低气流在前部分的加速,使通道激波强度减弱。

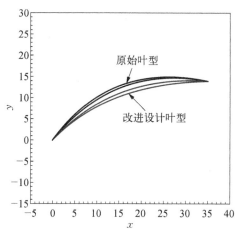
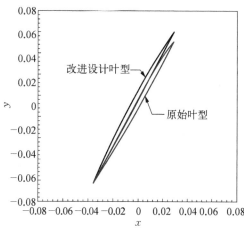

图 3.8　JGY2 原始叶型与改进设计叶型对比　　图 3.9　F23 原始叶型与改进设计叶型对比

　　F23 叶型改进设计后,中弧线前缘进口区(0%～25%)一段为负曲率,中弧线角增大 1.65°,之后为正曲率段,即通常所说的 S 形叶片,此类叶型特别适用于超声速流动。

3.4.3　叶栅流场计算和结果分析

　　叶栅流场计算方法采用时间相关有限体积法,该方法已经过大量算例验证,可有效预测超声速压气机叶栅流场,尤其是叶片表面气流参数分布情况,计算时给定的边界条件完全参照实验测得的结果。

　　1. JGY2 叶栅计算工况

　　$\beta_1 = 49.0°$,进口马赫数 Ma_1 分别为 0.897、0.924、1.086 时,计算的叶片表面马赫数分布和原始叶型实验测得的马赫数分布对比见图 3.10～图 3.12,其中 OLD - T 代表原始叶型的实验结果,OLD - C 代表原始叶型的计算结果,VER - C 代表改进叶型的计算结果(下同)。

　　JGY2 叶型的设计进口马赫数高,转折角大,实验结果显示,气流在激波以后已经分离。计算程序没有预测出气流的分离,这是由于程序中未考虑黏性。叶型吸力面上峰值前气流马赫数的计算值与实验值的吻合程度较好,预测的激波位置也较准确。

　　在设计进口马赫数下($Ma_1 = 0.924$),JGY2 叶型表面马赫数的分布情况如图 3.11 所示。由图可以看出,原始叶型吸力面上,实验测得 45% 相对轴向弦长附近有一道较强的激波,50% 相对轴向弦长后,吸力面马赫数几乎不变,说明气流已经分离,激波位置的计算值与实验值的吻合程度较高。改进设计后,叶型进口区吸力面和压力面上的速度分布交叉消失,而且头部的马赫数比原始叶型略有降低,特别

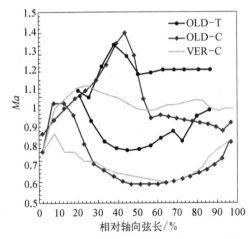

图 3.10　$\beta_1 = 49.0°$、$Ma_1 = 0.897$ 时 JGY2 叶型表面马赫数分布对比

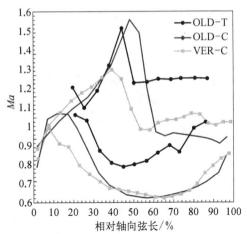

图 3.11　$\beta_1 = 49.0°$、$Ma_1 = 0.924$ 时 JGY2 叶型表面马赫数分布对比

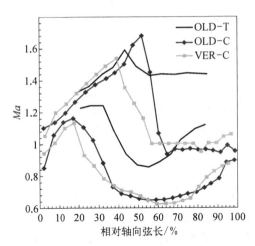

图 3.12　$\beta_1 = 49.0°$、$Ma_1 = 1.086$ 时 JGY2 叶型表面马赫数分布对比

是压力面上的马赫数下降最为明显,这说明前缘用椭圆弧连接是有效的。同时,在改进设计后,叶栅激波位置前移,马赫数峰值下降了 0.27,激波强度下降约 40%,而且马赫数分布曲线所围成的面积相比原始叶型有所增加,说明改进设计后,不但表面马赫数分布更为合理,而且叶型对气流的做功量并未减小。当进口马赫数 $Ma_1 = 0.897$ 和 1.086 时,叶型表面马赫数的分布规律与以上分析类似,因为激波强度有不同程度的减弱,改进后的等熵效率也有较明显的提高。

由以上讨论可知,适当减小进口区叶型的转折角,可以有效降低叶栅激波强度,有助于减小激波损失。用椭圆弧连接跨声速压气机叶型的前缘上下表面切点,在一定程度上能降低叶型头部的气流速度。

2. F23 叶栅的计算工况

$\beta_1 = 63.85°$,进口马赫数 Ma_1 分别为 1.3509、1.4011、1.4539 时,叶型表面马赫数分布分别如图 3.13~图 3.15 所示(图中 MOD 表示改进设计叶型),现分析如下。

由马赫数分布图看出,这是典型的预压缩叶型的速度分布,即凹形的吸力面前缘进口区,使马赫数峰值分布出现在叶片前缘,而且在叶型的压力面上有一道后通道激波。由于未获得叶型实验马赫数分布,在此只分别给出了不同来流马赫数下的计算结果分析。

在设计进口马赫数下,F23 叶型表面马赫数分布由图 3.13 给出。在 50% 相对轴向弦长位置,原始叶型吸力面和压力面上的马赫数分布交叉,即在交叉点之后,压力面的马赫数比吸力面还高,这样的叶型对气流的做功量是相当小的。因为原始叶型是采用任意成型的中弧线设计方法,控制中弧线曲率的点少,虽然控制了前缘的曲率,但马赫数下降点位置靠后,中弧线后段的曲率难以控制,叶型后半部分气流的扩散不易控制。改进设计后,能较好地控制中

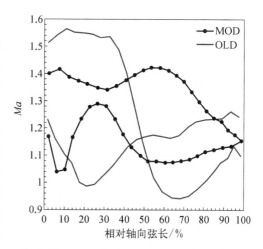

图 3.13 $\beta_1 = 63.85°$、$Ma_1 = 1.3509$ 时 F23 叶型表面马赫数的计算值分布

弧线各段曲率的变化,马赫数分布比较合理。由于从前缘到 30% 相对轴向弦长处,叶型进口区内凹,吸力面上的马赫数由进口处的 1.5 下降到 1.4,之后略有上升,这是因为吸力面内凹部分所形成的预压缩激波有效地降低了相邻叶片进口激波。在30% 相对轴向弦长处,压力面上有一道较强的后通道激波,有可能引起压力面附面层的波后分离,但这道激波对静压升高是有利的。改进设计前后的叶型表面马赫数分布对比表明,在叶型头部,改进设计叶型的气流马赫数要小于原始叶型,这是前缘椭圆弧起减速作用的结果。改进设计后的叶型对气流的做功量并未减小,且激波强度很弱,这说明改进设计是成功的。

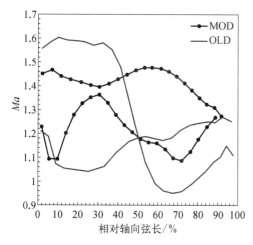

图 3.14 $\beta_1 = 63.85°$、$Ma_1 = 1.4011$ 时 F23 叶型表面马赫数的计算值分布

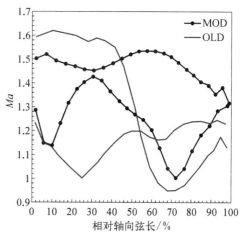

图 3.15 $\beta_1 = 63.85°$、$Ma_1 = 1.4539$ 时 F23 叶型表面马赫数的计算值分布

3.5　小　结

采用四段圆弧中弧线的设计方法,使得控制超声速压气机叶型中弧线曲率的参数增加,可以很容易地改变中弧线的曲率,可有效控制局部曲率,给定参数及设计目标直观明了,便于生成适应超声速流动的 J 形叶片和 S 形叶片。对于四段圆弧厚度分布,通过控制各点的厚度分布和叶型前缘切点角的大小可以控制叶型型面的变化。与标准厚度相比,控制叶型型面的参数增加,充分发挥了叶片型面控制气流流动的作用,但各参数间的关系较复杂,有待进一步深入研究。用椭圆弧连接超声速叶型前、尾缘切点,能减缓超声速气流在叶型头部的加速过程,减小叶型表面峰值马赫数,有助于减小叶型激波损失和附面层过早分离引起的损失。

通过改进设计和计算结果比较可以看出,适当减缓超声速叶型前缘进口区的转折角,可以有效地降低叶型吸力面上的马赫数峰值,降低激波强度,抑制波后附面层分离,有效减小激波损失。通过合理分配超声速压气机叶型中弧线切向角,特别是给定恰当的进口区的中弧线切向角,将此段中弧线设计为负曲率段,可以有效地降低相邻叶片进口激波前的马赫数,降低激波强度,减小激波损失。由于前缘椭圆弧的曲率变化要比圆弧缓慢,超声速进口气流在头部的加速程度得以减缓,使进口区激波影响的范围和强度有所减小。

第 4 章
基于 NURBS 的叶型/叶片
几何参数化技术

4.1 概　　述

  叶型的几何参数化技术在几何型面的优化设计中占有十分重要的地位。工程应用中最常用的叶型几何描述方法是利用叶型表面的离散数据点,例如,大部分标准翼型描述都是给出其表面离散点数据,工程实践中一般也都采用均匀或非均匀的离散数据点来表示叶型。但是这种几何描述方法对于叶型的优化设计并不是很适合,因为对一个叶型进行精确的几何描述,往往需要采用几十,甚至几百个离散点,如果将这些离散点全部作为优化设计变量,会导致优化过程中的可调变量过多,优化处理的工作量太大,难以付诸工程实际应用。

  常用于基元级叶片设计的常规方法主要有双圆弧方法、多圆弧方法及抛物线方法等,这些方法都是采用相对固定的几何曲线来构造叶型,在对叶片型面进行调整时会受到较大的限制,调整不够灵活。显然,常规的叶片几何描述方式已经很难适应叶轮机械叶型快速设计的需求[31]。近年来,非均匀有理 B 样条(non-uniform rational B-spline, NURBS)曲线方法得到了快速发展,其在复杂曲线曲面调整上具有灵活、可控、精确等特点,因此在叶片型面的几何设计中扮演着越来越重要的角色。

  最早将有理参数曲线、曲面引入型面设计中的是波音公司的罗温和麻省理工学院的孔斯。后来,英国早期某飞机公司的波尔在 CONSURF 系统中构造了两类特殊的有理参数三次曲线:广义二次曲线弧和简单线性参数段。我国的成都飞机工业(集团)有限责任公司就曾经采用波尔方法研制了 C-SURF 系统,并应用于飞机的外形设计[32]。目前,国内外已经有相当多的学者采用 NURBS 技术来进行叶片几何设计和优化工作,并且给出了很多有益的建议和结论[33-40]。

  由于航空叶轮机械中叶型的气动性能评估异常复杂,进行必要的实验验证是非常有用的,但是如果对某一未定型的叶轮机叶片进行大量实验,其成本与时间消耗在工程实际上是无法接受的。随着计算机技术的快速发展,计算流体力学

（computational fluid dynamics，CFD）技术已经成为目前叶轮机械设计中重要的分析工具，其精度和有效性也已经能够满足工程应用的要求，得到了工程技术人员的认可，因此采用 CFD 技术对叶型的气动性能进行数值模拟，能部分取代实验，是一种经济有效的方法。

鉴于此，本章利用 NURBS 技术对叶轮机叶片的叶型进行几何参数化，以期用较少的变量来准确描述整个叶型；将设计变量与叶片的气动参数进行有效关联，通过耦合流场数值求解和神经网络优化技术（第 5 章），在对叶型进行几何设计或者是优化改型设计时，使其气动性能朝着改善的方向发展，同时利用此方法完成某对转轴流压气机叶片的优化设计。最终，在此基础上建立起一个通用的、健壮的、具有较高专业水准的叶片优化设计模型，并借助此模型搭建出可视化的、界面友好的、功能可扩展的叶轮机叶片优化设计平台。

4.2　NURBS 函数曲线的描述

NURBS 技术是在 B 样条曲线和贝赛尔曲线的基础上发展起来的，既可以用来描述自由型曲线形状，也可以用来对较复杂几何形状进行描述和设计。大体上讲，NURBS 技术可以描述的几何形状都可以用 B 样条曲线和贝赛尔曲线来进行描述，它们之间存在一定的联系与区别，下面对此进行简单介绍。

4.2.1　NURBS 曲线、贝赛尔曲线及 B 样条曲线的区别

贝赛尔曲线是 B 样条曲线的一种特殊形式，他们之间最大的差别在于描述方程中的基函数不一样，贝赛尔曲线是将曲线的描述方式由 B 样条的代数方式转变为几何方式，并出现了曲线控制点，通过这些控制点能够改变和控制整个曲线的走向。然而 B 样条曲线包括其特例——贝赛尔曲线都不能精确地表示除抛物线以外的二次曲线弧，只能给出近似的描述。在工程实际中，近似表示可能会带来处理上的麻烦，使本来简单的问题复杂化，而且还会产生原本不存在的设计误差。

例如，如果用贝赛尔曲线来较精确地表示某一半径为 R 的半圆，一般需要用到五次贝赛尔曲线，并必须专门计算其控制顶点的坐标。如果情况发生改变，需要改变此圆的半径或者要求有更高的表示精度，在这种情况下，就必须重新确定次数并计算其控制顶点，如此一来就使得问题复杂化了，而且如果需要设计和改变的曲线数目众多，整个系统的计算量将会更加庞大，这是工程设计人员最忌讳的。NURBS技术就是在保留 B 样条（包括贝赛尔方法）描述自由形状优势的基础上，增加了统一描述二次曲线弧的功能而发展起来的一种新方法。

4.2.2　NURBS 曲线描述方法的优势

NURBS 曲线是非有理 B 样条曲线形式及有理与非有理贝赛尔曲线形式的延伸推广,目前得到了越来越多的应用,从总体上来看,其具有如下一些优势。

(1) 为标准解析形状(即初等曲线曲面)和自由型曲线曲面的精确描述与设计提供了一个通用的数学形式,可以用一个统一的数据库来存储这两类形状的信息。

(2) 可以自由操控的控制顶点及权因子为各种形状设计提供了充分的灵活性,权因子的引入成为几何连续样条曲线曲面中形状参数的替代物。

(3) 计算稳定且速度快。

(4) NURBS 曲线有明确的几何解释,对于熟悉几何知识,特别是画法几何的设计人员来说特别有用。

(5) NURBS 曲线有强有力的几何配套技术(包括插入节点/细分/消去/升阶/分裂等),能有效用于设计、分析和处理等各个环节。

(6) NURBS 曲线在比例、旋转、平移、剪切,以及平行和透视投影变换下是不变的。

4.2.3　NURBS 曲线的描述方程

一条 k 次(本节主要采用三次)NURBS 曲线可以表示为一分段有理多项式矢函数形式:

$$p(u) = \frac{\sum_{i=0}^{n} \omega_i d_i N_{i,k}(u)}{\sum_{i=0}^{n} \omega_i N_{i,k}(u)} \tag{4.1}$$

式中, $\omega_i(i = 0, i, \cdots, n)$ 称为权因子,与控制顶点 $d_i(i = 0, 1, \cdots, n)$ 相联系,首末权因子 ω_0, $\omega_n > 0$,其余 $\omega_i \geqslant 0$,且规定 k 个权因子不同时为 0,防止分母为 0,保留凸包性质,避免曲线因权因子退化成一点; $d_i(i = 0, 1, \cdots, n)$ 称为控制顶点,顺序连接成为控制多边形; $N_{i,k}(u)$ 是由节点矢量 $\boldsymbol{U} = [u_0, u_1, \cdots, u_i, \cdots, u_{n+k+1}]$,按照德布尔-考克斯递推公式来决定的 k 次规范 B 样条基函数,其中德布尔-考克斯递推公式为

$$\begin{cases} N_{i,0}(u) = \begin{cases} 1, & u_i \leqslant u < u_{i+1} \\ 0, & \text{其他} \end{cases} \\ N_{i,k}(u) = \dfrac{u - u_i}{u_{i+k} - u_i} N_{i,k-1}(u) + \dfrac{u_{i+k+1} - u}{u_{i+k+1} - u_{i+1}} N_{i+1,k-1}(u) \\ \text{约定} \dfrac{0}{0} = 0 \end{cases} \tag{4.2}$$

节点矢量 $U = [u_0, u_1, \cdots, u_i, \cdots, u_{n+k+1}]$ 根据规范积累弦长参数化方法确定,具体的公式为

$$\begin{cases} u_0 = 0 \\ u_i = u_{i-1} + | \Delta p_{i-1} |, \quad i = 1, 2, \cdots, n \end{cases} \tag{4.3}$$

式中, Δp_{i-1} 为向前差分矢量。$\Delta p_i = p_{i+1} - p_i$,即弦长矢量。

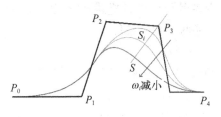

图 4.1　由五个控制点控制生成的 NURBS 曲线

图 4.1 给出了由五个控制点控制生成的 NURBS 曲线,同时显示了逐步减小 P_3 的权因子时曲线的变化趋势。由此图可以看出,当控制点 P_3 的权因子逐渐减小时,由这五个点控制的曲线只在局部范围内进行变化,这个特点有助于对几何型面的局部进行微调。同时,由图 4.1 可以看出:采用 NURBS 方法描述的曲线具有一些非常显著的几何特征,分述如下。

(1)局部特性。移动 k 次 NURBS 曲线的一个控制点 d_i 或改变所联系的权因子 ω_i 仅仅影响定义在区间 $[u_i, u_{i+k+1}] \subset [u_k, u_{n+1}]$ 的曲线形状,对其他部分没有影响。

(2)变差减少性质。对于非有理 B 样条曲线的简单证明对于 NURBS 曲线同样成立。

(3)强的凸包性质。定义在非零节点区间 $[u_i, u_{i+1}] \subset [u_k, u_{n+1}]$ 的曲线段位于由 $k+1$ 个控制顶点 $d_{i-k}, d_{i-k+1}, \cdots, d_i$ 组成的凸包内。

(4)在仿射与透视变换下具有不变性。

(5)在曲线定义域内具有与有理基函数同样的可微性,或称为参数连续性。

(6)如果某个权因子 ω_i 为 0,那么对应的控制顶点 d_i 对曲线根本不会产生影响。

(7)若 $\omega_i \to + \infty$,则 $p(u) = \begin{cases} d_i, & u \in [u_i, u_{i+k+1}] \\ p(u), & \text{其他} \end{cases}$。

(8)非有理与有理贝赛尔曲线及非有理 B 样条曲线是 NURBS 曲线的特殊形式。

4.3　叶型的参数化处理

4.3.1　中弧线的参数化

在二维基元级中弧线的参数化过程中,结合 NURBS 方法的特点,必须首先获得曲线控制点的相关信息,再由这些控制点去生成和控制中弧线的具体型线。本

节将中弧线生成过程中的几个关键几何控制参数与 NURBS 曲线的控制点进行关联,建立中弧线几何参数与 NURBS 曲线之间的相互制约模型。这几个关键的几何参数分别为基元级几何进口角、基元级几何出口角、中弧线的最大挠度值、最大挠度位置及弦长。

在具体参数化过程中,可以通过基元级几何进口角和几何出口角来获取 NURBS 曲线第一个控制点和最后一个控制点的切向矢量,从而构成 NURBS 控制点求解的边界条件——切矢边界条件。中弧线的最大挠度位置和最大挠度值用来与 NURBS 曲线某一个控制点的横纵坐标进行有效关联,从而控制整条曲线的最大相对高度值及其位置。基元级的弦长用来控制整条曲线首末两个控制点的相对位置。

实际实施过程如下:首先,由设计人员给出最初的几何参数,即基元级号、NURBS 曲线控制点数、弦长、最大挠度值、最大挠度位置、几何进口角、几何出口角;然后,根据几何进出口角数据计算出 NURBS 曲线首末控制点的切向矢量,构建其切矢边界条件,同时用基元级的弦长来确定首末两控制点的相对位置[一般默认首控制点的坐标为(0.0, 0.0, 0.0, 1.0)],再由最大挠度信息确定出用来控制曲线最高相对位置的控制点坐标;最后,采用插值方法插值确定其余的控制点 P_1, P_2, $\cdots$, P_{k-1}, P_{k+1}, $\cdots$, P_{n-2}, P_{n-1}(其中 n 为控制顶点的个数,k 为最高控制点在控制点序列中的序号)的坐标信息。

在确定完这些控制点的信息后,即可由 NURBS 曲线方程生成具体的中弧线曲线。根据这些控制点坐标利用积累弦长参数化方法生成相应的节点矢量 $U = [u_0,$ $u_1, \cdots, u_{n+k+1}]$,由德布尔-考克斯公式(4.2)可以得到 NURBS 基函数 $N_{i,k}(u)(k = 3)$ 的具体形式,在此基础上即可生成用以描述中弧线曲线的有理多项式矢函数 $p(u)$。图 4.2 给出了由上述几何参数所决定的中弧线 NURBS 曲线。图中,控制顶点为 7 个,设计参数分别如下:弦长为 2 mm、安装角度为 20°、几何进口角为 55.89°、几何出口角为−5.55°、最大相对挠度为 17.97%、最大挠度相对位置为 36.51%。通过调整这些控制顶点的位置即可改变中弧线的几何形状。

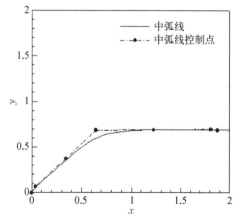

图 4.2　中弧线的 NURBS 曲线及其控制点

4.3.2　厚度分布的参数化

在低亚声速叶轮机早期设计阶段中使用的叶型,大部分都是由对称的飞机翼型或薄翼螺桨叶型按一定的要求弯曲而成的,这些未弯曲前的对称叶型称为原始叶型。在设计中经常采用的原始叶型主要有三种,分别为 NACA65 - 10 叶型、C4 叶型和 BC - 6 叶型,而这三种原始叶型所对应的厚度分布也就成了近代叶型设计中的标准厚度分布形式,并经常用来进行检验设计,或者作为初始厚度分布设计的基础。

应用于叶片二维基元级设计的厚度分布大体上可以分为两类:一类为标准厚度分布,指经过大量实验检验后,由行业部门发布的原始叶型所对应的厚度分布;另一类是根据实际需要定制的厚度分布,随着叶轮机性能要求的不断提高,最初的一些标准厚度分布已经不能满足当今叶型厚度设计的要求,为此设计人员开始寻找一种新途径来满足各种不同厚度分布的设计需求,目前较为常用的方法是,以某一种标准厚度分布作为基础,对其进行较小范围的调整,使其最终满足设计人员的具体要求。

利用 NURBS 方法能够灵活地改变二次曲线几何形状的特点,本节采用此方法来设计整个二维基元级的厚度分布。当基元级的气动性能不太符合要求而需要对其厚度分布进行调整时,就可以在原有厚度分布的基础上,迅速对厚度分布曲线的控制点进行局部修改,从而达到调整厚度分布的目的。由于 NURBS 曲线控制点的调整具有局部影响效应,即改变某一个控制点只会对此控制点附近的局部几何形状产生影响,只要改变的控制点数目不多,就不会对叶片的整体性能产生太大的影响,因此这一特性非常适合于在保留原有叶片绝大部分几何特性的情况下,以参数控制方式对其局部几何形状进行微调,进一步提高叶片的气动性能。厚度分布的 NURBS 曲线形式生成和控制原理与中弧线的生成和控制原理基本一致,此处不再赘述。

图 4.3 和图 4.4 分别给出了标准厚度分布在使用 NURBS 曲线描述方法后得到的 NACA65 分布形式及对 80% 相对轴向弦长处的控制点进行局部调整后的分布形式,对比分析这两幅图可以看出:调整 NURBS 曲线的一个控制点只会对其左右两边的两个控制点产生局部影响。

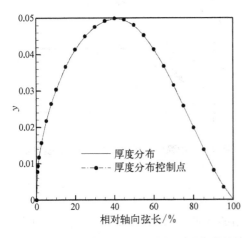
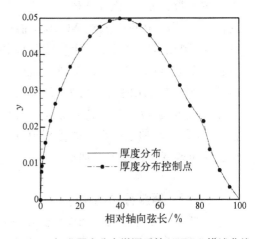

图 4.3　标准厚度分布的 NURBS 描述曲线　　图 4.4　标准厚度分布微调后的 NURBS 描述曲线

4.3.3 吸、压力面几何型面的参数化

一般来说,二维基元级的吸、压力面几何型线有两种生成方式。

（1）根据设计好的中弧线数据和厚度分布数据,在中弧线的基础上叠加此厚度分布,然后用叠加得到的厚度线段两端点作为吸、压力面几何曲线的型值点。

（2）直接用给定的吸、压力面离散数据点来生成其几何型面。

采用第一种方式来生成吸、压力面时,由于用来叠加的厚度分布的原始数据点数有限,如果仅依靠这些厚度分布生成的基元级吸、压力面型面点来绘制其几何型线,所得到的吸、压力面型线可能会很不光滑,从而导致吸、压力面几何信息丢失,尤其是前、尾缘区域。本节通过细分 NURBS 曲线中的节点矢量,来增加 NURBS 描述曲线区域段的数量,使最终获得的吸、压力面曲线始终保持光滑。图 4.5 由给出了叠加厚度分布后形成的控制点生成的吸、压力面中弧线几何曲线图,图中的黑点是用来生成吸、压力面 NURBS 曲线的控制点。图 4.6 为利用图 4.5 所示的控制点生成的二维基元级吸、压力面的 NURBS 曲线。从图中可以看出,由这些控制点生成的几何曲线比较光滑,避免了顺序连接型面离散数据点出现的曲线局部峰值问题。

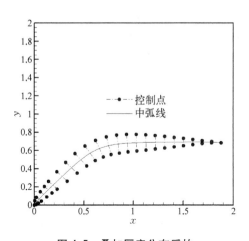

图 4.5 叠加厚度分布后的
中弧线几何曲线

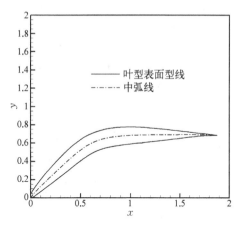

图 4.6 由叠加厚度分布后形成的控制点
生成的二维基元级吸、压力面中
弧线几何曲线

第二种吸、压力面生成方式经常在叶型几何设计中采用。当某一现有叶片的气动性能急需改进时,就需要对现有叶型的几何型面进行适当改型,而此时所给出的型面几何数据往往是吸、压力面上的一些离散数据点。在这种情形下,既要根据这些离散点来描述出完整的基元级吸、压力面几何形状,又要保证不丢失相关的几何信息并保持工程精度,同时还要能光滑地描述其二次曲线,从前面的论述中可知,NURBS 方法完全可以满足这些要求。采用 NURBS 方法进行几何描述时,可以

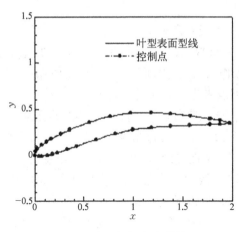

图 4.7   由离散数据点生成的吸、压力面 NURBS 曲线

根据所给出的离散数据点来作为 NURBS 曲线的几何控制点,根据实际经验,当给定的数据点数超过 15 个时(曲线的次数为三),所得到的曲线将能够保证所有给出的离散数据点都位于曲线上,因此所得到的几何曲线将最大限度地保留原始叶型的几何信息。同时,由于几何曲线上存在控制顶点,在需要对吸、压力面进行局部范围修正时,就完全可以通过改动某些控制点的位置来达到目的,实践证明,这种方法在工程实际中是切实可行的。采用这种方法得到的二维基元级吸、压力面的几何曲线如图 4.7 所示。

4.3.4   二维基元级前、尾缘的参数化

由于传统的圆弧形前、尾缘加工方便,如今仍得到了广泛应用,但是近年来越来越多的实验和数值研究显示,前缘形状对叶片的气动性能有着不可忽视的影响。Suder 等[41]通过实验方法研究了高速轴流压气机动叶的叶片表面粗糙度、厚度变化对叶片气动性能的影响,研究结果表明,与叶片其他部位相比,叶片前缘的局部表面形状变化直接影响附面层沿叶面的分布,对叶片的气动性能起主导影响作用。

而 Walraevens 等[42]对比分析了圆弧形前缘和椭圆形前缘对叶片流动的影响,发现椭圆形前缘可以抑制附面层发展,因而可以明显地扩大叶片的攻角范围,减小流动损失。当来流的湍流度较低时,圆弧形前缘在 0°攻角下就会产生分离泡,而椭圆形前缘可以在一定的攻角范围内避免层流分离,消除分离泡;如果来流正攻角过大,圆弧形前缘的叶片就会发生全叶片流动分离,而椭圆形前缘的叶片会减弱前缘附近区域的层流分离,而且在层流分离转捩后得以重新附着,形成成长型分离泡,避免全叶片的流动分离。

由于圆弧形前、尾缘和椭圆形前、尾缘都各有优势,而且 NURBS 方法在描述精确的二次曲线弧方面相对于其他描述方法占有较大的优势,本节将重点阐述如何利用 NURBS 方法来进行叶型前、尾缘的造型。

1. 基元级前、尾缘的 NURBS 圆弧处理

为了用统一的形式来表示叶型各段曲线,在对叶型的前、尾缘圆弧进行处理时,可以采用自动确定前、尾缘小圆半径的技术(主要是依据前、尾缘处的厚度分布情况),然后根据确定的几个关键点结合 NURBS 方法来生成前、尾缘的小圆圆弧。

如图 4.8 所示,在吸、压力面上直接选定某一
个控制点 $P_2(b_0)$ 和 $P_4(b_2)$ 作为前、尾缘小圆
与吸、压力面的切点,然后选取吸、压力面上
相应的后一点 P_1 和 P_3,由这四个点来确定
前、尾缘小圆的切线 b_0b_1 和 b_1b_2,以及这两条
切线的交点 b_1。

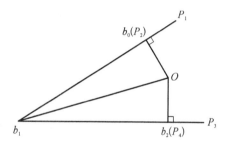

图 4.8 自动圆弧生成方法示意图

点 b_0、b_1、b_2 确定后,就可以用 NURBS
曲线描述二次圆弧的方法来确定前后圆弧的
几何型线了。这里规定,当圆心角 θ 为正时,表示圆弧为逆时针旋转;θ 为负,表示
顺时针旋转。这样,只需要使同一圆弧的圆心角变号,就可以改变圆弧方向,而定
义该圆弧的控制点和权因子未变,仅顺序相反,因此这里只需考虑圆心角的绝对值
$|\theta|$ 不同的各种圆弧。另外,根据叶型中角度的实际情况,在此只需要讨论 $|\theta| \in$
$(0°,180°)$ 的情况就可以了。然而,同一圆弧的 NURBS 表示方法并不唯一,圆弧
既可以采用二次也可以用高于二次的 NURBS 曲线来表示,但由于高次圆弧需要更
多的控制点和权因子来作为定义数据,一般只在特殊的场合,如构造组合曲线时采

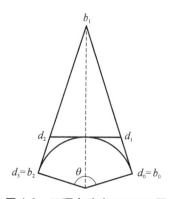

**图 4.9 三顶点确定 NURBS 圆
弧曲线示意图**

用。综上,可采用二次 NURBS 曲线来描述前、尾缘
的圆弧型线。

参照图 4.9,在生成 NURBS 二次圆弧的过程中,
可以先用三个顶点 b_0、b_1、b_2 及其相应的权因子
$[\omega_0 = \omega_2 = 1, \omega_1 = \cos(\theta/2)]$ 定义的有理二次贝赛
尔曲线来描述圆弧,但是这样处理会导致曲线的凸
包性质较差,因此先取其有理 B 样条形式,顶点与权
因子保持不变,而节点矢量设计为 $[0,0,0,1,1,$
$1]$,然后插入一个 $u = 1/2$ 的节点,则节点矢量变为
$U = [0,0,0,1/2,1,1,1]$。最后根据式(4.4)来
确定用于拟合圆弧曲线的控制顶点及其权因子:

$$\begin{cases} d_0 = b_0 \\ \omega_0 = 1 \\ d_1 = [b_0 + b_1\cos(\theta/2)]/2\cos^2(\theta/4) \\ \omega_1 = \cos^2\theta/4 \\ d_2 = [b_1\cos(\theta/2) + b_2]/2\cos^2(\theta/4) \\ \omega_2 = \cos^2(\theta/4) \\ d_3 = b_2 \\ \omega_3 = 1 \end{cases} \qquad (4.4)$$

如图 4.9 所示,新顶点 d_1、d_2 分别位于 b_0b_1、b_2b_1 两条边上,且 $d_1d_2//b_0b_2$。插入节点 1/2 以后,原来圆心角为 θ 的单段圆弧被等分为了圆心角为 $\theta/2$ 的两个子圆弧段,d_1 和 d_2 的权因子都取为 $\cos^2(\theta/4)$。本节所述的基于 NURBS 方法的圆弧处理主要就是先求解这四个点,然后经过一定的数学计算来确定 b_0、b_1、b_2 和圆心角 θ,最后根据式(4.4)来确定圆弧的二次 NURBS 曲线形式。

图 4.10 和图 4.11 分别给出的是经过 NURBS 曲线形式的圆弧处理后,二维基元级前、尾缘区域的局部放大图。从图中可以看出,前、尾缘区域的小圆圆弧与吸、压力面结合处的曲线均过渡非常平滑,基本上能够满足实际工程的应用需求。

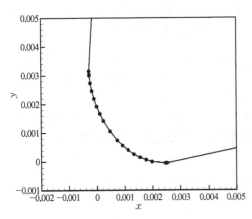

图 4.10　经过 NUBRS 圆弧处理后的
前缘局部放大图

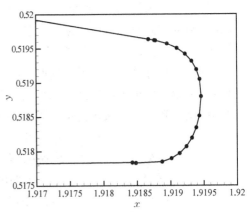

图 4.11　经过 NUBRS 圆弧处理后的
尾缘局部放大图

2. 基元级前、尾缘的 NURBS 椭圆弧处理

一般情况下,椭圆形前、尾缘的叶型具有更好的气动性能,因为采用椭圆形前缘后可以抑制前缘表面气流的过度膨胀,从而降低吸力面上的逆压梯度,避免前缘表面发生层流分离[43]。目前,超声速叶片的前缘和尾缘基本上都是采用椭圆弧,而且一般都采用标准椭圆方程形式中半长轴与半短轴的比值来进行描述。然而这种椭圆弧的变化形式有限,无法满足各种条件下超声速条件的需要。如果采用 NURBS 方法,用基本控制点和无限远方向向量来描述椭圆弧,并通过形状控制因子和方向控制因子两个参数的调整来改变椭圆弧的几何形状,将能够更好地满足各种形式的超声速条件需要。

根据 NURBS 理论,只要给定椭圆弧两端点 b_0、b_2,以及与 b_0、b_2 不共线的第三点 b_1,就可以由这三个控制点求解出一条 NURBS 曲线,再给定一个不平行于 $\overrightarrow{b_0b_1}$ 和 $\overrightarrow{b_1b_2}$ 的固定矢量 e(图 4.12),就能够得到标准型有理二次贝赛尔曲线上具有切线方向平行于该矢量且参数为 u_e 的点 $p(u_e)$。然后,将 u_e 作为节点插入原始的节

点矢量$[0, 0, 0, 1, 1, 1]$中,则得到新节点矢量
$U = [0, 0, 0, u_e, 1, 1, 1]$,从而使原曲线成为一
般的 NURBS 曲线。当所给矢量 e 的方向取在曲线
首末端点切向之间时,即可求出椭圆弧相应的新控
制点 $d_i(i = 0, 1, 2, 3)$ 和新权因子 $\omega_i(i = 0, 1, 2, 3)$。

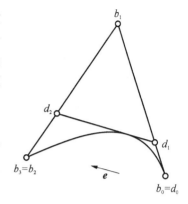

这里,e 是由端点 b_0 和线段 $b_1 b_2$ 上任意一点 p
(不包括端点 b_1 和 b_2)确定的方向矢量,而点 p 的坐
标则是由椭圆弧的方向控制因子 η 来确定,即 $p = \eta b_1 + (1 - \eta)b_2$,$e = b_0 - p$。因为 e 平行于矢量
$\overrightarrow{d_2 d_1}$,即有 $\det[e, (d_2 - d_1)] = 0$,由此可得参数 u_e
的计算公式为

图 4.12　椭圆弧的生成原理图

$$u_e = \frac{2\lambda \bar{\omega}_1}{2\lambda \bar{\omega}_1 - (\lambda + \mu)^2 \pm \sqrt{(\lambda + \mu)^2 - 4\lambda\mu\bar{\omega}_1^2}}, \quad \bar{\omega}_1 \neq 0 \quad (4.5)$$

其中,

$$\lambda = \det[e, (b_1 - b_0)], \quad \mu = \det[e, (b_2 - b_1)]$$

式(4.5)中,$\bar{\omega}_1$ 为标准型下的原始权因子,u_e 取有效值:$0 < u_e < 1$。

接着可由插入的节点 u_e 给出新权因子:

$$\omega_0 = \bar{\omega}_0 = 1, \quad \omega_1 = 1 + u_e(\bar{\omega} - 1)$$

$$\omega_2 = \bar{\omega}_1 + u_e(1 - \bar{\omega}_1), \quad \omega_3 = \bar{\omega}_2 = 1$$

而新的控制顶点为

$$d_0 = b_0, \quad d_1 = \frac{b_0 + u_e(\bar{\omega} b_1 - b_0)}{\omega_1}$$

$$d_2 = \frac{\bar{\omega} b_1 + u_e(\bar{\omega}_1 b_1 - b_0)}{\omega_2}, \quad d_3 = b_2$$

根据这些控制顶点和权因子系数便可获得相应的椭圆弧曲线。

4.4　叶型几何曲线控制点的求解

4.4.1　NURBS 几何曲线的计算

在实际工程中,经常会出现要求根据已给定的离散叶型数据点寻求其相应的
几何曲线控制点的问题,本节中叶片几何曲线控制点的反求过程所采用的主要原

理如下：在给定初始叶片型面数据的情况下，确保每一个基元级沿 u 向（基元级所处的平面上的弦长方向）处于封闭，然后再根据给定的吸、压力面离散数据点来反算其几何曲线的控制顶点，从而达到在二维基元级平面上灵活精确地控制吸、压力面几何曲线形状的目的。为了使得每一条 k 次样条曲线都通过一组数据点 $q_i(i = 0, 1, \cdots, m)$，反算过程一般使曲线的首末端点分别与首末数据点一致，使曲线的分段连接点依次与样条曲线定义域内的节点一一对应，即点 q_i 有节点值 $u_{k+i}(i = 0, 1, \cdots, m)$。该曲线将由 n 个控制顶点 $d_i(i = 0, 1, \cdots, n)$ 及节点矢量 $\boldsymbol{U} = [u_0, u_1, \cdots, u_{n+k+1}]$ 来定义，其中 $n = m + k - 1$。在取 $k+1$ 重节点端点和规范域的前提下，对数据点进行规范积累弦长参数化可以得到 $\tilde{u}_i(i = 0, 1, \cdots, m)$，相应地确定定义域内的节点值 $u_{k+i} = \tilde{u}_i(i = 0, 1, \cdots, m)$，这样就可以确定以 $n+1$ 个控制顶点为未知矢量的 $m+1$ 个线性方程组成的线性方程组：

$$p(u_i) = \sum_{j=0}^{n} d_j N_{j,k}(u_i) = \sum_{j=i-k}^{i} d_j N_{j,k}(u_i) = q_{i-k} \tag{4.6}$$

式中，$u \in [u_i, u_{i+1}] \subset [u_k, u_{n+1}]$，$i = k, k+1, \cdots, n+1$。通过求解这个线性方程组，即可求得 u 向上的控制顶点。

4.4.2　节点矢量的确定

按照一般过程，当给定 $m+1$ 个数据点 $q_i(i = 0, 1, \cdots, m)$，在构造一条三次NURBS 曲线时，如果首末数据点不重合，在首末数据点处形成开曲线，或虽然重合，在首末数据点处形成闭曲线，但不要求闭曲线在重合的首末数据点处几何二阶连续，仍然可以按开曲线处理。本节将首末数据点分别作为 NURBS 曲线的首末端点，把内数据点依次作为曲线的分段连接点，因此曲线中包含 m 段曲线。这样生成的三次 NURBS 曲线将有 $n+1$ 个控制点 $d_j(j = 0, 1, \cdots, n)$，其中 $n = m + 2$，而节点矢量应该为 $\boldsymbol{U} = [u_0, u_1, \cdots, u_{n+k+1}]$，若取四重节点端点的固支条件及规范定义域 $u \in [u_3, u_{n+1}] = [0, 1]$，于是有 $u_0 = u_1 = u_2 = u_3 = 0$，$u_{n+1} = u_{n+2} = u_{n+3} = u_{n+4} = 1$。对数据点 $q_i(i = 0, 1, \cdots, m)$ 进行规范积累弦长参数化，得到参数值序列 $\tilde{u}_i(i = 0, 1, \cdots, m)$，相应的定义域内的节点值为 $u_{3+i} = \tilde{u}_i(i = 0, 1, \cdots, m)$。如果首末数据点重合且要求构造一条几何二阶连续的三次 NURBS 曲线，定义域内的节点按照开曲线的情况定义如上，而定义域外的节点应该定义为 $u_0 = u_{n-2} - 1$，$u_1 = u_{n-1} - 1$，$u_2 = u_n - 1$，$u_{n+2} = 1 + u_4$，$u_{n+3} = 1 + u_5$，$u_{n+4} = 1 + u_6$。这样，所用到的节点矢量就可以完全确定了。

4.4.3　叶片基元级型线控制点的求解

本节所采用的曲线全部都是三次阶（$k = 3$），沿 u 向的用于插值的 $m+1$ 个数据

点 $q_i(i = 0, 1, \cdots, m)$ 的 k 次样条插值曲线方程可以写为

$$p(u) = \sum_{j=0}^{n} d_j N_{j,k}(u) = \sum_{j=i-k}^{i} d_j N_{j,k}(u), \quad u \in [u_i, u_{i+1}] \subset [u_k, u_{n+1}] \quad (4.7)$$

这里的节点矢量 U 根据以下原则确定：将 u 向的第 $j(j = 0, 1, \cdots, n)$ 排数据点 $p_{ij}(i = 0, 1, \cdots, m)$ 进行规范积累弦长参数化,得到 $u_{ij}(i = 0, 1, \cdots, m)$,则公共的 u 向参数化可以取其算术平均值：

$$u_i = \frac{1}{n+1} \sum_{j=0}^{n} u_{ij}, \quad i = 0, 1, \cdots, m \quad (4.8)$$

式中,u_{ij} 需要用弦线矢量来确定,即

$$\begin{cases} u_{i,0} = 0 \\ u_{i,j} = u_{i,j-1} + |\Delta \boldsymbol{p}_{i,j-1}|, \quad i = 1, 2, \cdots, n \end{cases}$$

式中, $\Delta \boldsymbol{p}_{i,j-1}$ 为向前差分矢量。

然后将曲线定义域 $u \in [u_i, u_{i+1}] \subset [u_k, u_{n+1}]$ 内的节点值依次代入方程,得到如下方程：

$$\begin{cases} p(u_i) = \sum_{j=i-k}^{i} d_j N_{j,k}(u_i) = q_{i-k}, \quad i = k, k+1, \cdots, n \\ p(u_{n+1}) = \sum_{j=n-k}^{n} d_j N_{j,k}(u_{n+1}) = q_m \end{cases} \quad (4.9)$$

此处的 $m = n - k + 1$,对于 C^2 连续(二阶导数连续)的 k 次样条封闭曲线,需要加入以下几个补充条件即可形成封闭的方程：

$$\begin{cases} q_0 = q_m \\ d_{n-k+1} = d_0, \quad d_{n-k+2} = d_1, \cdots, d_n = d_{k-1} \end{cases} \quad (4.10)$$

则上述线性方程可以改写成如下矩阵形式(针对 k 次阶)：

$$\begin{pmatrix} N_{1,k}(u_k) & N_{2,k}(u_k) & \cdots\cdots & N_{k-1,k}(u_k) & 0\cdots & 0\cdots & N_{0,k}(u_k) \\ N_{1,k}(u_{k+1}) & N_{2,k}(u_{k+1}) & \cdots\cdots & N_{k-1,k}(u_k) & N_{k,k}(u_{k+1}) & 0\cdots & 0 \\ \ddots & & \ddots & & \ddots & & \vdots \\ 0\cdots & N_{n-2k+2,k}(u_{n-k+2}) & N_{n-2k+3,k}(u_{n-k+2}) & \cdots & \cdots & \cdots & N_{n-k+1,k}(u_{n-k+2}) \ddots \\ N_{n-k+2,k}(u_{n-k+3}) & \cdots0\cdots & N_{n-2k+3,k}(u_{n-k+3}) & \cdots & \cdots & \cdots & N_{n-k+1,k}(u_{n-k+3}) \\ \vdots & \vdots & \ddots & \ddots & \ddots & & \vdots \\ N_{n-k+2,k}(u_n) & N_{n-k+3,k}(u_n) & \cdots & N_{n-1,k}(u_n) & \cdots0\cdots & N_{n-k,k}(u_n) & N_{n-k+1,k}(u_n) \end{pmatrix}$$

$$
\begin{pmatrix}
d_1 \\
d_2 \\
\vdots \\
d_{n-2k+3} \\
d_{n-2k+4} \\
\vdots \\
d_{n-k+1}
\end{pmatrix}
=
\begin{pmatrix}
q_0 \\
q_1 \\
\vdots \\
q_{n-2k+2} \\
q_{n-2k+3} \\
\vdots \\
q_{n-k}
\end{pmatrix}
\qquad (4.11)
$$

求解方程组(4.11),即可求解出全部的曲线控制点,同时可以解出每个控制点处的切向矢量。

4.5　基于 NURBS 曲线的叶片三维构型

4.5.1　三维叶片积叠线的参数化

叶片设计过程中,在各个截面上的基元叶型都设计完毕后,需要做的工作便是将这些基元叶型按照一定的方法进行积叠,从而形成完整的叶片。目前,较常用的积叠方法是将各个截面上基元叶型的积叠点(一般是叶型的前缘点、尾缘点或者是其面积的几何中心点)依次按照某种规律放置于某一条直线或曲线上(这条直线或曲线称为积叠线)。积叠线一般可以分为三类:第一类为如图 4.13 所示的径向积叠线,第二类为如图 4.14 所示的倾斜直线积叠线,第三类则为图 4.15 所示的三维曲线积叠线。

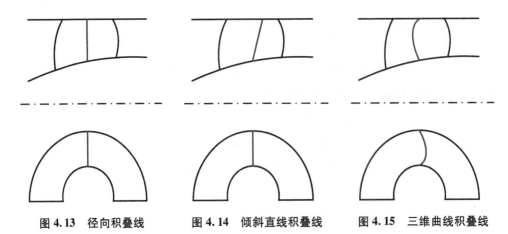

图 4.13　径向积叠线　　　图 4.14　倾斜直线积叠线　　　图 4.15　三维曲线积叠线

在现代叶片设计中,各种航空叶轮机的气动性能要求越来越高,相应地,叶片几何型面也变得越来越复杂,要求所设计的叶片具有更加灵活的叶身形状,即要求叶片的积叠线更加灵活。目前,应用较多的积叠线为曲线形式,而如何根据积叠线的设计参数,如轴向倾斜角、周向倾斜角和初始点轴向位置等设计一条合理的积叠线,成为叶片几何设计中的一项关键技术。

　　本节采用两种 NURBS 方法来设计三维积叠线,一种方法是将初始积叠线的轴向倾角和周向倾角作为 NURBS 曲线的切矢边界条件,根据其他给定的控制点控制三维积叠线的走向和基本形状;另外一种方法是利用 NURBS 方法来描述积叠曲线上数据点轴向倾角和周向倾角的变化曲线,根据这些角度、积叠线的轴向初始位置及积叠线上数据点的半径来生成三维积叠线。

　　图 4.16 给出的是采用第一种方法生成的三维积叠线的最终效果图,图 4.17～图 4.19 分别显示的是此三维积叠线在三个坐标面上的投影图。而图 4.20 给出的是轴向倾角按照图 4.21 的分布方式,周向倾角按照图 4.22 的分布方式,采用第二种生成方法得到的三维积叠线的效果图,图 4.23～图 4.25 分别是其在三个坐标面上的投影曲线。

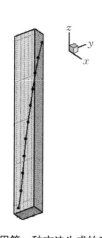

图 4.16　采用第一种方法生成的三维积叠线图

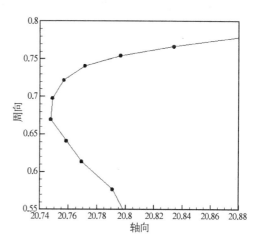

图 4.17　积叠线在轴向-周向平面的投影图

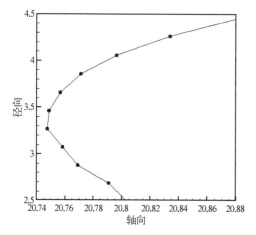

图 4.18　积叠线在轴向-径向平面的投影图

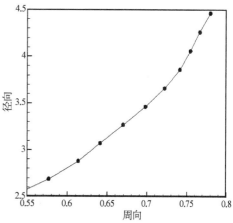

图 4.19　积叠线在周向-径向平面的投影图

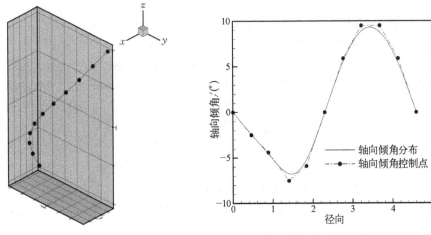

图 4.20   由角度分布决定的三维积叠线图

图 4.21   积叠线轴向倾角沿积叠半径的分布图

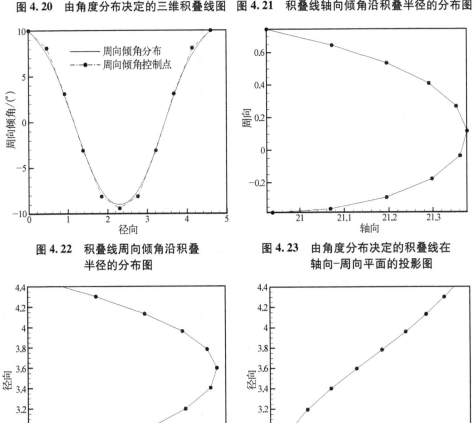

图 4.22   积叠线周向倾角沿积叠
半径的分布图

图 4.23   由角度分布决定的积叠线在
轴向-周向平面的投影图

图 4.24   由角度分布决定的积叠线在轴向-
径向平面的投影图

图 4.25   由角度分布决定的积叠线在周向-
径向平面的投影图

从这些图中可以看出,利用 NURBS 方法能够采用较少的相关变量描述出各类积叠曲线,而且通过调整某些控制点可以完成积叠曲线局部范围的修正,很显然,这种积叠线的生成方式对实际工程具有较大的应用价值。

本节中三维叶片的构型方式有两种,一种为蒙面法,另外一种为三维积叠法。一般采用蒙面法来生成型面复杂度较低的叶片,而采用积叠法生成其他各类弯扭类型的叶片。先对这两种方法进行简单的说明,然后结合三维积叠技术对一台对转轴流压气机的转子叶片进行构型。

4.5.2　三维叶片的蒙面生成

蒙面法允许其截面曲线采用一般的平面曲线,当在同一显示平面上完成所有截面曲线的设计以后,用一条脊线(spine curve)引导截面曲线变换到三维空间,最后再插值生成其余截面曲线,从而得到整个三维实体曲面。

采用蒙面法设计 NURBS 叶片曲面的具体过程如下。

(1) 设计基元级截面的 NURBS 曲线:可以采用本章前面几小节介绍的方法来设计二维叶片基元级的 NURBS 曲线。

(2) 设计脊线:本节中的脊线采用一条三次 NURBS 曲线,需要保证脊线与各截面曲线沿纵向的分布相对应,特别是始终使曲面沿纵向的节点矢量与脊线的节点矢量相一致。

(3) 变换基元级截面到三维空间:首先将基元级截面曲线进行平移,使得每一个基元级截面的原点与脊线的原点相重合;然后使用类似于求解基元级截面所在平面与脊线交点的方法,使此交点处于脊线上的目标位置;最后对此基元级截面进行旋转等变换,使其达到目标位置。

(4) 插值生成所有的基元级截面,曲面生成。

图 4.26 给出了采用 NURBS 方法设计出的尖部、中部及根部三个典型基元级截面,通过一条给定的径向脊线,采取蒙面法生成三维叶片图像。插值完毕后共有 6 个基元级截面,从总体上来说,其生成效果较为理想,但是这种生成方式缺乏灵活性,一般只用来生成较为简单的三维叶片,因此实际中的大部分三维叶片都是采用三维积叠技术生成。

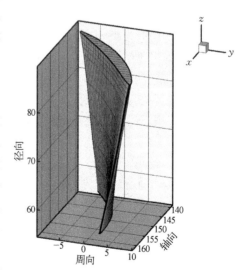

图 4.26　蒙面法生成的三维叶片图

4.5.3 三维叶片的积叠生成

对于三维叶片,现在的设计方法多是先设计出一系列的径向位置上的基元级叶型,然后将各个基元级叶型按照一定的位置关系(沿某条给定的或者是设计的积叠线)叠加起来,从而形成整个叶片,这一过程就是叶片的积叠过程。

在基元级叶片的积叠过程中,必须考虑结构设计和气动设计的合理性。与叶轮机旋转相关的离心力会产生强大的拉应力,而且气流作用力也会产生弯曲和扭转应力,因此在叶片某些部位的合应力可能会很大,这样将缩短叶片的寿命。为了降低合应力的各个分量,在积叠时需要将积叠线沿轴向和切向都进行一个微小的偏移,使离心力矩与气动弯曲力矩互相抵消一部分。整个积叠过程大致可以分为以下几个步骤。

(1)生成各个典型基元级截面的几何曲线。

(2)选择典型基元级截面所处平面,由于早期的叶轮机械中流道形状变化不是很明显,同一流线上叶片排进出口半径接近相等,在设计典型基元级截面时可以在圆柱面上进行基元级设计。后来,流线形状在叶片排内的变化更加剧烈,流管的形状更接近于圆锥面,因此现在的典型基元级截面设计也开始转到锥面或者回转面上。

(3)进行基元级截面的插值,根据给定的各个基元级所处的相对叶展值,其余基元级截面插值生成。

(4)根据 S2 流场的计算结果,确定叶片前、尾缘在子午面内上的投影线,避免叶片积叠完成后,其前、尾缘在子午面上的投影超出此界限。

(5)确定三维积叠线,按照 4.3.5 节所介绍的方法生成积叠线。

(6)确定积叠点位置,积叠点可以是基元级叶型的前缘点、尾缘点或者是其面积的几何重心,积叠时需保证基元级叶型上的此点始终位于积叠线上。

(7)进行基元级的积叠。

(8)将积叠的三维设计坐标系叶片进行坐标转换,得到三维制造坐标系中的叶片。

图 4.27 给出了三维叶片的设计坐标系统及其制造坐标系统,其中 x 代表轴向方向,y 代表切向方向,z 代表径向方向,而 x' 代表制造坐标系中的轴向方向,y' 表示制造坐标系中的切向方向,z' 表示制造坐标系中的径向坐标。图 4.28 则给出了本节研究中分别得到的设计坐标系和制造坐标系中的三维叶片对比图(圆点表示制造坐标系叶片)。

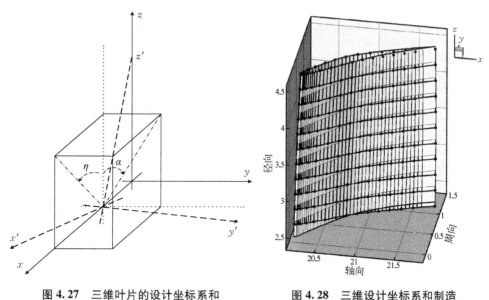

图 4.27 三维叶片的设计坐标系和
制造坐标系

图 4.28 三维设计坐标系和制造
坐标系中的叶片对比

4.5.4 对转压气机叶片的构型算例

在此根据气动设计要求,采用 NURBS 参数化的方法对一台对转轴流压气机转子叶片进行三维构型,先构造出一些典型基元级截面的几何型面,然后利用积叠的方式将插值出的所有基元级积叠成三维叶片。此对转轴流压气机要求设计包括两排转子叶片,同时要求有进口导流叶片和出口导流叶片,两排转子的设计参数要求如表 4.1 所示。

表 4.1 对转压气机转子叶片设计参数

转 子	进口总压/MPa	进口温度/K	进口气流方向/(°)	转速/(r/min)
转子 1	0.101 3	288	0	8 000
转子 2	0.111 8	297	−43	−8 000

这里将主要结合转子叶片 1 的设计过程进行阐述。为了保证所设计基元级截面具有一定的代表性,本节设计了转子 1 尖部、中部和根部三个典型基元级截面。图 4.29~图 4.31 分别给出了尖部、中部、根部三个截面的中弧线设计图,图 4.32~图 4.34 分别给出了三个截面的厚度分布图,而图 4.35~图 4.37 为相应截面的最终基元级图。

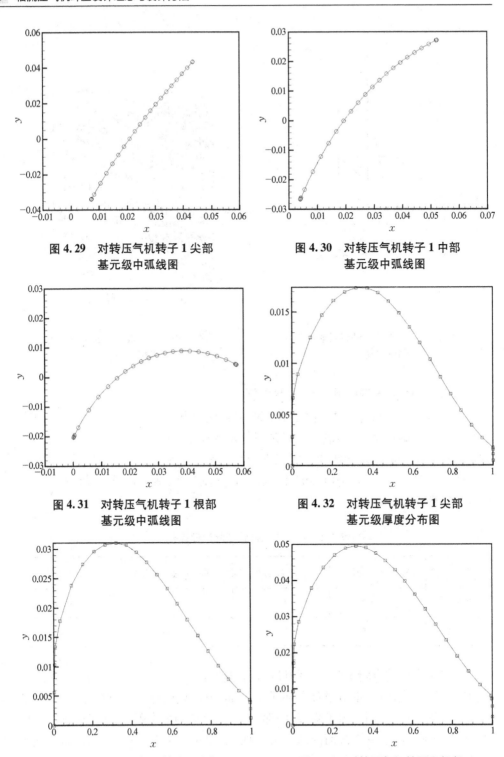

图 4.29　对转压气机转子 1 尖部
基元级中弧线图

图 4.30　对转压气机转子 1 中部
基元级中弧线图

图 4.31　对转压气机转子 1 根部
基元级中弧线图

图 4.32　对转压气机转子 1 尖部
基元级厚度分布图

图 4.33　对转压气机转子 1 中部
基元级厚度分布图

图 4.34　对转压气机转子 1 根部
基元级厚度分布图

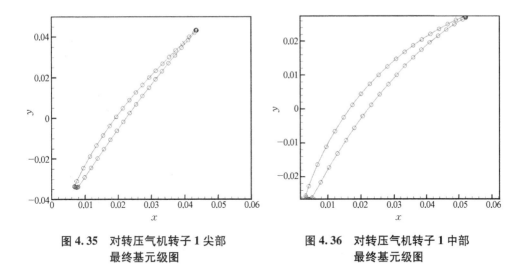

图 4.35　对转压气机转子 1 尖部　　　　图 4.36　对转压气机转子 1 中部
　　　　　最终基元级图　　　　　　　　　　　　最终基元级图

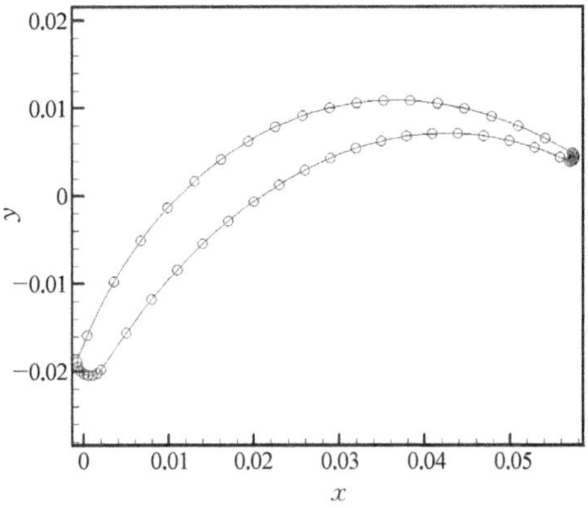

图 4.37　对转压气机转子 1 根部最终基元级图

　　在三个典型基元级截面的构型完成后,对其进行插值,得到各个截面上的基元
级图形后进行三维积叠,所得到的 9 个基元级的积叠投影图如图 4.38 所示,而图
4.39 给出的是转子 1 叶片的最终三维成型图。

　　图 4.40 给出了对转压气机的进口导流叶片的三维成型图,此叶片只用于进行
气体的整流,叶片无须进行较大的扭转,因此将其设计成直叶片。图 4.41 和图
4.42 分别给出了对转压气机的转子叶片 2 的三维成型图及叶片基元级(共有 9
个)积叠投影图,其主要设计方法及原理与转子 1 类似。图 4.43 给出了对转压气
机的出口导流叶片的最终三维成型图,与进口导流叶片一样,同为直叶片形式。从
最终效果图可以看出,采用 NURBS 方法能够非常有效地进行全三维叶片构型,通
过后续的流场计算及实验测量发现,此叶片的气动性能基本满足要求。

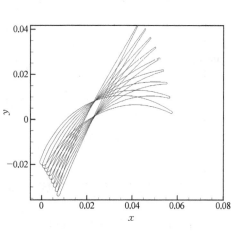

图4.38 对转压气机转子1叶片基元级积叠投影图

图4.39 对转压气机转子1叶片最终三维成型图

图4.40 对转压气机的进口导流叶片三维成型图

图4.41 对转压气机的转子叶片2三维成型图

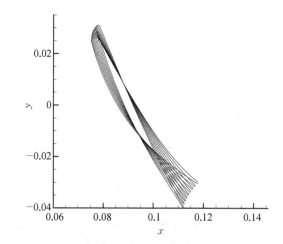

图4.42 对转压气机转子叶片2基元级积叠投影图

图4.43 对转压气机出口导流叶片最终三维成型图

4.6 小 结

本章针对压气机叶片优化中叶片几何参数化描述方法中的关键技术进行了介绍。首先,着重讲解了非均匀有理B样条(NURBS)方法与其他方法的区别、优势及其详细描述方程等。其次,对基于 NURBS 方法的基元叶型几何描述方法进行了详细介绍,针对两种基元叶型型面生成方式,分别介绍了基于 NURBS 的几何参数化描述方法。在中弧线叠加厚度分布的叶型吸、压力面几何型线生成方法中,分别对中弧线和厚度分布的 NURBS 参数化方法进行了说明。前、尾缘形状对叶型气动性能有着不可忽视的影响,因此对叶型前、尾缘圆弧形和椭圆形的 NURBS 处理方法也进行了简要介绍。随后,针对根据已给定的离散叶型数据点寻求其相应的 NURBS 几何曲线控制点的问题进行了说明,详细介绍了控制点的控制方程与求解方法。

在基元叶型参数化的基础上,介绍了基于 NURBS 参数化方法的三维叶片蒙面构型法。首先对三维叶片积叠线的参数化方法进行了说明,然后对三维叶片的型面设计方法和过程进行了介绍,包括基于 NURBS 曲线的基元级截面设计和脊线设计、基元级截面到三维空间的变换,以及由基元级截面插值生成叶片曲面等。最后,以某双级轴流对转压气机四排叶片的构型设计为例,对基于 NURBS 方法的压气机叶片参数方法的有效性进行了验证。

第5章
基于人工神经网络技术的
叶片优化设计技术

5.1 概　述

神经网络技术借用基于人类智能(如学习和自适应)模型、模糊技术方法,利用人类的模糊思想来求解问题,由于其具有自适应学习、万能逼近、并行和分布式处理等优良特性,已在诸多科学技术领域得到了广泛应用。目前,在叶片优化中也逐渐开始引入神经网络技术,其中误差反向传播(back propagation, BP)算法应用较多,但这种标准的 BP 算法普遍存在收敛速度慢、网络容易陷入局部极小值及学习过程常常发生振荡等缺点,不易得到最优解[44]。

本章在改进型 BP 神经网络算法的基础上,结合叶片的几何参数化方法,充分发挥其各自的优势,对某风扇的转子叶片和对转轴流压气机转子叶片进行几何优化,并对整级和局部叶片的内部流场结构进行了深入的分析,对比研究了风扇和对转轴流压气机优化前后的气动性能变化情况,对改进型 BP 神经网络方法的性能进行较为全面的数值检验[45]。

5.2 训练样本数据库的建立

训练样本集的选取对神经网络的总体性能有着很大的影响,甚至会影响到网络的最终数据处理性能,因此神经网络训练样本数据库的建立工作是繁杂的,通常要花费大量的时间和精力。

5.2.1 训练样本数据库中数据的前处理

由于基元级的整体气动性能与其中弧线的形状有相当大的关系,为了在二维,乃至三维叶片的优化设计中尽可能地保证原有叶片或者基元级的载荷和强度不变,本节主要对典型基元级的中弧线进行几何优化调整。而对于每个不同的叶片,其基本几何参数相差很大,甚至同一叶片在不同的基元级截面上的几何参数也会有较大的差别,如弦长、中弧线的最大挠度及其最大挠度位置、叶片的厚度分布等,而在建立神经网络训练样本数据库时,如果不对几何弦长进行处理,最终训练样本集中的数据取值范围可能差别很大,从而影响网络的最终训练效果。因此,在建立训练样本数据集之前对变量都进行了归一化处理,将这些变量都归一化为同一范围内的数值。

在训练样本数据库中,基元级中弧线坐标和与之对应的等熵马赫数分布属于主要的训练样本数据对,为了避免样本的训练过程处于激活函数的平坦区域,本节将中弧线横坐标的变化范围取为 0~1.0,而纵坐标则取为相对弦长坐标,根据实际情况,大部分纵坐标则处于 0~0.8,而对于中弧线所在基元级所对应的等熵马赫数分布,也同样需要将其横坐标转换到 0~1.0,其变换公式为

$$CX_i^p = \frac{Cx_i^p - Cx_0^p}{Cx_N^p - Cx_0^p}, \quad i = 0, 1, \cdots, N \quad (5.1)$$

$$CY_i^p = \frac{d_i^p}{b}, \quad i = 0, 1, \cdots, N \quad (5.2)$$

式中, CX_i^p 表示第 p 个样本中第 i 个中弧线数据的横坐标或第 i 个等熵马赫数分布数据的横坐标; N 则表示其对应的数据点数,由于中弧线数据点数与等熵马赫数分布数据点数可能不同, N 值也是不同的; CY_i^p 表示第 p 个样本中第 i 个中弧线数据点的纵坐标; d_i^p 则表示这个数据点到基元级弦长线的距离; b 表示中弧线所在基元级的弦长。

5.2.2　训练样本数据库的构成

由于叶片实际工作的来流状况复杂,为了保证所建立的神经网络数据库既具有代表性又能够适应各种不同的进口来流条件,本节按照如下原则来进行整个神经网络训练样本数据库的建立。

(1) 需要考虑不同来流攻角的样本数据。

(2) 需要考虑不同来流马赫数的样本数据。

(3) 需要考虑不同厚度分布情况的样本数据。

同时,考虑到此训练样本数据库不可能包含所有来流工况和叶型条件,因此只能在一定的范围内选择具有代表性的样本,数据集分布情况如表 5.1 所示。

神经网络训练样本数据库的优化处理范围包括: 来流马赫数为 0.4~1.0,来流攻角为 $-5°~5°$,叶片基元级的最大相对厚度位置为 0.4~0.55 的实际工作状况,大致能够满足相当多的实际优化或者是改型设计的需要,以后还可根据需求作进一步扩充。所有的这些训练样本数据集共有 $5 \times 5 \times 4 \times 50 = 5\ 000$ 对,对应的神经网络训练样本数据库主要就是由这些数据对组成的,总的训练样本对数据量比较庞大,因此在对不同来流工况下的叶片进行优化设计时,选择能与之对应的训练样本集就显得非常重要。

表 5.1 神经网络训练样本数据集分布情况

进口马赫数 Ma_1	来流攻角 $i/(°)$	最大相对厚度位置 $\overline{e}$	训练样本数据对个数
0.5			50
0.6	-5 -2	0.4 0.45	50
0.7	0 2	0.5	50
0.8	5	0.55	50
0.9			50

六种不同的来流工况所对应的神经网络训练样本的数据对图形分别如图 5.1~图 5.6 所示。

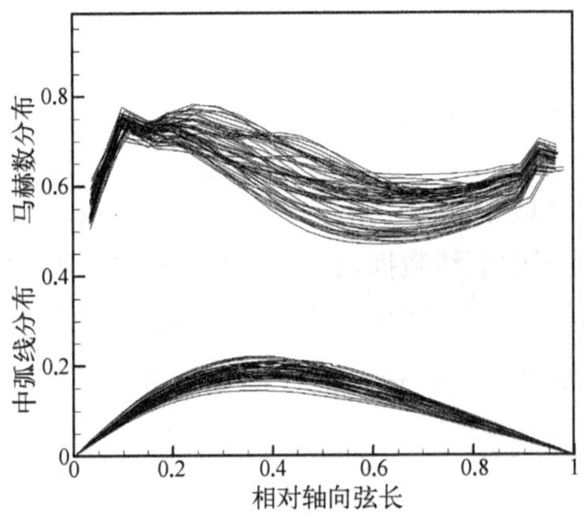

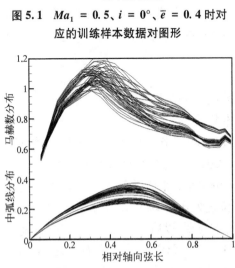

图 5.1 $Ma_1 = 0.5$、$i = 0°$、$\overline{e} = 0.4$ 时对
应的训练样本数据对图形

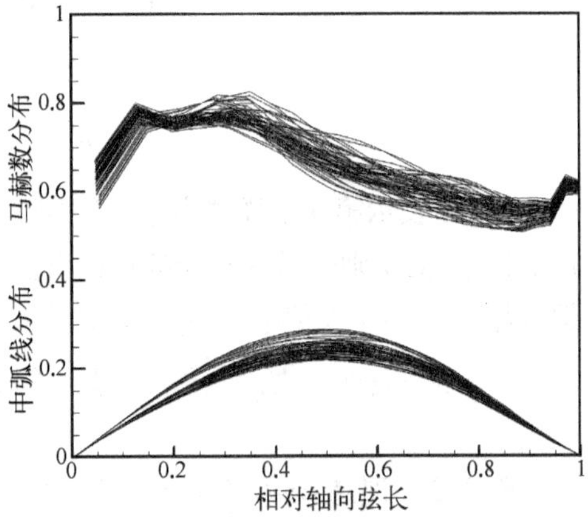

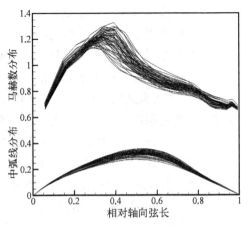

图 5.2 $Ma_1 = 0.6$、$i = -2°$、$\overline{e} = 0.4$ 时对
应的训练样本数据对图形

图 5.3 $Ma_1 = 0.7$、$i = 5°$、$\overline{e} = 0.45$ 时对
应的训练样本数据对图形

图 5.4 $Ma_1 = 0.8$、$i = 5°$、$\overline{e} = 0.45$ 时对
应的训练样本数据对图形

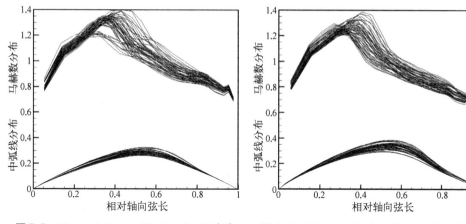

图 5.5　$Ma_1 = 0.9$、$i = 0°$、$\bar{e} = 0.55$ 时对应的训练样本数据对图形

图 5.6　$Ma_1 = 0.9$、$i = 5°$、$\bar{e} = 0.5$ 时对应的训练样本数据对图形

5.3　某两级风扇转子的原始流场分析

为了检验所采用的神经网络算法优化的效果,本节选用一个无导流叶片的两级风扇的转子 2 为研究对象[46],并根据原始叶片的 CFD 流场计算结果对转子 2 的根部基元级进行优化设计。两级风扇的尺寸较大、流量较大、加功量比较高,叶片通道内部流场存在多波系结构,因此计算时需要的网格点数也较多。该两级风扇各个叶片排的叶片数如表 5.2 所示,具体的设计参数如表 5.3 所示。

表 5.2　两级风扇中各叶片排的叶片数

叶片排名称	第一级转子(R1)	第一级静子(S1)	第二级转子(R2)	第二级静子(S2)
叶片数/个	28	46	60	59

表 5.3　两级风扇的设计参数

进口总压 p_1^*/MPa	进口总温 T_1^*/K	总压比 π	等熵效率 η/%	质量流量 $\dot{m}$/(kg/s)	转速 n/(r/min)
0.101 3	288.15	2.80	83.90	83.55	10 720.00

两级风扇的原始三维结构图如图 5.7 所示,图中用椭圆虚线表示转子叶片 2。而原始转子 2 叶片根部基元级的设计数据如下:进口叶型角为 45.0°、出口叶型角

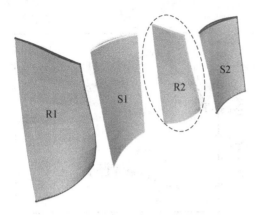

图 5.7　两级风扇原始三维结构图

为 50.0°、最大厚度相对位置为 0.5、最大相对厚度为 0.095、最大弯度值为 61.4°、最大弯度相对位置为 0.50、进口马赫数为 0.89、扩散因子为 0.54、进气角为 50.40°、出气角为-0.20°。

在对上述风扇进行三维流动数值分析时,选择整个风扇叶片的流动区域作为计算区域,同时为了保证计算的收敛和便于边界条件的设定,对风扇的进出口处分别进行了延伸。采用适用于计算单排、多排轴流叶轮机械的 H 形结构网格,计算网格如图 5.8 所示,而具体的网格节点在各个叶片排的三维分布情况如表 5.4 所示。图 5.9 给出了整个两级风扇叶尖处的 S1 流面网格分布,图 5.10 给出了子午面上的网格分布图。计算过程中,在进口边界处根据给定的转速和转子 1 的半径计算出进口流速,并给定进口处的总压和总温,而在出口边界处给定背压即可,计算过程中物面使用的是无滑移边界条件。

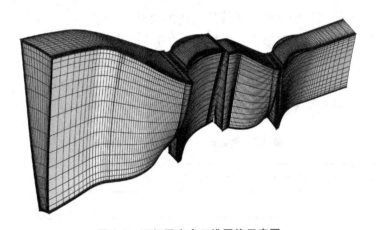

图 5.8　两级风扇全三维网格示意图

表 5.4　网格节点在各叶片排上的分布情况　　　　　　　　（单位：个）

网格点数	第一级转子（R1）	第一级静子（S1）	第二级转子（R2）	第二级静子（S2）
轴向网格点数	109	109	109	109
周向网格点数	37	37	37	37
径向网格点数	37	37	37	37

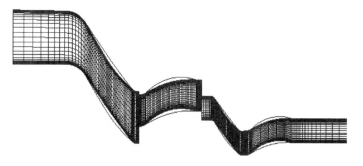

图 5.9　两级风扇叶尖处的 S1 流面网格分布图

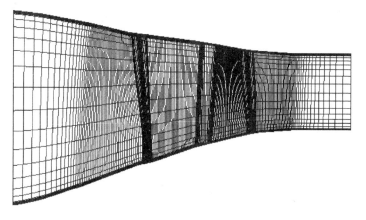

图 5.10　两级风扇子午面网格分布图

图 5.11~图 5.13 分别给出了在近设计点处计算所得到的两级风扇尖部、中部及根部基元级截面的相对马赫数等值线图,从图中可以看出,整个风扇在转子 1 和

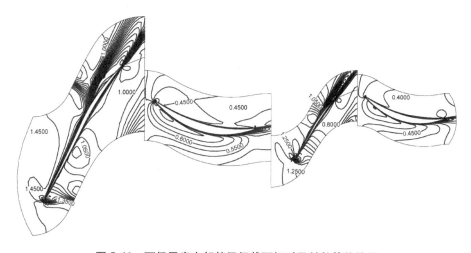

图 5.11　两级风扇尖部基元级截面相对马赫数等值线图

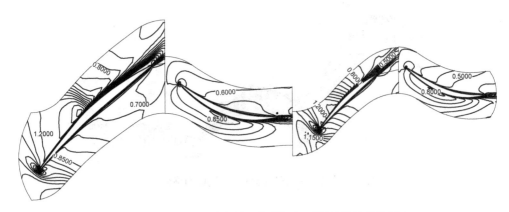

图 5.12 两级风扇中部基元级截面相对马赫数等值线图

图 5.13 两级风扇根部基元级截面相对马赫数等值线图

转子 2 的尾缘区域都存在较严重的气流分离,整个风扇气流流动不通畅,从而导致整个风扇中能量损失的增加和等熵效率的降低,尤其是根部和尖部的流动损失较大。

从图 5.11~图 5.13 中还能够看出,在转子 2 的前缘区域,相对马赫数等值线

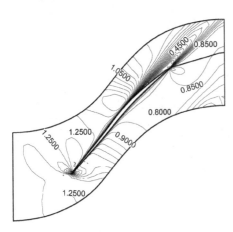

图 5.14 转子 2 尖部基元级相对
马赫数等值线图

梯度较大,也就是说在转子 2 的前缘区域,流动极不稳定,因此这里单独给出了转子 2 中基元级的相对马赫数等值线图,如图 5.14~图 5.16 所示,从图中可以看出,这三个典型基元级截面前缘区的马赫数变化较为剧烈,在接近尾缘 3/4 弦长处,气流开始分离,而且在尖部和根部基元级截面上,尾缘区域的气流分离较严重,中部基元级中的分离情况则处于尖部和根部基元级之间。尽管根部基元级截面流动的相对马赫数数值并不高,但在转子 2 的三个典型截面中,根部基元级截面前缘区的马赫数变化尤其剧烈,

而且尾缘区存在严重的气流分离。据此,选择转子 2 作为优化改进设计的对象,特别针对其根部基元级进行优化改型设计,进而用以检验改进型神经网络算法的效果。

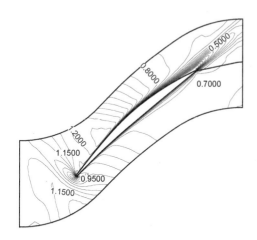

图 5.15　转子 2 中部基元级相对
马赫数等值线图

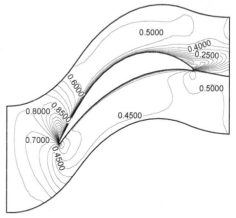

图 5.16　转子 2 根部基元级相对
马赫数等值线图

5.4　某两级风扇第二级转子叶片的优化改型设计

5.4.1　风扇第二级转子叶片的优化设计过程

在优化改型设计的过程中,为了满足稠度不变和强度的要求,在优化过程中,根部基元级的弦长和最大厚度值及最大厚度位置均保持不变。

所采用的优化设计思路主要是:首先根据改进设计要求(本节主要根据叶片 S1 流面的马赫数分布调整),利用已经训练好的神经网络来寻求最合乎设计要求的叶片基元级几何型面,然后采用 NURBS 技术来进行几何描述,并根据计算出的流场校验结果来改变叶片几何型面上的控制点,实现叶片几何型面的微调,使之趋于更好的气动分布。

优化中所使用神经网络为单隐层 BP 神经网络,每层的激活函数均选用 S 形函数(logsig 函数),网络结构图如图 5.17 所示,优化算法为改进型变学习率动量 BP 算法,此算法能够提高网络训练的收敛速度及其收敛精度。神经网络输入的是一个理想的目标马赫数分布数据,而输出的是叶片几何型面数据。

图 5.17 中,p 为神经网络的输入向量,大小为 $r \times 1$;b^1 为第一层神经元的阈值向量,大小为 $s^1 \times 1$;IW^1 为第一层神经元与输入向量的连接权向量,大小为 $s^1 \times r$;n^1 为第一层神经元的中间运算结果,大小为 $s^1 \times 1$;f^1 为第一层网络的激活函数;a^1 为第一层神经元的输出向量,大小为 $s^1 \times 1$;而 b^2、LW^2、n^2 及 a^2、f^2 则分别表示第

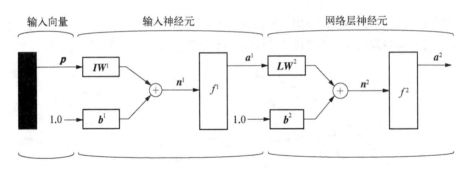

图 5.17　两层 BP 神经网络结构图

二层的相应参数,上角标表示网络的层数。

　　针对 5.2 节建立的样本集,神经网络采用了 48 个输入神经元、15 个隐层神经元和 88 个输出神经元的网络结构,其中 48 个输入神经元中的第奇数个神经元为等熵马赫数分布的横坐标,第偶数个神经元为其纵坐标,输出神经元与此类似,只不过其第奇数个输出神经元得到的是基元级中弧线数据点的横坐标值,而第偶数个输出神经元为中弧线数据点的纵坐标值。利用此方法对转子 2 的根部基元级进行改进设计,经过 S1 流场计算获得初步的改进效果以后,再积叠成型,采用三维流场计算程序对整个两级风扇的特性进行计算,并与原始的风扇的特性计算结果进行对比,以检验优化效果。

5.4.2　风扇第二级转子叶片的优化结果及分析

　　为了更好地呈现优化改型前后叶型几何形状的改变,图 5.18 和图 5.19 分别给出了转子 2 根部基元级原始叶片和改进叶片的局部放大图,从图中可以看出,根

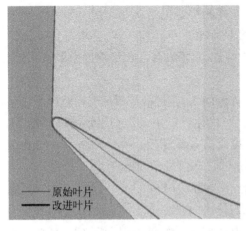

图 5.18　优化改型前后转子 2 叶片根部基元级前缘区域局部放大图

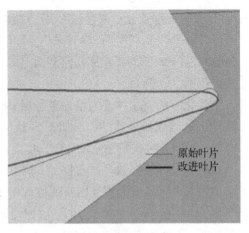

图 5.19　优化改型前后转子 2 叶片根部基元级尾缘区域局部放大图

部基元级的前、尾缘部分的几何角发生了一些改变,主要是为减弱或消除根部基元级后半部分的气流分离,同时减小基元级前缘区域的高马赫数区域。从这两幅图中也能够看出,其根部基元级的厚度分布基本上没有变化,从而保证了转子叶片根部的强度要求。

在对整个叶片的流场进行计算前,需要对转子叶片 2 的根部基元级进行神经网络优化。首先配置合适的神经网络规模,然后结合实际工况选择正确的训练样本集,采用本节提出的算法来对网络进行训练,最终利用训练好的神经网络对基元级进行了优化改型设计。图 5.20 和图 5.21 给出了优化改型前后,转子 2 根部基元级尾缘处的流场结构放大图,对比这两幅图可以看出,改型后,在吸力面上的气流分离点由靠近尾缘 80% 相对轴向弦长处后移到约 86% 相对轴向弦长处,而且从图中可以非常明显地看到尾缘处的整个分离区减小了,出现的分离涡强度也有明显减弱,同时分离涡的中心位置也更为靠后,这样有利于减小叶型根部区域的损失,提高风扇的等熵效率。

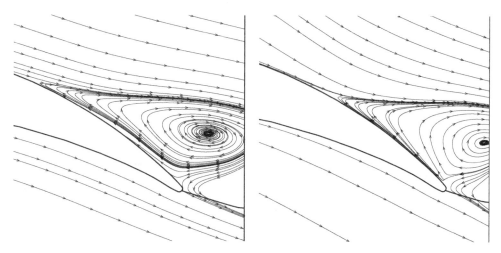

图 5.20　转子 2 根部基元级优化改型前　　　图 5.21　转子 2 根部基元级优化改型后
　　　　　气流分离区放大图　　　　　　　　　　　　气流分离区放大图

为了更好地看出经过神经网络优化改型后整个转子 2 的气动性能变化情况,图 5.22 给出了转子 2 改型后得到的 S1 流面相对马赫数分布等值线图,将图 5.22 与图 5.16 进行对比可以看出,经过优化改型后,转子 2 根部基元级前缘区域的超声速区域减小了很多,同时也减小了吸力面后半部分接近尾缘区域的气流分离趋势。并且在前缘区域,改型后的马赫数等值线的变化梯度更小,这样将有利于叶片进行更好、更均匀的扩压。改型后,在尾缘区的失速区域也比改型前减小了很多,气流更加流畅地流过叶栅通道,最终使得叶片的稳定工作范围变大。

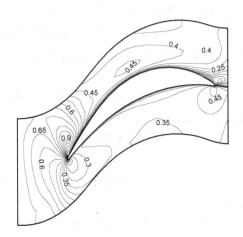

图 5.22　转子 2 根部基元级改型后的 S1 流面
相对马赫数等值线图

同时,这里也给出了优化改型前后整个风扇根部基元级的 S1 流面相对马赫数等值线图,如图 5.23 和图 5.24 所示,通过对比分析这两幅图能够看出,经过优化改型设计以后,风扇根部的整体气动性能得到了一定的改善,转子 2 中的气流分离区减小,分离点后移,而且可以看出由于对转子 2 进行了优化改型,转子 1 中的尾迹区也有了一定程度的减小。

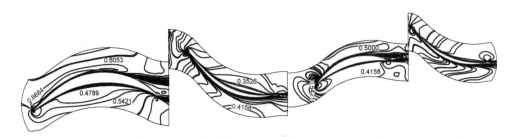

图 5.23　两级风扇优化改型前根部基元级 S1 流面相对马赫数等值线图

图 5.24　两级风扇优化改型后根部基元级 S1 流面相对马赫数等值线图

最后,采用 NUMECA 软件计算了优化改型后的两级风扇整体特性,通过改变风扇出口的背压来得到不同的工况,进而得到整个风扇的特性曲线。图 5.25 和图 5.26 分别给出了计算得到的风扇在优化改型前后的流量-总压比特性线图和流量-等熵效率特性线图,通过这两幅特性线图能够看出,经过转子 2 的优化改型以后,整个风扇的稳定工作范围较改型前有了一定程度的增加,而且在设计点处的总压比和等熵效率相对优化改型前都有了一定幅度的提高:在背压为 240 799 Pa 的工况下,等熵效率由改型前的 85.92% 提高到了 86.24%,总压比也从 2.795 上升到了 2.801。

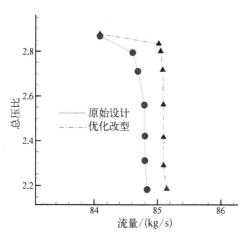

图 5.25　风扇优化改型前后流量-总压比特性线对比图

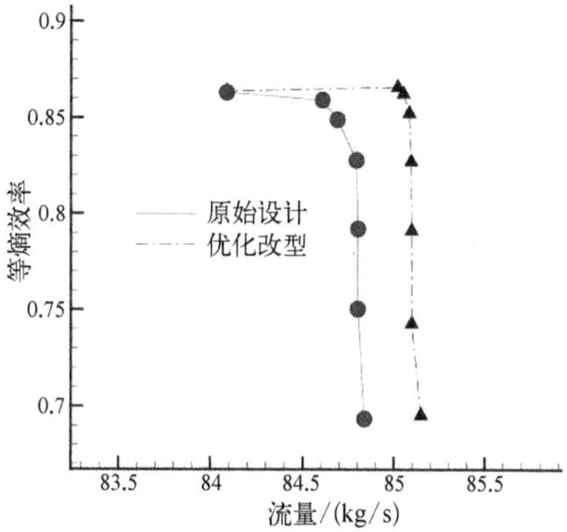

图 5.26　风扇优化改型前后流量-等熵效率特性线对比图

5.5　对转压气机叶片的优化改型设计

本节利用神经网络优化方法对某对转轴流压气机进行优化改型设计,主要有两个目的:第一,检验采用变学习率的动量 BP 算法后,叶片优化设计平台中神经网络功能模块的有效性;第二,在实验的基础上,通过对对转压气机进行优化改型设计,力争提高其总体性能。针对原始的实验及计算结果,本节提出了有针对性的优化改型途径。由于对转压气机中转子 1 和转子 2 是以相反的方向旋转的,转子 1 出口处的流场将对转子 2 的进口流场产生相当大的影响,本节有针对性地选取了转子 1 的叶片来进行优化改型设计。该对转压气机各个叶片排的叶片数如表 5.5 所示,具体的设计参数如表 5.6 所示。

整个对转压气机原始叶片的三维图如图 5.27 所示,其中用椭圆虚线标出的为转子叶片 1。

表5.5   对转压气机各叶片排的叶片数

叶片排	IGV	第一级转子(R1)	第二级转子(R2)	OGV
叶片数	22	19	20	32

注: IGV 表示进口导叶(inlet guide vane);OGV 表示出口导叶(outlet guide vane)。

表5.6   对转压气机的设计参数

参 数	进口总压 p_1^*/MPa	进口总温 T_1^*/K	总压比 π	等熵效率 η	质量流量 $\dot{m}$/(kg/s)	转速 n/(r/min)
设计值	0.101 3	288.15	≥1.2	≥0.86	6	8 000

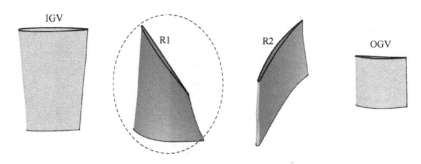

图5.27   对转压气机原始叶片三维图

5.5.1   对转压气机流场的数值模拟

选择整个原始对转压气机的流动区域作为计算区域,计算过程中的空间离散采用中心差分格式,时间项采用四阶龙格-库塔(Runge - Kutta)法来进行迭代求解,湍流模型选取为 Spalart - Allmaras(S - A)模型,同时采用隐式残差光顺方法及多重网格技术来加速收敛过程。具体的边界条件如下: 给定进口总压(101 325.0 Pa)、进口总温(293.15 K)、气流角为轴向进气,出口给定静压。在保持这些进口边界条件不变的前提下,通过改变出口背压,得到了 100%、90%、80% 及 70% 设计转速(8 000 r/min)下的特性曲线及流场结构。图5.28 给出了计算中所使用的三维网格图,表5.7 则给出了轴向、周向及径向三个方向上的网格点数分布[47-50]。

表5.7   对转压气机网格点数分布情况

网格点数	IGV	第一级转子(R1)	第二级转子(R2)	OGV
轴向网格点数	129	129	129	129
周向网格点数	17	17	17	17
径向网格点数	33	33	33	33

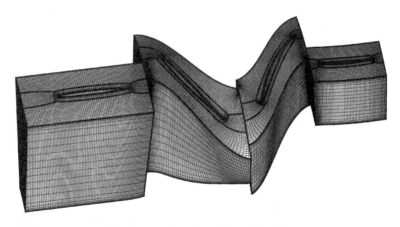

图 5.28 对转压气机计算网格三维图

同时,为了验证 CFD 计算的有效性,本节将不同转速下计算得到的特性曲线与实验结果进行了对比,图 5.29 和图 5.30 分别给出了计算得到的对转压气机总压比特性曲线和等熵效率特性曲线与实验结果的对比图。从图 5.29 中可以看出,所得到的总压比计算结果的走向趋势和数值大小都与实验结果基本相同。而对比图 5.30 中的实验和计算结果可以看出,等熵效率特性曲线的计算值在 90%转速以上与实验吻合较好,尤其在 100%设计转速下,最高等熵效率的计算结果与实验结果十分接近,变化趋势也非常类似;而在 80%设计转速以下,等熵效率计算结果与实验结果的基本变化趋势一致,只是计算得到的最高等熵效率相对于实验结果稍微低一些。但总体上来说,计算得到的特性曲线与实验曲线基本一致,吻合较好。

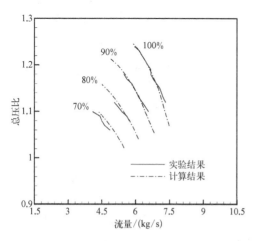

图 5.29 70%~100%设计转速下的
总压比特性对比图

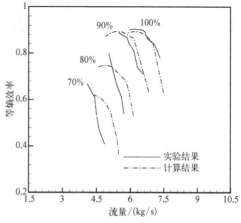

图 5.30 70%~100%设计转速下的
等熵效率特性对比图

根据实验结果分析发现：压气机在设计转速下的运行情况较好,而随着转速的降低,压气机的特性迅速恶化,因此有必要在非设计转速下对对转压气机进行几何优化,以研究其性能改变情况。因此,本节选取了 90% 设计转速、背压为 0.12 MPa 的工况进行研究,图 5.31~图 5.33 给出了该工况下原始对转压气机根部(5%叶展处)、中部(50%叶展处)、尖部(95%叶展处)三个典型基元级截面上计算所得到的相对马赫数等值线图。

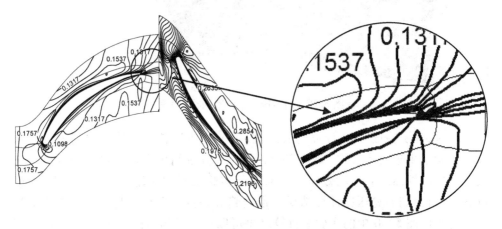

图 5.31   根部基元级原始相对马赫数等值线图

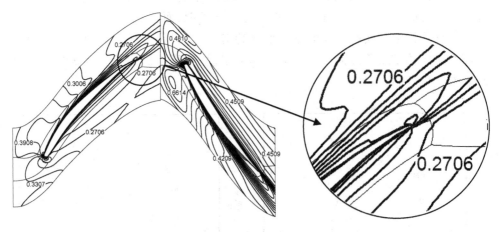

图 5.32   中部基元级原始相对马赫数等值线图

从图 5.31~图 5.33 中可以看出,转子叶片 1 上的相对马赫数变化相对比较均匀,只有在叶片的 3/4 弦长以后,其变化才比较剧烈,而且在基元级尾缘区域都存在一定的气流分离区。从图 5.31 中可以看出,在转子 1 根部基元级的吸力面中部区域,其相对马赫数变化较为剧烈,而且在尾缘区域有一定程度的气流分离,可能会导致转子叶片 2 进口气流畸变。如图 5.32 和图 5.33 所示,在中部基元级和尖部基元级

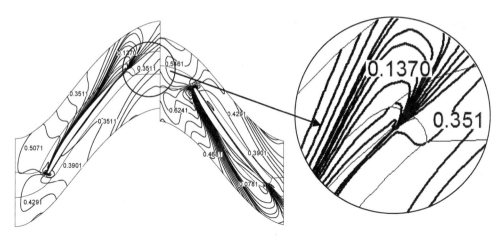

图 5.33　尖部基元级原始相对马赫数等值线图

上也出现了较为强烈的气流分离现象,因此有必要对这三个典型截面进行几何优化改型设计,来消除或者减弱这种分离现象,进而提高对转压气机的整体气动性能。

5.5.2　对转压气机第一级转子叶片优化设计过程

在优化改型过程中,始终保持每个典型基元级截面的攻角、气动弦长,同时也保持最大厚度相对位置和最大厚度值不变。

在神经网络的初始化过程中,初步确定其输入神经元个数为 48 个,分别为目标吸力面马赫数分布的横纵坐标,输出神经元个数取定为 88 个,分别为优化改型完毕且归一化的中弧线数据点的横纵坐标。输入层与隐层,以及隐层与输出层之间的激活函数都取定为 S 形函数(logsig 函数),可以将输出控制在一个固定的范围内,有助于提高网络的稳定性。而神经单元之间的连接权值和阈值根据经验一般取为 $(-3/\sqrt{M}, 3/\sqrt{M})$(M 表示神经元个数,M 此时为 48),为了进一步提高网络的精度,这里取定为 0~0.01 的随机值,网络样本训练的算法选择为改进型变学习率动量 BP 算法。

同时,在改型过程中,针对原始转子叶片每个典型基元级截面的来流工况(进口马赫数和进气角),选择相应的神经网络训练样本对已经初始化完毕的神经网络进行训练,然后根据原始计算得到的马赫数分布进行有针对性的调节,给出较为合理的分布,最后利用这些马赫数分布得到相应的中弧线数据,同时可利用 NURBS 曲线对其几何型面的局部进行微调。

5.5.3　对转压气机第一级转子叶片优化设计结果及分析

针对原始对转压气机的流场分析结果,本节给出了相应的几何改型设计方案:

根部基元级截面加功量适当减小,以减小根部截面尾缘区的流动损失,适当增大尖部基元级截面的加功量,以保证整个压气机的加功量。最终,通过提高通道中气流的流通能力和减小气流的流动损失来提高压气机的整体性能。

为了能更好地看出整个优化改型前后三个典型基元级截面的改型效果,图5.34~图5.36分别给出了转子1根部、中部及尖部基元级截面的优化改型效果对比图,图5.37则给出了其改型后的三维叶片图。从这些几何对比图中可以看出,相对于原始基元级,根部和中部基元级截面尾缘区的几何形状更为平坦,这样更有利于气流在通道中的流动,同时也有利于改善尾缘区域流场的流动结构。而尖部基元级截面尾缘区的转折程度更大,有利于保证整个压气机的加功量。

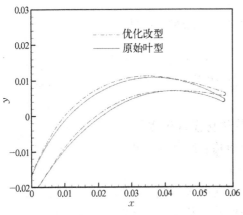

图5.34　转子1根部基元级截面优化
改型前后叶型对比

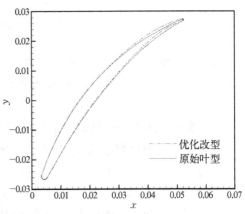

图5.35　转子1中部基元级截面优化
改型前后叶型对比

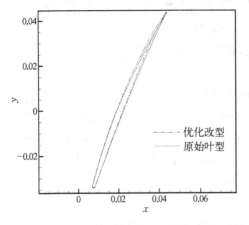

图5.36　转子1尖部基元级截面优化
改型前后叶型对比图

图5.37　转子1优化改型后的
三维效果图

图 5.38~图 5.40 分别给出了利用神经网络针对不同的来流工况进行学习时的训练误差收敛过程图,从这几幅图中可以看出,在采用改进型优化算法对训练样本进行训练后,其收敛过程虽然出现了一定程度的波动,但能很快地稳定下来,没有出现过多的学习振荡过程,并且最终都很快达到收敛,说明所采用的算法能够有效避免过多的学习振荡现象,具有较强的适应性。

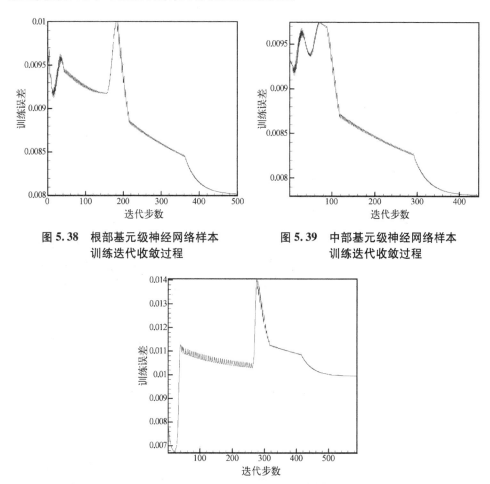

图 5.38 根部基元级神经网络样本训练迭代收敛过程

图 5.39 中部基元级神经网络样本训练迭代收敛过程

图 5.40 尖部基元级神经网络样本训练迭代收敛过程

在对三个典型基元级进行优化改型后,仍然采用与原始对转压气机相同的工况、边界条件及计算网格对整个改型后的对转压气机的流场进行计算,检验转子叶片 1,乃至整个对转压气机的气动性能是否得到了改善。图 5.41 和图 5.42 分别给出了优化改型前后转子 1 吸力面上的流线图,图 5.43~图 5.48 分别给出了优化改型前后对转压气机正反转子根部(5%叶展处)、中部(50%叶展处)及尖部(95%叶展处)截面的相对马赫数等值线对比图。

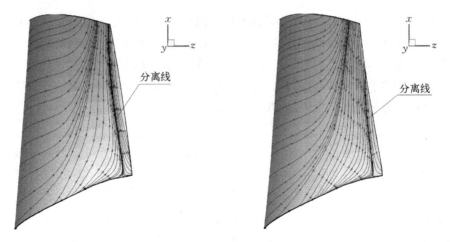

图 5.41 转子 1 优化改型前的吸力面流线图　　图 5.42 转子 1 优化改型后的吸力面流线图

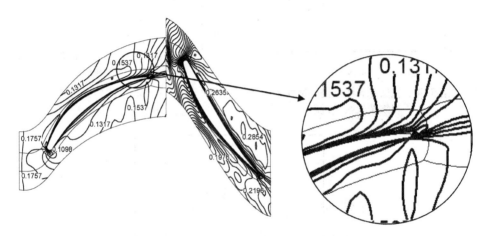

图 5.43 优化改型前对转压气机根部截面相对马赫数等值线图

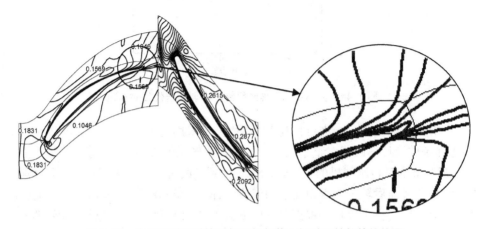

图 5.44 优化改型后对转压气机根部截面相对马赫数等值线图

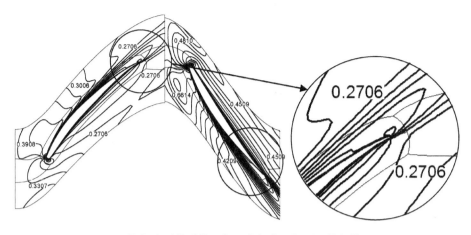

图 5.45   优化改型前对转压气机中部截面相对马赫数等值线图

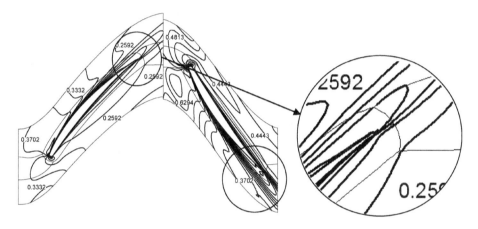

图 5.46   优化改型后对转压气机中部截面相对马赫数等值线图

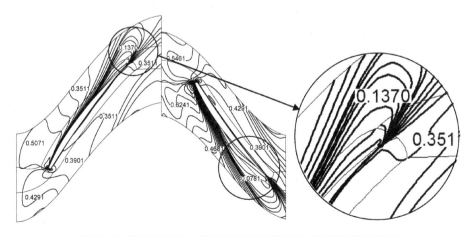

图 5.47   优化改型前对转压气机尖部截面相对马赫数等值线图

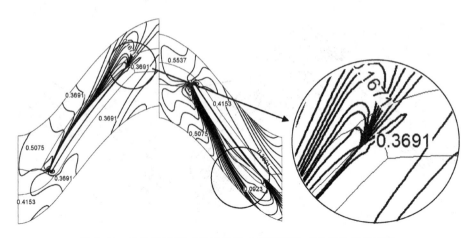

图 5.48　优化改型后对转压气机尖部截面相对马赫数等值线图

　　将图 5.41 与图 5.42 进行对比分析,发现在优化改型前,转子 1 的吸力面上靠近尾缘处存在一条比较明显的流动分离线,同时也可以看出在吸力面表面上存在一定程度的径向流动;优化改型后吸力面上靠近尾缘区的气流分离区范围减小了,而且在接近根部区域的气流分离位置基本上没有变化;在中间截面及尖部截面上,气流的分离点位置都向尾缘移动了。分别对比图 5.43 和图 5.44、图 5.45 和图 5.46、图 5.47 和图 5.48 可以看出,优化改型前后,根部区域的相对马赫数变化不是很明显;在中间截面上,转子 1 尾缘区的尾迹区有所减小,而由于转子 1 的影响,转子 2 吸力面上的气流分离现象减弱;在尖部截面上同样可以发现,转子 1 中的尾迹区及转子 2 中的气流分离区都有了一定程度的减小,这与从图 5.41 和图 5.42 中得到的结论相吻合。

　　为了更清楚地分析转子 1 中的流场结构的变化,图 5.49~图 5.54 分别给出了优化改型前后转子 1 根部、中部及尖部基元级截面上的相对马赫数等值线对比图。通过对比分析可以发现:根部基元级截面上的马赫数等值线图变化不大;中部基元级截面上,在靠近尾缘 70% 相对轴向弦长处的气流分离区明显减小,吸力面上的附面层厚度减小;在尖部截面,尾缘处的尾迹区减小。

　　为从整体性能上进行优化改型前后对比,本节通过计算得到了优化改型后 100%、90%、80% 及 70% 设计转速下的总体特性曲线,图 5.55 和图 5.56 分别给出了改型前后各转速下对转压气机的总压比特性对比和等熵效率特性对比图。

　　通过对比分析图 5.55 和图 5.56 可以看出:在经过优化改型设计以后,不同设计转速下的总压比总体上都比优化改型前有一定的提高,增长幅度大约为 0.9%;每一转速下的稳定工作范围相对于优化改型前都有所增加,且随着转速的降低,稳定工作范围增长的幅度增大;等熵效率特性基本上与改型前相同。因此,优化改型后的对转压气机的整体性能有了一定程度的改善,达到了优化的目的。

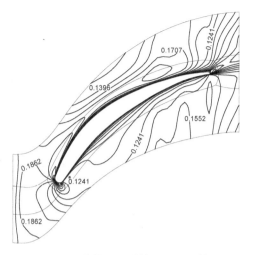

图 5.49　优化改型前转子 1 根部截面
相对马赫数等值线图

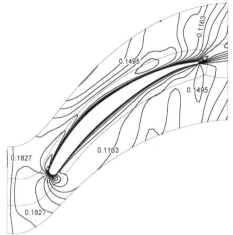

图 5.50　优化改型后转子 1 根部截面
相对马赫数等值线图

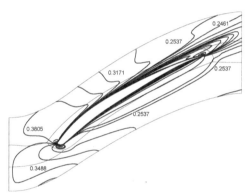

图 5.51　优化改型前转子 1 中部截面
相对马赫数等值线图

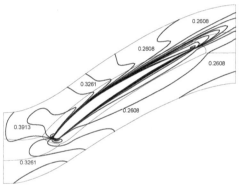

图 5.52　优化改型后转子 1 中部截面
相对马赫数等值线图

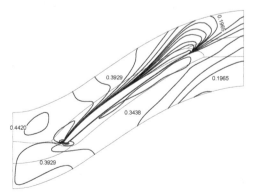

图 5.53　优化改型前转子 1 尖部截面
相对马赫数等值线图

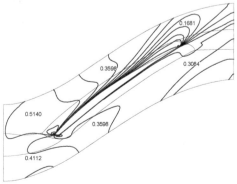

图 5.54　优化改型后转子 1 尖部截面
相对马赫数等值线图

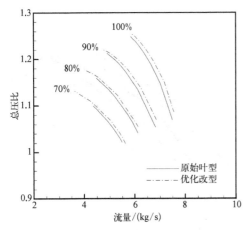
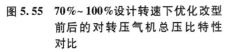
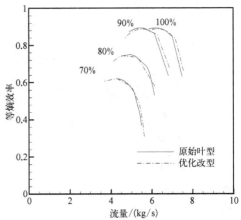

图 5.55 70%~100%设计转速下优化改型前后的对转压气机总压比特性对比

图 5.56 70%~100%设计转速下优化改型前后的对转压气机等熵效率特性对比

5.6 小 结

本章详细研究了改进型 BP 神经网络训练样本数据库中数据的前处理技术及数据库的具体构建方法,分别以某两级风扇转子叶片 2 和对转轴流压气机转子叶片 1 作为研究对象,在流场计算分析结果的基础上,得到了研究对象的具体改型途径;采用改进型变学习率的动量 BP 优化算法,对研究对象进行了优化改型设计,并对比分析了优化前后研究对象的流场结构及整体气动性能的改变情况,主要结论如下。

（1）训练样本数据集的选取对神经网络的总体性能有较大的影响,通过采用数据前处理措施,能够有效避免训练样本集中数据变化范围过大的情况,有利于学习训练过程的收敛;研究还发现,采用多工况的训练样本数据库能够扩大神经网络的使用范围。

（2）以前期的 CFD 计算结果为基础,提出了两级风扇叶片优化的有效途径,以风扇转子 2 的根部基元级截面为研究对象,采用提出的优化方法对其进行了几何优化改型设计,同时对改型后的风扇进行了全场 CFD 计算,详细分析了优化改型前后风扇流场结构及气动性能的变化情况,分析结果表明:优化改型设计后,风扇吸力面上的气流分离点由靠近尾缘 80%相对轴向弦长处后移到约 86%相对轴向弦长处,整个分离区减小,尾缘处的分离涡强度也相对改型前明显减弱,分离涡的中心位置更为靠后。研究还发现,整个风扇在设计点处的等熵效率由改型前的85.92%提高到了 86.24%,总压比也从 2.795 上升到了 2.801。

（3）在对转轴流压气机全场 CFD 计算结果进行分析的基础上，提出了转子 1 改型设计的思路，并深入分析了优化改型前后的对转压气机中流场结构的变化。对比分析结果表明：改型设计后，在转子 1 吸力面上的分离线位置后移，气流分离区减小，根部区域的相对马赫数等值线变化不大，中部和尖部区域尾缘处的分离减小，同时在转子 2 的中部和尖部截面上的气流分离现象都有一定程度的减弱。从整个对转压气机的特性来看，改型设计后，各种转速下的总压比值比改型前都增长了约 0.9%，稳定工作范围相对于改型前都有一定程度的增大，且随着转速降低，稳定工作范围的增长幅度增大，达到了优化的目的。

第6章

基于神经网络技术的
压气机叶片优化设计系统

开发一套功能完备的叶轮机械叶片气动优化设计平台,无论是对现有的叶轮机械进行设计改进,还是对未来先进的叶轮机械叶片的设计研发提供技术支持,都将具有长远的意义。而且,叶轮机械叶片的数据结构比较复杂,因此直接用计算机语言描述有一定的难度。如果借助其他 CAD 商业软件(如 AutoCAD、UG、Pro/E 等)进行二次开发,也同样存在一定的问题:一是专业性不强,二是在使用上会受到一定的限制。

在这种背景条件下,本章自行开发一套叶片优化设计系统软件,给相关专业人员提供一个快速有效的压气机叶片气动优化设计手段,以满足叶片灵活快速设计的需要。本章将在前面介绍的相关设计理论的基础上,进一步研究开发轴流压气机叶片设计平台(blade design platform, BDP)。下面将从软件工程的角度出发阐述该设计软件系统(平台)(以下统称软件系统)的主要设计思想和方法。

6.1 软件需求分析

6.1.1 需求概述

1. 目标

在得到压气机 S2 流场设计计算结果的情况下,软件系统能够根据计算结果设计出各个基元级截面的几何构型,然后对所有的基元级进行 S1 流场计算,以检验其气动性能,并在此流场计算结果分析的基础上,利用神经网络技术对其几何型面进行优化设计,将优化后的基元级截面积叠生成三维叶片,再进行三维气动校核,根据校核结果决定是否继续进行进一步优化。对于已有叶片,可针对其气动性能较差的截面进行神经网络优化,另外还可通过对其积叠线进行调整、调节特征参数(如进出口几何角)沿径向的分布情况来实现叶片的改进设计。

2. 用户及特点

本软件的使用者主要是航空轴流压气机叶片设计人员及从事压气机叶片气动

热力学研究的人员(以下统称用户),其具备相关专业知识,能比较熟练地进行参数设置,具有较强的操作能力和学习能力。另外,软件涉及人工神经网络优化算法,要求用户对人工神经网络优化原理有一定的了解。

6.1.2　功能需求

用例即 use case,根据定义,用例是系统执行的一系列动作,通过这些动作能获得有价值的结果。外部执行者定义系统用户在与系统交互时可扮演的一组相关角色,用户可以是个人,也可以是外部系统。

用例概念驱动的面向对象软件开发方法的主要特点是从组成系统的实际操作入手,首先分析系统是如何使用的,强调系统使用时与各种不同类型用户交互时的状况,强调从用户的角度讨论待建系统,分析用户的使用目的,用户不必知道这些开发人员所关心的事情,从而更容易在用户和开发者之间建立统一的认识[51]。自该方法提出后,不断对其进行规范化和完善,在软件工程领域的需求阶段和测试阶段得到了相当广泛的应用,目前很多软件公司都使用该种方式进行需求分析、系统设计和测试。

在软件开发的初始阶段可以采用这种分析设计方法,对轴流压气机叶片优化设计软件的功能需求进行分析,图 6.1 给出了系统的用例图,其中"uses"表示各个功能操作,"extends"表示扩展功能。由该图可看出软件系统主要的业务功能,并由此驱动后续的系统设计与开发。

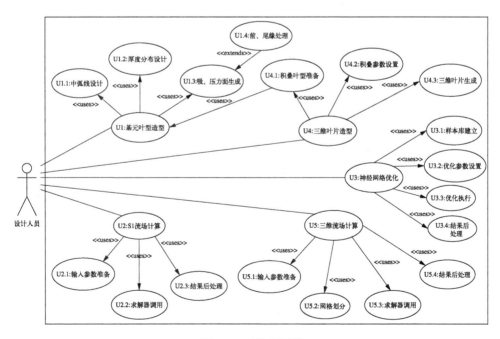

图 6.1　系统用例图

　　BDP 软件系统的用例描述如表 6.1~表 6.12 所示,这些表格更详细地描述了图 6.1 中的业务功能,明确系统提供的服务。其中,表 6.1~表 6.4 所描述的用例包含于用例"U1:基元叶型造型";表 6.5 所示用例"U2:S1 流场计算",包含 U2.1~U2.3;表 6.6 所示用例"U3:神经网络优化",包含 U3.1~U3.4;表 6.7~表 6.9 所示用例包含"U4:三维叶片造型";表 6.10~表 6.12 所示用例包含"U5:三维流场计算"。

表 6.1　中弧线设计用例表

用例名称	U1.1:中弧线设计
前置条件	无
事件流	用户直接导入现有中弧线数据 或者: 1. 用户设置中弧线 NURBS 造型参数; 2. 由 NURBS 造型方法生成中弧线
后置条件	显示生成的中弧线型线及其 NURBS 控制点

表 6.2　厚度分布设计用例表

用例名称	U1.2:厚度分布设计
前置条件	无
事件流	用户直接导入现有厚度分布数据 或者: ① 用户设置厚度分布的 NURBS 造型参数; ② 采用 NURBS 造型方法生成初始自定义厚度分布
后置条件	显示生成的厚度分布曲线及其 NURBS 控制点

表 6.3　吸、压力面生成用例表

用例名称	U1.3:吸、压力面生成
前置条件	无
事件流	用户直接导入现有吸、压力面数据 或者: 当同时具备中弧线和厚度分布时,通过叠加操作生成原始的吸、压力面型线
后置条件	显示生成的吸、压力面型线

表 6.4　前、尾缘处理用例表

用例名称	U1.4：前、尾缘处理(扩展 U1.3)
前置条件	具有吸、压力面型线数据
事件流	为原始吸、压力面叶型前、尾缘添加圆弧或椭圆弧 或者： 为带倒圆叶型添加尖劈
后置条件	显示生成的吸、压力面型线

表 6.5　S1 流场计算用例表

用例名称	U2：S1 流场计算
前置条件	具有叶型几何坐标
事件流	① 用户设置计算条件(如进出口流动参数、计算控制参数等)及其他参数； ② 创建计算输入文件； ③ 调用 S1 流场无黏求解器； ④ 若求解成功，则输出结果文件
后置条件	在屏幕上显示相关分布曲线，并可进行性能分析

表 6.6　神经网络优化用例表

用例名称	U3：神经网络优化
前置条件	具有叶型几何
事件流	① 用户针对所要优化的对象和工况建立合适的优化样本库； ② 设置神经网络优化算法相关参数，如学习因子、最大训练次数等； ③ 选择合适的优化样本进行学习训练，根据用户指定的目标马赫数分布，由训练好的网络进行寻优； ④ 若优化成功，则输出新的中弧线
后置条件	优化后的中弧线与原厚度分布叠加生成新的叶型，可对新叶型作进一步的校核分析

表 6.7　积叠叶型准备用例表

用例名称	U4.1：积叠叶型准备(包含 U1)
前置条件	无
事件流	① 生成典型截面的基元叶型，如根部、中部、尖部截面叶型，包含 U1； ② 进行基元级插值，得到多个沿径向有序分布的离散叶型
后置条件	无

表 6.8   积叠参数设置用例表

用例名称	U4.2：积叠参数设置
前置条件	具备积叠基元叶型
事件流	① 进行 S2 流场前、尾缘投影线设置； ② 进行轮毂机匣线设置； ③ 设置积叠位置； ④ 设置积叠线型
后置条件	无

表 6.9   三维叶片生成用例表

用例名称	U4.3：三维叶片生成
前置条件	具备积叠叶型并已进行积叠参数设置
事件流	通过积叠算法生成三维叶片数据（包括制造坐标系叶片数据）
后置条件	显示三维叶片

表 6.10   输入参数准备用例表

用例名称	U5.1：输入参数准备
前置条件	具有叶片几何坐标
事件流	① 用户设置网格划分参数（如轴向、切向、径向网格数）及其他参数； ② 创建网格输入文件，供网格划分程序读取； ③ 用户设定计算条件（如进出口流动参数、计算控制参数等）及其他参数； ④ 创建三维计算输入文件，供三维计算程序读取
后置条件	无

表 6.11   网格划分用例表

用例名称	U5.2：网格划分
前置条件	具备网格输入文件
事件流	① 调用三维网格划分程序； ② 若划分成功，则输出结果文件
后置条件	在屏幕上显示网格图形

表 6.12 求解器调用用例表

用例名称	U5.3：求解器调用
前置条件	具备计算输入文件和网格文件
事件流	① 调用三维流场欧拉求解器； ② 若求解成功，则输出结果文件
后置条件	在屏幕上显示相关分布曲线、等值线图，供设计人员参考

6.1.3 性能需求

输入/输出：系统数据输入的格式应符合专业习惯，并要求直观、方便，输入的数据越少越好，尽量避免数据的重复输入；系统的屏幕输出应能够满足管理专业所需信息量的要求，并要求输出直观、简洁，具有可重复查询功能与屏幕格式的转换功能。

文件的输入/输出要能满足专业使用要求，并可实现与商业软件（如 NUMECA、Tecplot 等）数据格式兼容。

处理性能：由于软件系统涉及叶片造型显示、叶片流场数值模拟及优化仿真，对于压气机叶片设计人员来说，对仿真软件的响应速度（如图形的刷新速度、计算速度等）有较高的要求，因此在硬件条件一定的前提下，力求系统处理数据的速度最快。另外，要求系统处理的数据能具有较高精度，以满足工程使用要求。

6.1.4 其他属性需求

1. 运行环境需求

在开发本软件系统时，暂时只针对 Windows 操作系统。

对于硬件的需求：计算机内存为 500 M 以上。

2. 易用性

要求仿真软件界面友好、操作方便、维护简单，设计人员可在短期内就可全面掌握其使用方法。

（1）安装的易用性。软件最后要打包成安装程序，并且应能够独立于开发环境运行，这将节省大量的系统安装和维护时间。

（2）界面友好性。用户接触软件时界面上的功能应一目了然，无须进行太多培训即可方便使用。

3. 稳定性

对于优化设计软件，无论程序质量多高，在当今运行环境高度复杂、软件体系庞大繁杂的情况下，因操作不当或者不可预料的状况，都难免出现各种各样的异常、故障,导致系统非正常运转,甚至造成重大损失。如何减小这种故障发生的概率,并提供事后弥补的措施,对于保障系统正常运行是非常重要的。因此,对该软件系统提出了如下要求。

(1) 有较强的容错处理能力,当用户操作不当时,软件应及时给出提示,直至用户改正。

(2) 应用软件故障不应引起严重的系统重启。

(3) 恢复性好,在软件出现严重错误后可在短时间内恢复使用。

4. 可维护扩展性

为了保证系统的可维护性,要求具有详细的系统设计文档资料,提供全部的系统源程序,并尽量采用面向对象的程序设计方法,以提高系统的可维护性。

同时,要求系统功能可在一定程度上扩展,以满足业务变动的需求。软件应采用开放的体系结构,采用模块化结构设计,具有良好的扩展能力,易升级、易集成,可自由增加或配置新模块。结构化设计思想和模块化的管理特点,使系统具备横向、纵向扩展的能力。随着流场数值模拟算法、优化算法的不断发展和更新,软件系统需要增加新的功能,具有良好扩展性的软件要保证系统在扩展过程中的其他特性,而绝不局限于仅仅将新的功能加入系统。在本软件的设计中,应考虑到以下几个方面。

(1) 能够方便地更新现有模块或添加新模块。

(2) 扩展后,新旧系统之间具有良好的兼容性。

(3) 扩展后仍能满足要求性能,如易用性。

(4) 能够进行低成本扩展。

6.2　系统总体设计

6.1节围绕软件基本的需求分析对相关技术进行了介绍。一个成功的算法只有形成应用软件后,才能更好地提高和扩大其在实际工程中的可实施性,同时根据在工程应用的反馈信息进行不断改进。对于前述的所有研究内容,均将其加入软件设计中。另外,此系统的定位为通用仿真软件的开发,因此特别注意到软件的核心求解器的通用性设计。为帮助读者深入理解编程思路或者使用这套软件,本节以软件总体设计思路和方案为主要内容,简单介绍这方面的工作。

6.2.1　总体设计目标分析

所开发的压气机叶片优化设计软件的总体设计目标如下。

(1) 软件系统的初始目标是实现叶片几何造型、流场数值模拟和神经网络优化三大功能的耦合集成,并不断完善更新,甚至添加算法模块,最终形成一个功能全面、高效可靠、适应性强的软件平台。

（2）设计与实现叶型 NURBS 造型模块、叶片积叠造型模块。

（3）发展和完善现有 S1 流场计算程序、三维计算程序等核心求解器,主要侧重于输入/输出接口的规范,实现与软件的集成。

（4）实现人工神经网络优化算法在软件中的集成。

（5）设计数据处理及可视化显示的处理模块。

在实现基本业务功能(如造型设计、流场计算、神经网络优化等)的基础上,系统采用一些通用软件设计技术,如多视图显示、工具提示、状态栏信息显示等,力求软件更加美观、易用、友好。

1. 面向对象的开发方法

本系统采用面向对象程序设计(object-oriented programming, OOP)技术进行软件开发,面向对象技术吸收了软件工程领域有益的概念和有效的方法,进而发展成为一种非常实用且强有力的软件开发方法。该方法模拟人类习惯的解题方法,用对象分解取代功能分解,也就是把程序分解成许多对象,不同对象之间通过发送消息向对方提出服务要求,接收消息的对象主动完成指定功能,程序中的所有对象分工协作,共同完成整个程序的功能。在面向对象编程中,将程序看作相互协作的对象集合,每个对象都是某个类的实例,所有的类构成一个通过继承关系相联系的层次结构。面向对象的语言常常具有以下特征:对象生成功能、消息传递机制、类和遗传机制。这些概念当然可以并且也已经在其他编程语言中单独出现,但只有在面向对象语言中,他们才共同出现,以一种独特的合作方式互相协作、互相补充。

面向对象的开发方法主要有以下优点。

（1）基于人类习惯的思维方法。

（2）稳定性好。评价一个软件的好坏,重点应该在于软件系统组件在多大程度上正确、稳定地工作并且生成用户期望的输出结果。

（3）可重用性好。组件重用是节约开发软件系统资源、降低开发成本的最优的解决方案。

（4）可维护性好。软件维护指在保证现有软件主要功能不受到破坏的情况下,修改现有的可运行程序的过程,包括软件的升级和维修。系统的可维护性差将导致大量额外的维护成本和时间浪费。

2. 开发平台与工具

软件开发所使用的操作系统为 Windows XP。在开发环境上,基于程序稳定性、开发灵活性和现有技术基础的考虑,选取 Visual C++ 6.0 作为主要的开发工具。

软件平台的核心计算程序仍旧沿用现有的体系较为完整的压气机叶片计算程序,这些程序基本上由 Fortran 语言编写,对 Fortran 程序进行改进后可直接使用

Visual Fortran 开发工具(该工具可与 Visual C++ 6.0 一同集成到 Developer Studio 环境中)进行编译链接,生成的可执行程序作为独立的模块供软件主程序调用。

此外,对于数据(包括几何模型、计算参数、结果曲线等)的可视化显示,采用 Measurement Studio 软件包,它是为 Visual Studio 开发环境提供的一个集成式套件,包括各种常用的测量和自动化控件、工具和类库。NI Measurement Studio 带有 ActiveX 和.NET 控件、面向对象的测量硬件接口、高级分析库、科学的用户界面控件、网络化测量数据、向导、交互式代码设计器和高扩展性类库等,极大程度上减少了应用程序的开发时间。

本节利用 Measurement Studio 8.0 提供的二维和三维图形控件进行适用于本系统的二次开发,结合自主开发的图元实体类(包括 NURBS 曲线曲面类、中弧线类、厚度分布类、叶片类等),实现叶片造型显示、计算参数动态显示等功能,同时也为将来实现与叶片自动测试的集成奠定了基础。

3. 项目的设计

由前述的需求分析不难看出,叶片由基元叶型积叠生成,叶片的优化设计大多是通过对叶型的优化设计来实现的,基元叶型作为一个基本设计对象,对叶片设计起到关键作用,该叶片优化设计软件的核心在于基元叶型的优化设计,将其看作一个基本设计单元,它具有一定的独立性和可复用性,一个完整的叶片设计将由多个基本设计单元组成。

为了增强叶片优化设计的灵活性,便于对多个基元级及叶片进行管理,这里借鉴某些专业软件(如 Visual Studio 开发软件等)关于复杂数据组织管理的功能,引入项目(Project)的概念,即把用户在一定条件下运用相关的知识和手段,为达到特定设计目标(如生成满足某种气动性能要求的叶片)而进行的一系列工作(如设计基元叶型、进行流场数值模拟、优化改型等)称为一个项目,用户在设计过程中产生的各种数据对象、存储的文件均纳入该项目下进行管理。这样,整个系统以项目为一个完整的设计单位,每个项目都是一个完整独立的几何造型、数值模拟或优化过程,每个项目都拥有相对独立的参数配置和设计对象,这不但有利于软件开发,同时也便于用户对设计过程和结果的管理、交流。

6.2.2　系统模块设计

模块化的主要思想是将整个系统进行分解,分解成若干功能独立的、能分别设计、编程和测试的模块,程序员可单独地负责一个或几个模块的开发,并且开发一个模块时不需要知道系统中其他模块的内部结构和编程细节。模块之间的接口应尽可能简明,模块应尽可能彼此隔离。程序的模块化应具有可修改性、易读性和易验证性。

按照以上要求,本软件系统的界面与模块划分如图 6.2 所示。按设计对象,可以将系统分为两大类模块,即二维基元级优化设计模块和三维叶片的优化设计模块;按功能类别,可分为几何造型、流场计算和优化三大模块;若从处理流程来讲,可以分为数据前处理模块、气动优化计算模块和计算后处理模块。

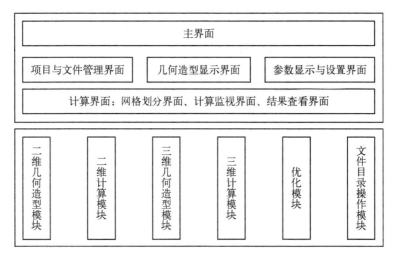

图 6.2　软件系统界面与模块划分

由软件系统的需求分析可知,本软件系统的主要核心是二维基元叶型设计与流场计算、三维叶片设计与流场计算,以及神经网络优化,此外还涉及文件目录操作和数据可视化显示,通过主界面实现所有功能的集成。另外,引入项目与文件管理界面,可方便用户对设计对象进行查看和管理。根据这些功能要求,可对系统进行如图 6.2 所示的模块划分。另外,各模块均封装了实现相应功能的类或函数,简要介绍如下。

1. 界面层

为用户提供操作接口,并对几何造型、计算过程及结果等进行可视化显示,便于用户查看与操作,开发的界面模块负责完成的主要工作包括:获取用户输入的模型参数及各种分析参数、设定分析内容与类型、生成参数文件、调用计算模块求解、分析结果处理与图形显示等。

(1)"主界面":提供一个友好的操作界面,为用户进入各功能模块提供接口。

(2)"项目与文件管理界面":以树形列表的形式显示当前设计项目,并提供文件管理功能。

(3)"几何造型显示界面":为二维基元叶型造型和三维叶片造型提供可视化支持。

(4)"参数显示与设置界面":以属性面板的形式显示相关设计对象、计算任务的参数,并可允许用户进行设置,设置生效后将作用于相关设计对象或计算任务。

（5）"计算界面"：包括前处理的网格划分界面（如果采用的 S1 流场计算程序内置了网格划分，二维计算可不包括该界面）、计算监视界面和后处理的结果查看界面。

2. 二维几何造型模块

对基元叶型进行造型设计，包括中弧线设计，厚度分布设计，吸、压力面生成，前、尾缘处理子模块。将中弧线设计中的几个关键参数（如几何进出口角等）与 NURBS 的曲线控制点相关联，再由这些控制点拟合生成中弧线型线，厚度分布曲线的造型原理与中弧线基本一致。中弧线和厚度分布曲线设计完毕后，通过叠加操作生成原始叶型，对前、尾缘进行光滑处理后便可得到完整基元叶型。此外，还可直接导入现有叶型数据。

3. 二维计算模块

实现与二维造型模块的集成，可对设计叶型进行 S1 流面无黏流场计算。具备叶型几何后，设置计算所需的边界条件、控制参数等，写入计算输入文件，调用 S1 流场求解器，开始计算后将在视图中实时显示计算过程中关键参数的变化曲线，计算结束后得到结果文件，图 6.3 给出了控制 S1 流场计算模块运行的逻辑图。

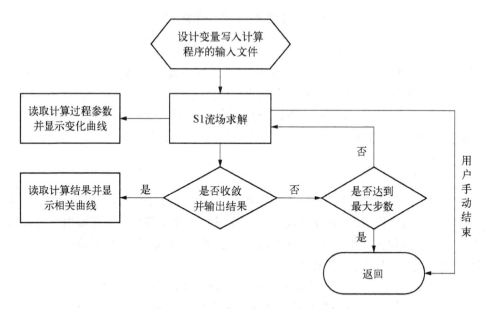

图 6.3   S1 流场计算模块运行逻辑图

4. 三维几何造型模块

实现把项目列表中的基元叶型按照一定的位置关系（沿某条积叠线）叠加起来，从而形成整个叶片，即叶片积叠过程。需要依次完成积叠设置操作：选择叶型所处平面，截面插值，确定叶片子午面前、尾缘投影线，设置三维积叠线和积叠点，叠加生成叶片。

5. 三维计算模块

实现与三维造型模块的集成,可对叶片进行网格划分并求解三维无黏流场。具备叶片几何后,首先对网格基本参数(如网格数、网格间距比例等)进行设定,将参数写入网格输入文件,调用网格生成器,实现对当前叶片求解区域的网格划分,将结果存储在网格文件中。

在生成叶片并生成网格后,可对叶片流场进行三维计算,在属性面板中设置计算的初场条件、控制参数等,写入计算输入文件,调用三维流场求解模块,开始计算后将在视图中实时显示关键参数的变化曲线,计算成功后得到结果文件并可显示相关分布曲线。与图 6.3 类似,图 6.4 给出了三维计算模块的进行逻辑。

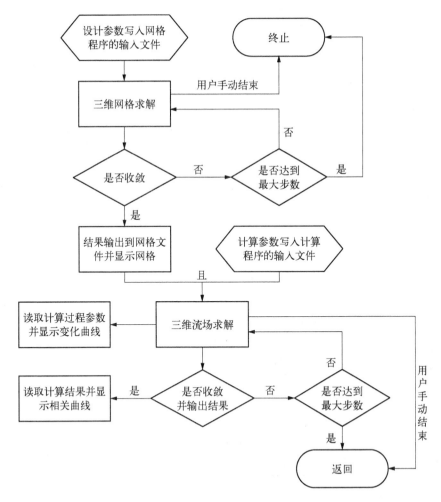

图 6.4　三维计算模块运行逻辑图

6. 优化模块

在前述叶片几何参数化和流场计算的基础上,借助本模块对叶型进行优化,从而实现叶片的改型设计,采用改进型变学习率动量 BP 优化算法,将中弧线控制点与马赫数分布相关联,建立神经网络样本库,用于网络训练、寻优。针对目标叶型、工作条件建立神经网络优化样本库后,用户依次完成网络参数设置、训练样本选择、网络训练等操作,最终由指定的理想马赫数分布从样本库中寻优得到一条最优中弧线,与原厚度分布叠加生成新的叶型,用新叶型重新进行积叠,得到优化后的叶片。

7. 文件目录操作模块

该模块负责输入输出数据处理及转换,封装了与文件、目录操作有关的函数,如目录的创建、删除,文件的修改、删除等操作,特别是通过格式转换实现与商业软件 NUMECA、Tecplot 相关数据格式的兼容。模块对外提供统一的接口,当具体的实现方法需要改变时,只要修改本模块即可。系统的几何造型、流场计算和优化功能涉及大量的文件输入/输出操作,文件目录操作模块正是根据系统的业务逻辑实现对磁盘中物理文件的操作,以全面保存用户的设计工作并能够可靠恢复。

6.2.3　设计流程

为了满足压气机叶片的设计需求,本系统要完成从二维到三维的造型功能、流场计算校核功能、几何修正和优化功能,实际设计中可能会多次、循环使用这些功能,直至达到最终的设计目标。为了使软件的设计操作过程更加清晰,这里规定系统的整体设计流程,如图 6.5 所示,该流程图主要表示软件各设计对象之间的操作

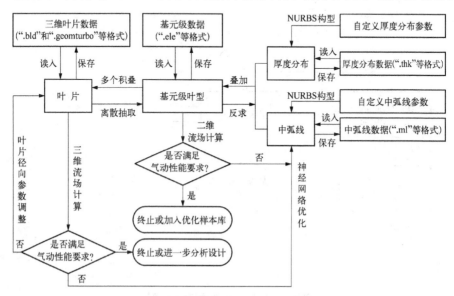

图 6.5　软件系统的整体设计流程

关系,体现了数据流向。系统的造型、计算和优化核心功能形成一个个链条,几何参数、气动参数等数据在其中有序地流动,经过处理变成用户所需的结果,并可与磁盘数据进行交互存取。

由图 6.5 可见,设计过程中除了用于造型的几何信息外,还有与各几何对象相关联的特征参数、设计状态参数等。例如,中弧线除了使用 NURBS 表示的几何数据外,还具有弦长、进出口几何角、最大挠度及其相对位置等特征参数,此外还有表示中弧线是否读入、是否保存、是否显示的状态参数;对于基元级叶型和三维叶片,除了上述参数外,还具有流场数值模拟的气动参数,如进口马赫数、进出口压力、温度等。

另外,本系统在支持通用数据文件格式(".dat"和".txt")和商用流体软件NUMECA 叶片格式(".geomturbo")的同时,对基元级叶型、叶片等基本数据对象规定了专用的格式,并通过文件后缀名(如".ele"和".bld"等)进行标识。这样,既对现存设计文件保持一定兼容性,又具有独立的格式标准,便于对本系统的处理及用户间的交流。

1. 数据结构设计

通过前面的介绍可知,压气机叶片的设计优化过程中涉及的数据众多、计算复杂,实现叶片设计过程、设计数据及相关信息的有效管理,对于软件开发、实现设计自动化显得尤为必要。

1) 磁盘文件存储结构

根据前面提到的“项目”这一概念,用户进行一次设计活动所涉及的相关文件(除了神经网络样本库等标准化文件)都应当在一个项目下进行管理,作为保存用户设计过程和设计结果的磁盘目录文件也需要相应地对其进行组织,这里对系统的文件存储结构进行规划,如图 6.6 所示。图中加粗字体表示磁盘目录,软件将各种不同的设计对象、设计信息在磁盘上分级分类存放,结构清晰,便于查看和管理。

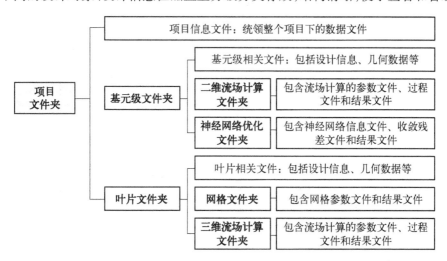

图 6.6　磁盘文件存储结构

这里遵循用户设计文件与软件相分离的原则,即用户的一个设计项目所包含的所有数据都存储于项目文件夹下,并且用户可以根据需要随意复制、移动整个文件夹,而项目的所有信息不会发生丢失,这种可移植性将给用户的使用和交流带来极大便利。

2）程序内部数据结构

虽然软件中的设计对象、设计参数多而杂,但它们之间具有紧密的关联性,特别是中弧线和厚度分布、基元级、叶片之间的构成关系,非常适合采用软件开发中的面向对象方法来实现。由于本系统采用 NURBS 技术对叶片进行参数化造型,于是开发了 NURBS 曲线类,并进行了大量调试和验证,取得了理想的结果。表 6.13 列出了 NURBS 曲线类的主要属性和输入/输出接口函数。

表 6.13　NURBS 曲线类的主要属性和 CNurbsCurve 成员函数列表

	名　称	类　型	含　义
属性	CurveNo	int	曲线号
	m_iCtrPtNum	int	控制点数
	m_iCurveDegree	int	曲线次数
	m_iOutPtNum	int	输出点数
	m_Cp	Point*	控制点指针
	isClosed	BOOL	是否闭合

	名　称	原　型	功　能	返回值
成员函数	SetPointNumber	void SetPointNumber(int num)	设定拟合后输出的点数	无
	SetCurveNo	void SetCurveNo(int no)	设定曲线序号	无
	GetCurveNo	int GetCurveNo( )	获取曲线序号	曲线序号
	SetK	void SetK(int k)	设定参数 k 为 NURBS 曲线的次数	无
	GetK	int GetK( )	获取曲线次数	曲线次数
	SetN	void SetN(int n)	设定参数 n 为 NURBS 曲线的控制点数	无
	GetN	int GetN( )	返回控制点数	控制点数
	Closed	void Closed( )	设定曲线闭合	无
	SetControlPoint	void SetControlPoint(Point* p)	提供控制点,参数 p 为控制点指针	无
	GetPoint	Point* GetPoint( )	获取 NURBS 曲线拟合后各点	曲线点指针

由表 6.13 可以看出,CNurbsCurve 类具有很高的封装性,在使用时只要定义一个实例对象,输入 NURBS 拟合控制点数、控制点指针、拟合次数、返回控制点数,就可以得到拟合后的曲线型值点坐标,不需了解其内部如何运算处理。这里采用面向对象思想,另外还设计了如下基本数据类型,见表 6.14。

表 6.14　基本数据类型

基本数据类型	说　　明
曲线基类 CCurveData	作为所有曲线的抽象基类,保存了曲线的型值点和控制点数据,并提供接口函数
中弧线类 CMeanLine	主要成员包括表示中弧线几何数据的 CCurveData 型对象、表示特征参数的 CMeanLinePar 型对象、表示设计状态的 CurveStatus_Meanline 型对象等,此外提供丰富的接口函数,用于参数设置/获取、相关数据处理等
厚度分布类 CThickness	主要成员包括表示厚度分布曲线几何数据的 CCurveData 型对象、表示特征参数的 CThicknessPar 型对象、表示设计状态的 CurveStatus_Thickness 型对象等,此外提供丰富的接口函数,用于参数设置/获取、相关数据处理等
基元级参数类 CElementPar	主要成员包括 CMeanLinePar 型和 CThicknessPar 型对象及流场计算参数
基元级类 CElement	主要成员包括表示型线几何数据的 CCurveData 型对象、CMeanline 型对象、CThickness 型对象和 CElementPar 型对象,并提供基元级相关操作的接口函数
叶片类 C3DBlade	主要数据成员为 CElement 型的数组,表示构成叶片的各离散基元级叶型,此外提供数据输入/输出、基元级截面插值等操作的接口函数

3) 结构体

根据软件系统的任务需求和结构设计特点,采用结构体及其数组来描述平台运行中涉及的数据对象,下面介绍相关数据结构的设计。

项目结构体数据类型:

```
typedef struct bdpProjInfo
{ CStringstrProjName;
    int nBladeNum;
    int nSpareElem;
    int nStackElem;//积叠基元级总数
    int nStackElemOrign;//原始积叠基元级数
    int nBladeDoc;//叶片文档数}
PROJINFO;
//基元级和叶片设计信息结构体;
```

　　以上的主要工作为按照软件工程的思想对压气机叶片优化设计软件进行需求分析和总体设计,用以保证软件开发具有明确针对性和目的性,减少在开发过程中出现的混乱状态,为后续的软件功能实现指明方向和思路。首先按照基于用例驱动的面向对象软件开发方法,对软件进行了细致的需求分析,包括功能需求、性能需求和相关属性需求,定义软件涉及的人员,建立了软件的需求模型,列出了用例描述并给出了用例图。然后说明了本软件开发时的总体设计思想,明确了基本开发方法,选取了开发平台,并对系统的模块划分、业务流程和基本数据结构进行了设计。

6.3　软件的设计模式与软件结构方案

6.3.1　概述

　　前面对压气机叶片优化设计软件进行了需求分析和总体设计描述,下面论述软件的详细设计与实现,主要从软件的结构方案、关键技术、界面和功能模块的设计与实现等方面来说明。由于叶片优化设计软件在处理过程中涉及的数据类型繁多、数量庞大,如何实现对数据的快速高效处理,同时保持与用户的良好交互性,是在软件开发时需要考虑的重要问题。为了兼顾数据处理性能和界面交互性,采用了一种"模型-视图-控制"(model-view-control, MVC)设计模式,该模式强制性地使应用程序的输入、处理和输出分开。使用 MVC 设计模式可将应用程序被分成三个核心部件:模型、视图、控制器,其各自处理自己的任务。

　　模型表示企业数据和业务规则。在 MVC 设计模式的三个部件中,模型拥有最多的处理任务。被模型返回的数据是中立的,就是说模型与数据格式无关,这样一个模型能为多个视图提供数据。应用于模型的代码只需写一次就可以被多个视图重用,因此减少了代码的重复性。

　　视图是用户看到并与之交互的界面,如何处理应用程序的界面成为越来越有挑战性的任务。MVC 设计模式的一大优点是其能为应用程序处理很多不同的视图,在视图中其实没有发生真正的处理,它只是作为一种输出数据并允许用户操纵的方式。

　　控制器接收用户的输入并调用模型和视图去完成用户的需求。因此,当软件界面中的按钮或者菜单被激活时,控制器本身不输出任何东西,也不进行任何处理,它只是接收请求并决定调用某模型构件去处理请求,然后确定用那个视图来显示模型处理返回的数据。

　　MVC 设计模式的处理过程可以归纳如下:首先,控制器接收用户的请求,并决定应该调用哪个模型来进行处理;然后,模型用业务逻辑来处理用户的请求并返回数据;最后,控制器用相应的视图格式化模型返回的数据,并通过表示层呈现给用户。

MVC 设计模式是一个很好创建软件的途径,它所提倡的一些原则,如内容和显示互相分离,对于软件(特别是较为复杂的软件系统)开发是十分有益的。尽管构造 MVC 应用程序需要一些额外的工作,但是它给软件设计人员带来的好处是毋庸置疑的。因此,如果采用 MVC 设计模式,并且能够应对它所带来的额外的工作和复杂性,将会在健壮性、代码重用和结构方面使软件跃上一个新的台阶。

6.3.2 软件结构方案

采用基于 Visual C++ 6.0 微软基础类(MiCrosoft foundation classes, MFC)库的开发方式,并借助 MFC 库提供的文档/视图结构框架,来管理应用程序的众多数据和用户接口,与 MVC 设计模式相互适应,文档即为负责业务数据处理的模型,视图负责显示数据,而框架则相当于控制器。这样,数据与用户接口的分离增加了软件的模块性和面向对象性,使得应用程序更易维护。与前述叶片数据结构、设计流程和项目组织相对应,这里具体采用多文档、多视图外加一个项目管理树形列表的软件总体架构,如图 6.7 和图 6.8 所示。

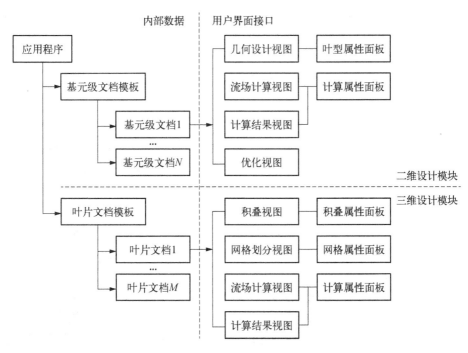

图 6.7 软件文档视图结构

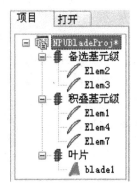

图 6.8   项目管理树
形列表视图

图 6.7 体现了整个软件系统的结构和功能模块划分，图中竖直虚线将内部数据和用户界面分隔开来，两种文档模板及其文档类分别与基元级类和叶片类相关数据关联，文档类的一个实例就代表了具体的设计对象（如一个基元级或一个叶片）。基元级文档子框架包含四种视图，分别与基元级叶型造型、计算和优化功能相对应，另外，三个视图还与两种属性面板相关联，面板用于显示相关对象的参数，并可接收用户的修改或输入，处理生效的结果将在视图中即时显示。同理，叶片文档子框架包含四个视图，关联三个属性面板。

图 6.7 中的水平虚线将整个软件系统分成二维设计和三维设计两大功能模块，由软件系统整体设计流程图（图 6.5）可以看出，二者通过"积叠/分解"操作相联系，并且通过优化离散截面间接实现三维叶片的优化。软件中的两大模块及各个设计对象的关联组织是由项目管理树形列表视图（图 6.8）实现的，树形列表显示了系统当前项目下所包含的全部基元级和叶片，根节点为设计项目名称，其下的二级节点分为"备选基元级""积叠基元级"和"叶片"三项，其子节点表示各自所包含的设计对象。备选基元级和积叠基元级的对象本质上相同，只是前者是最初的设计结果，后者是挑选出来用于积叠生成叶片的，得到的叶片对象都将列于"叶片"节点下。各级各类节点通过相应的快捷菜单实现设计对象的添加、删除、移动等维护操作。

6.4   软件界面设计与实现

6.4.1   界面设计思路

用户界面又称为人机交互（human-computer interaction）界面，是实现用户与计算机之间的通信，控制计算机实现用户和计算机之间数据传输的系统部件。对于用户来说，产品的界面就是产品的全部，用户看不到也不用关心产品的内部结构和工作原理。用户界面设计的主要任务就是要把用户能理解的任务领域的概念和行为（心理模型）转换成产品内部的实现模型，从而向用户呈现一个尽可能接近其心理模型的产品。为此，用户界面设计应遵循一致性、兼容性、适应性、指导性、结构性和经济性的原则。

图形用户界面被定义为一种采用了 4 种基本组件（窗口、图标、菜单和鼠标指针）的人机交互形式，针对特定的任务和功能精心设计的、具有图形用户界面的应用软件在效果和满意度方面比类似非图形用户界面软件更为出色。然而，同时也应该注意到，非图形用户界面系统（如控制台应用程序）具有程序体积小、运算速度快等特点。

　　本软件系统采用最为流行的图形用户界面(如 Windows 应用程序)为主要用户界面,以充分发挥视图可视化能力,实现与用户的良好交互。然而软件中采用的流场计算模块是经 Visual Fortran 编译后的控制台应用程序,尽管其具有优越的可用性、可靠性和较高的计算效率,但为了保持整个系统界面的一致性,这里并不打算在系统中保留这种非图形用户界面,而是在调用时屏蔽其控制台窗口。

6.4.2　系统主界面的设计与实现

1. 主界面设计

　　由 6.4.1 节可知,本系统采用多文档、多视图的界面结构模式,使开发出的应用程序界面更加友好、可视化程度更高。另外,考虑到应用程序主框架界面要为各功能模块提供接口,并且能有效管理多个子文档视图,合理显示系统内部众多而又繁杂的信息,因此对主界面区域进行了分割规划,如图 6.9 所示。

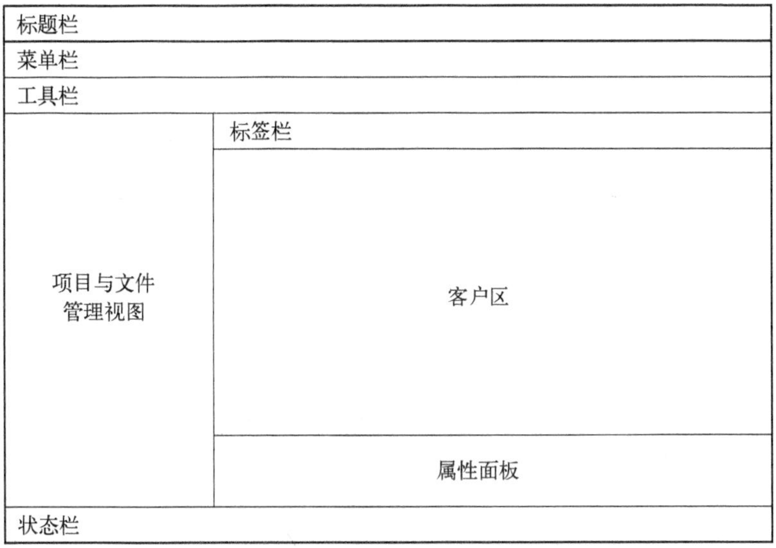

标题栏	
菜单栏	
工具栏	
项目与文件 管理视图	标签栏
	客户区
	属性面板
状态栏	

图 6.9　系统主界面结构

　　图 6.9 中,"标题栏""菜单栏""工具栏"和"状态栏"为通用 Windows 程序界面元素,几乎提供了软件所有功能的操作接口。更重要的是,这里将客户区进一步分割,左边为"项目与文件管理视图",右边顶部和底部分别为"标签栏"和"属性面板",其余部分为容纳子文档视图的"客户区"。

　　图 6.9 中,左侧的项目列表对应的类为 CWorkSpaceBar,它由控制条类(CControlBar)经过多重继承得到,因而具有了如图 6.8 所示的功能外观,以标签页的

形式包含了两种视图,即项目管理树形列表视图(CWorkTreeView)和文件打开列表视图(CDocListView),它们又分别派生自 MFC 库的视图类 CTreeView 和 CListView。

标签栏本质上是一个开源的控件类 CCustomTabCtrl,将其与主框架集成,可以对客户区打开的多个文档实现切换和管理功能。

属性面板是派生自对话条类(CdialogBar)的自定义类 CXDlgBar,具有对话框窗体的基本特征,又加入了伸缩显示、显隐控制等特性,在此基础上根据不同的业务功能,又可进一步派生出具体的属性面板,如基元叶型属性面板(CDlgBarElem)、S1流场计算属性面板(CDlgBarS1CalSet)等,为相关功能提供参数显示与设置的接口。

最终实现的系统主界面如图 6.10 所示,图中显示已加载项目 NPUBladeProj,客户区内打开了两个文档,左侧是基元级文档视图,右侧是叶片文档视图,文档框架内通过工具栏按钮在各子视图间切换显示,各子视图激活显示时,在客户区下方显示相应的属性面板,详细情况见各功能模块设计。

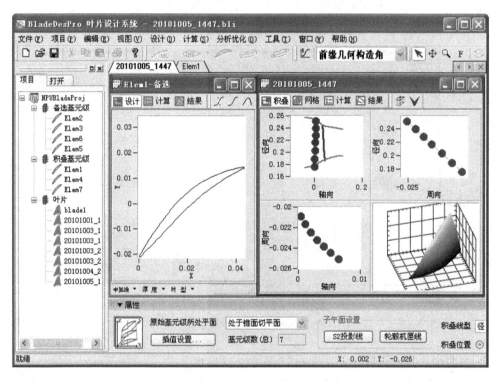

图 6.10　系统主界面

2. 主界面元素设计

菜单栏和工具栏是 Windows 应用程序的标准组件,它们几乎涵盖了所有的功能操作接口。考虑到大多数用户的习惯,采用菜单栏和工具栏双重设置,即工具栏中的命令也在菜单栏中包含,而工具栏以图形按钮的形式列出了最常用的操作命令,方便用户的使用。下面对此进行介绍,至于项目文件管理视图和属性面板,则在后面结合具体的功能进行说明。

根据软件的实际功能,菜单栏中除包含 Windows 常用的一些功能外,还增设了"项目""设计""计算""分析优化"等菜单项,如图 6.11 所示。各菜单又具有诸多子菜单项,将大的模块功能细分为一个个小的操作命令,如图 6.12 所示。

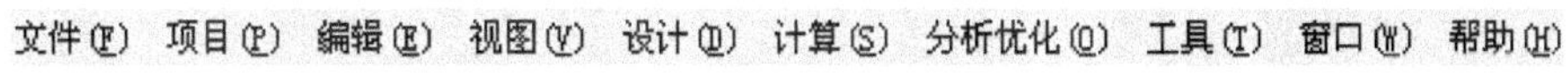

文件(F)　项目(P)　编辑(E)　视图(V)　设计(D)　计算(S)　分析优化(O)　工具(T)　窗口(W)　帮助(H)

图 6.11　系统主框架菜单栏

(a) 项目菜单　　(b) 设计菜单　　(c) 计算菜单　　(d) 分析优化菜单

图 6.12　系统子菜单示例

系统主框架工具栏如图 6.13 所示,它又包括若干子工具条,其中有些工具条按钮集成了子菜单和组合框,为相关命令的实现提供了丰富的接口形式,如图中方框标识部分,从左到右依次如下。

(1) 主工具栏:实现文档的新建、打开和保存等基本功能。

(2) 叶型设计工具条:提供中弧线和厚度分布设计,吸、压力面生成,前、尾缘处理的操作接口。

(3) 叶片径向参数调整工具条:提供调节叶片相关参数径向分布的操作接口。

(4) 视图查看工具条:为图形查看提供平移、缩放、旋转等操作接口。

(5) 三维网格工具条:实现三维网格文件的读入、网格参数还原、网格删除。

图 6.13　系统主框架工具栏

对于系统中打开的多个文档的切换激活显示,是通过图 6.14 所示的主框架标签栏实现的,另外还可通过右击菜单实现文档的简单管理功能,如关闭、保存、重命名等。

图 6.14　系统主框架标签栏

系统主框架的状态栏用来显示相关接口（如菜单项）的命令提示，以及鼠标位于二维绘图区时的 x、y 坐标，供用户操作时参考。

6.5　功能模块详细设计与实现

本节将对各主要功能模块的界面设计、操作行为进行介绍，神经网络优化功能放到优化实例中加以论述。

6.5.1　二维功能模块

二维模块以基元级文档为中心，其界面设计如图 6.15 所示，它包括三个子视图：几何设计视图、S1 流场计算视图和计算结果查看视图，由基元级框架主工具条的三个按钮进行切换显示，辅助工具条用于切换显示曲线控制点、型值点、最大挠度和叶型内切圆，框架下方为基元级几何对象（如中弧线、厚度分布等）查看控制工具条。

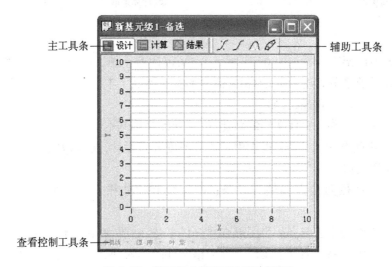

图 6.15　基元级文档界面（设计视图）

1. 几何造型

在设计视图下可对基元叶型进行造型，其详细的操作行为和界面设计如下。

1）弧线设计

当主工作区具有活动的基元级文档视图时，叶型设计工具栏中的中弧线和厚度设计按钮变为可用状态，可随意选择二者的设计顺序。图 6.16 给出了中弧线设计菜单及其造型对话框。如图 6.16(a)所示,若单击"中弧线设计"下拉菜单按钮,弹出的菜单给出了两种中弧线的生成方法,可以从文件中读入现有中弧线数据,或者选择"生成法…"选项,弹出"中弧线生成参数"对话框,如图 6.16(b)所示,它提供了中弧线 NURBS 造型接口,用户可以设置相关的控制参数,当参数超出范围或出现格式错误时将提示用户重新输入。

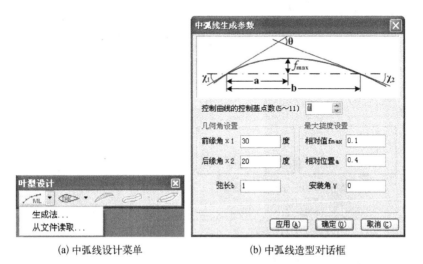

(a) 中弧线设计菜单　　　　　　　　(b) 中弧线造型对话框

图 6.16　中弧线设计菜单及其造型对话框

将中弧线设计中的几个关键参数(如几何进出口角等)与 NURBS 曲线控制点相关联,再由这些控制点拟合生成中弧线型线,如图 6.17 所示,其中方块点即为控制点,虚线组成了控制多边形。当曲线控制点处于显示状态时,鼠标拖动控制点可以动态调整曲线形状。

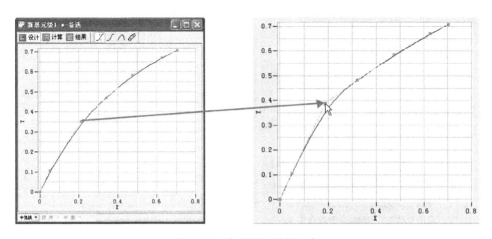

图 6.17　中弧线及其控制点

2）厚度分布设计

厚度分布曲线的造型原理与中弧线基本一致。如图 6.18 所示,在"基元级设计"工具栏中单击"厚度分布设计"的下拉菜单按钮,弹出的菜单给出了三种厚度分布的生成方法,可以读入现有厚度分布数据,也可自定义厚度分布规律,或者选择标准厚度分布。在上述菜单中选择"标准厚度分布…"选项,弹出"标准厚度分布"对话框[图 6.18(b)],可以在三种标准叶型厚度分布中选择。

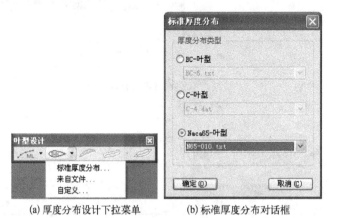

(a) 厚度分布设计下拉菜单　　(b) 标准厚度分布对话框

图 6.18　厚度分布设计下拉菜单和标准厚度分布对话框

3）原始叶型生成

中弧线和厚度分布都设计完毕后,基元级设计工具栏的"叠加"按钮变为可用状态,如图 6.19(a)所示,单击该按钮,将使厚度分布叠加到中弧线上,生成原始吸、压力面,如图 6.19(b)所示,此时的叶型轮廓为原始吸、压力面曲线,图中浅灰

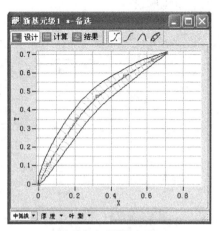

(a) 叠加按钮可用时的叶型设计工具条　　(b) 叠加生成原始叶型

图 6.19　叠加按钮可用时的叶型设计工具条和叠加生成原始叶型

色线条为中弧线上各离散点处的厚度线,此时仍可通过鼠标拖动中弧线控制点,实现实时叠加,从而动态调整叶型外形。

4) 前、尾缘处理

当叠加生成基元级吸、压力面后,"叶型设计"工具栏中的倒圆按钮变为可用状态[图 6.20(a)],单击下拉菜单按钮,弹出的菜单显示了三种为原始吸、压力面叶型添加前后小圆的方法。选择"自定义小圆…"选项,允许用户设置小圆的半径参数;若选择"添加椭圆弧…"选项,则弹出如图 6.20 (b)所示的对话框,供用户设置椭圆弧参数。当叶型本身具有前后倒圆时,可单击"叶型设计"工具栏中的"添加尖劈"按钮,为叶型添加尖劈,以方便 S1 流场计算网格生成,这里不再赘述。

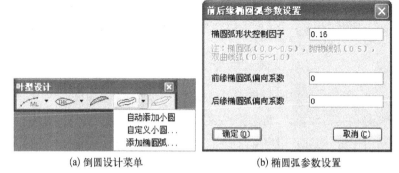

(a) 倒圆设计菜单　　　　　　(b) 椭圆弧参数设置

图 6.20　倒圆设计菜单和椭圆弧参数设置对话框

以自动添加小圆为例,选中后将在视图中生成完整基元叶型,如图 6.21 所示,两侧为前后小圆局部放大图。

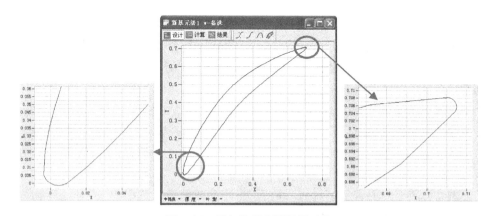

图 6.21　添加前后小圆效果对比

5) 叶型导入及综合显示

除了采用上述造型过程,还可直接导入现有叶型数据,通过在菜单中选择"文件/导入实体数据/单个基元级"选项,可以导入系统指定格式的叶型数据,某实验叶栅 blade2 叶型导入后的轮廓及其内切圆如图 6.22(a)所示,其中圆圈为最大厚度圆;图 6.22(b)显示了中弧线型值点和最大挠度信息;图 6.22(c)显示了相对厚度分布曲线型值点和最大厚度信息。

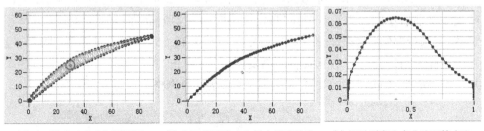

(a)叶型轮廓及其内切圆视图　(b)中弧线型值点和最大挠度信息　(c)相对厚度分布曲线型值点和
最大厚度信息

图 6.22　叶型导入参数化

无论是造型生成还是从外部导入,工作区下方的基元级属性面板都将显示当前文档中叶型的相关属性参数,如弦长、安装角、最大挠度和最大厚度信息等,如图 6.23 所示。对于可编辑的参数,用户修改后单击回车键,将作用于当前叶型并更新显示。

图 6.23　叶型属性面板

2. 二维流场计算及实例

保存所设计的基元级后即可以进行 S1 流面无黏数值计算,这里将之前导入的叶栅叶型以"NpuElem"命名并保存,在基元级子框架的工具栏中单击"计算"按钮,则切换到计算视图界面(图 6.24)。

当基元级子框架切换到 S1 流面计算视图后,在主工作区下方将显示 S1 流面计算参数设置面板,该面板提供了 S1 流面计算所需的基本几何参数、气动参数及流场控制等参数的设置接口,并且初始赋以默认值,无须修改即可进行计算。图 6.25 显示了叶型 NpuElem 在某工况下的计算参数。

具备叶型几何并设置好计算参数后,在计算辅助工具栏中单击"开始计算"按钮,将调用 CFD 求解模块执行计算,单击"结束计算"按钮将强制终止计算。计算过程中,程序将在视图中动态绘制相关参数的变化曲线(图 6.26),给用户以直观显示。同时会弹出计算任务对话框(图 6.27),显示任务状态信息及具体的参数值,该对话框的显隐可由工具栏按钮控制。

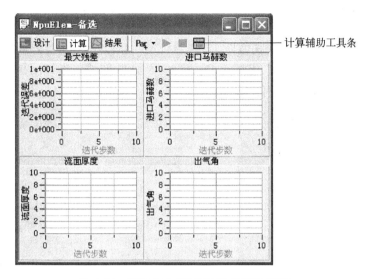

图 6.24 基元级文档框架(计算视图界面)

图 6.25 S1 流面计算属性面板

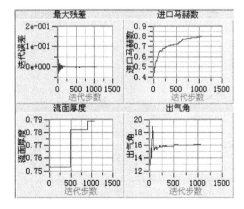

图 6.26 计算监视曲线

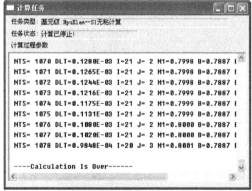

图 6.27 计算任务对话框

　　S1 流面计算完成后,在基元级子框架的工具栏中单击"结果"按钮,则切换到计算结果查看视图界面(图 6.28),该视图以两条曲线显示计算得到的叶型吸、压力面马赫数分布(默认沿弦长方向)。选择"分析优化/二维气动分析"菜单,将弹出如图 6.29 所示的对话框,根据当前计算结果,对叶型的若干气动性能参数进行评估,并可将结果保存到文件中。

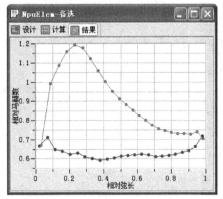 

图 6.28　相对马赫数分布图　　　　　　图 6.29　二维气动性能分析对话框

　　这里针对上述实验叶栅 NpuElem 叶型进行 S1 流面数值模拟,进口马赫数为 0.8,气流攻角为 0°,进口总压为 128 185.51 Pa,进口总温为 346.61 K,出口背压为 93 407.37 Pa,图 6.30 给出了计算得到的叶型吸、压力面马赫数沿叶型弦长方向的分布与实验结果的对比。由图可看出,数值计算结果与实验结果总体吻合较好、趋势一致,误差在工程允许范围内,表明该计算模块较为准确,在此基础上进行优化设计是可行的。

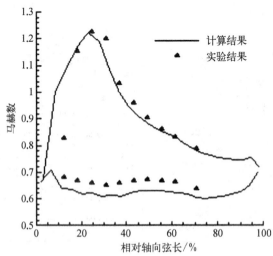

图 6.30　二维流场计算结果与实验结果对比

6.5.2　软件项目管理

当具有多个叶型并且要积叠生成叶片时,就需要通过项目来进行组织,这里介绍项目操作功能的设计与实现。按照前面的方法设计若干个基元级叶型,并进行保存,这里以根部、中部、尖部三个基元级为例进行说明,主工作区中的三个基元级视图如图 6.31 所示,可以通过工作区上方的标签进行切换激活。

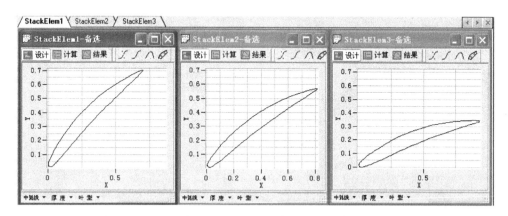

图 6.31　三个基元级叶型设计视图

初始未加载项目时的空白视图如图 6.32(a)所示,选择"项目/新建项目",弹出如图 6.32(b)所示的"新建项目"对话框,选择项目存放路径并设置项目名,单击"确定"按钮后将在目标位置创建项目文件夹,同时项目视图根节点名称发生变化,如图 6.32(c)所示。

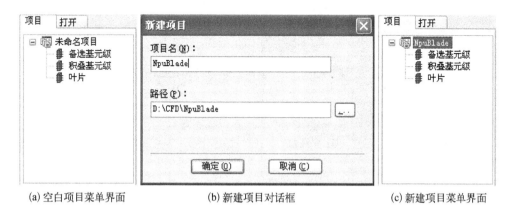

(a) 空白项目菜单界面　　　(b) 新建项目对话框　　　(c) 新建项目菜单界面

图 6.32　空白项目菜单界面、新建项目对话框及新建项目菜单界面视图

在项目管理区的打开视图中,列出了当前已打开的设计文档,可通过右击快捷菜单,将指定设计文档添加到当前项目下,如图 6.33(a)所示,添加完毕后,将

在项目视图中相应节点下列出所添加的设计对象,如图 6.33(b)所示,此时可右击项目根节点的菜单执行项目"保存"功能,另外还可通过此菜单实现"添加成员""关闭""载入项目"等操作,这些功能也可通过"项目"菜单实现,见图 6.34(a)。

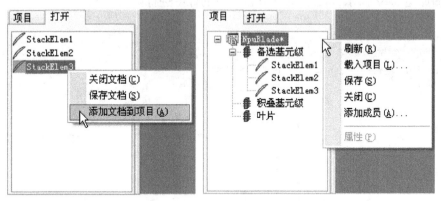

(a) 文件打开视图快捷菜单   (b) 项目根节点快捷菜单

图 6.33 文件打开视图快捷菜单和项目根节点快捷菜单视图

右击设计对象节点,将弹出相应的快捷菜单,可实现基本的维护操作,特别是可选择"积叠基元级"快捷菜单中的"上移"和"下移"选项来调整积叠顺序,如图 6.34(b)所示。

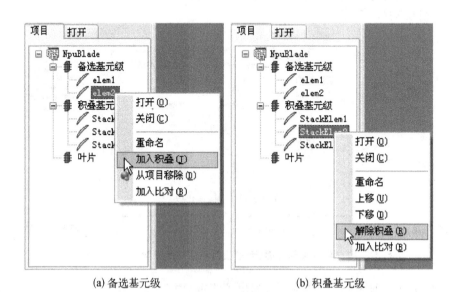

(a) 备选基元级   (b) 积叠基元级

图 6.34 基元级节点快捷菜单视图

6.5.3　三维功能模块

三维模块以叶片文档为中心,选择项目视图中的二级节点"积叠基元级",右击选择"积叠设置"(图 6.35),在主工作区打开叶片文档框架,如图 6.36 所示,该框架具有四个子视图("积叠""网格""计算"和"结果"),默认显示三维叶片积叠视图。

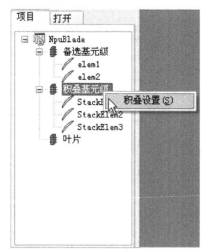

图 6.35　积叠设置快捷菜单视图

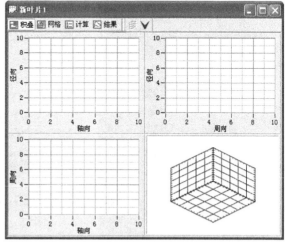

图 6.36　叶片文档框架(积叠视图)

1. 三维几何造型

在积叠视图下由项目中的积叠基元级叶型积叠可得到三维叶片,该过程需要在积叠属性面板(图 6.37)中依次完成如下操作:选择原始积叠叶型所处平面,基元级截面插值,确定子午面内叶片前、尾缘投影线,设置三维积叠线型和积叠位置。

图 6.37　积叠属性面板

积叠生成的 NpuBlade1 叶片如图 6.38 所示,除了叶片三维视图外,还显示了叶片及其积叠线在三个方向的投影,以便设计者进行查看。实际上,各基元叶型往往具有不同的安装角度,积叠线也可能是空间任意曲线,使得积叠后的叶片呈弯、掠、扭形态,从而更适应复杂的流动状态。

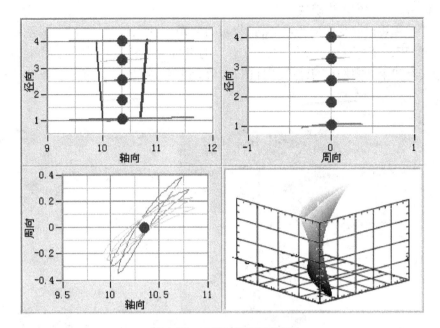

图 6.38　三维叶片积叠视图

2. 三维网格划分

在网格视图下可对当前叶片构成的流动通道进行网格划分,沿流向将网格划分为轴向前伸段、轴向叶片段和轴向后伸段三大区域,在网格属性面板(图 6.39)中对网格基本参数(如网格数、间距比例等)进行设定。图 6.38 所示的 NpuBlade1 叶片通道生成的网格如图 6.40 所示,它也是以三维视图结合三个方向投影图的形式显示,可通过辅助工具条选择要显示的网格面。

图 6.39　三维网格属性面板

3. 三维流场计算

在生成叶片并划分通道网格后,便可切换到计算视图进行叶片三维流场无黏计算,在三维计算属性面板(图 6.41)中设置计算的初场条件、控制参数等,开始计算后将自动调用三维欧拉求解模块并在视图中实时显示关键参数的监控曲线,与二维计算类似,这里不再详述。若计算完成,可以显示根部、中部、尖部三个截面的马赫数分布曲线。

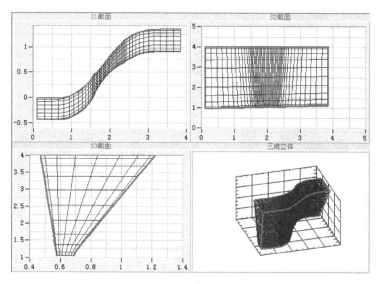

图 6.40　三维叶片网格视图

图 6.41　三维计算属性面板

以 NpuBlade1 静子叶片为例,当三维计算成功后,在叶片子框架的主工具栏中单击"结果"按钮,则切换到计算结果查看视图界面(图 6.42),该界面的三个子视图分别显示了叶片根部、中部、尖部的表面马赫数分布,在辅助工具条的下拉菜单中选择"查看类型"选项,还可选择显示三个典型截面的马赫数等值线图或吸、压力面等值线图。

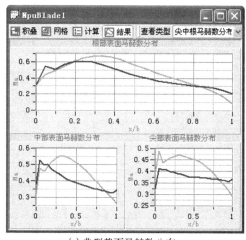

(a) 典型截面马赫数分布

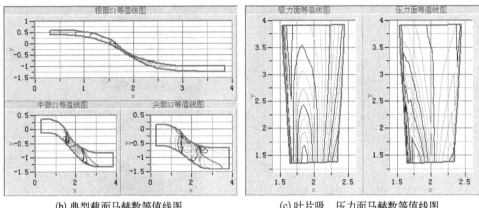

(b) 典型截面马赫数等值线图　　　　　　(c) 叶片吸、压力面马赫数等值线图

图 6.42　三维计算结果中的马赫数分布视图

6.5.4　叶片调节

经过三维计算后,若叶片的气动性能不满足要求,可通过调节叶片径向几何参数(如前、尾缘构造角,最大相对厚度位置)实现叶片快速改型,该功能可由主界面"叶片径向参数调整"工具栏(图 6.43)调出,在工具栏的下拉菜单中可选择需调节的参数类型,单击下拉菜单左边的按钮将弹出如图 6.44 所示的"叶片径向参数调整"对话框,参数调整后可进行预览或直接应用到当前叶片。

图 6.43　叶片径向参数调整工具栏

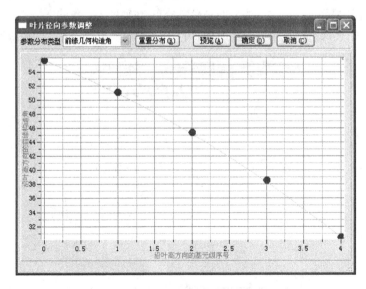

图 6.44　叶片径向参数调整对话框

以之前的 NpuBlade1 叶片为例,在调节对话框中可选择要调节的参数类型为 "尾缘构造角",拖动控制点调整数值,其中在第 5、4、3 截面处分别增加约 3°、2°、1°,第 2 截面和第 1 截面处保持不变,调整前后的叶片形状对比如图 6.45 所示。

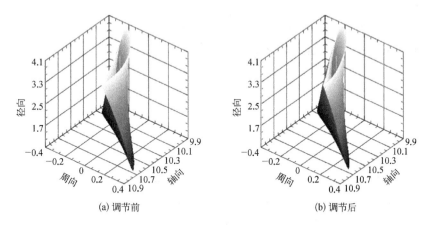

(a) 调节前　　　　　　　　　　　　(b) 调节后

图 6.45　尾缘构造角调节前后叶片形状对比

程序对积叠线也进行了三维 NURBS 造型,通过拖动积叠线控制点,可以灵活调节积叠线形状,从而实现叶片的弯掠造型。

6.5.5　叶片导入
除了上述积叠生成叶片,系统也可以导入现有叶片三维数据(支持系统专用格

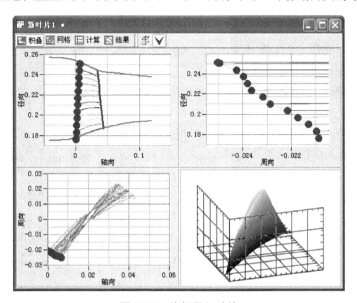

图 6.46　外部导入叶片

式".bld"或 NUMECA 软件数据格式".geomturbo"），以便进行流场校核及进一步的优化改型，操作步骤如下：① 选择菜单"文件/新建叶片"，创建空白叶片文档；② 选择菜单"文件/导入实体数据/三维叶片…"，在弹出的文件对话框中选择需要导入的叶片数据，单击"确定"按钮即可。

　　以某压气机转子为例，采用上述方式导入".geomturbo"格式的叶片文件，得到的结果如图 6.46 所示，其中以叶片前缘线为默认积叠线。

6.6　关键开发技术

6.6.1　软件的模块化搭建

　　前面对软件进行了模块化设计，在本系统开发实现中体现为，将程序中具有一定独立功能或通用功能的部分，采用一定技术封装成独立的模块，其中采用最多的就是动态链接库（dynamic link library，DLL）技术。动态链接库是 Windows 系统的重要组成要素之一，作为运行时模块，DLL 已成为程序员实现代码复用的首选手段，其主要有如下优点。

　　(1) 节省系统资源。与静态链接不同，仅在程序执行时才装载 DLL 文件，当没有程序使用该 DLL 时，系统就将其移出内存，减少了对内存和磁盘的要求。

　　(2) 可用来共享代码、资源和数据。

　　(3) 可将系统模块化，便于升级。将程序分为主程序和一系列 DLL 模块，将有利于提高开发效率，同时有利于软件升级。

　　(4) 隐藏实现的细节。DLL 可以使函数被应用程序访问，同时又能不显示其中的代码细节。

　　基于以上思想，该软件在 Visual C++工作区的主工程"BladeDes"之外，利用 DLL 技术分别建立了如下 DLL 工程。

　　(1) GlobalFunction：包含软件中常用到的类型和数学算法，如点类、NURBS 曲线类、插值算法等。

　　(2) UITool：包含与软件界面实现相关的类，如按钮、工具条、表格等。

　　(3) DataFileIO：包含与文件输入/输出和目录操作相关的类或函数。

　　(4) TrainExampleErrorShow：用于神经网络训练残差显示。

　　由于软件所采用的流场计算相关程序是早期发展起来的、较为成熟的 Fortran 控制台程序，这里保持其".exe"格式的封装状态，由主程序进行调用。这样的程序主要有：S1 流场无黏计算、三维网格划分、三维欧拉计算和等值线生成程序，在软件开发的工作区中建立相应的 Fortran 控制台工程：S1Flow_Inviscid、MESH3DH、EU3D、CONX，分别编译成".exe"程序。

　　这样，整个软件系统的程序部分就由主程序 BladeDes.exe、上述 DLL 文件和

".exe"程序组成,在运行时由主程序加载或调用各功能模块,使软件的开发与维护变得更加灵活。

6.6.2　进程调用与多线程技术的应用

由于软件采用的计算相关模块是已封装好的控制台程序,为了将其集成到软件中,在主程序采用进程调用技术,开启计算子进程,并屏蔽其控制台窗口,取而代之的是从计算进程输出管道中获取输出数据,一方面,导入如图 6.27 所示的计算任务对话框显示;另一方面,将变化的参数以曲线形式实时绘制出来,如图 6.26所示。

计算数据量往往很大,使得作为主程序和子进程通信中介的读取进程管道数据流担负了较重的处理任务。另外,若参数选取不当,则导致迭代计算消耗大量机时,甚至导致程序进入死循环状态,此时计算程序的进程占用大量的中央处理器(central processing unit, CPU)时间,影响软件,甚至整个系统的响应速度,会给用户带来很差的使用体验。为了提高界面的响应特性,最好的办法莫过于使用多线程,将工作线程从主线程中独立出来。多线程可以实现并行处理,避免了某项任务长时间占用 CPU 时间。

因此,在本系统中采用多线程技术,将读取计算进程管道数据流作为一个独立的线程,计算程序的开始便是该线程的入口,在线程启动,也就是计算开始后,不断将子进程的相关数据传递到主程序界面进行显示。该线程将随着计算子进程的结束而终止,可以等待计算收敛后进程自然结束,用户也可以随时通过主程序界面操作接口中止进程来取消计算任务。另外,因为神经网络的训练过程要与数据量巨大的样本库产生数据输入/输出,并且需要在收敛视图中显示训练的迭代过程,使得程序处理的负荷较重,所以这里也将其作为一个单独的神经网络训练线程,在优化时调用。

由于采用了进程调用和多线程机制,在任务进行的同时,用户可以进行其他操作,甚至可以同时开启任务,例如,可以在同一时间计算多个算例,从而提高软件处理效率。但是,在多线程实现时要注意线程的同步与互斥,避免出现程序死锁。

6.6.3　数据可视化

从前面的介绍可知,在本系统的诸多功能中都涉及数据的可视化显示,数据类型主要有几何类型(各种点、线、面、体),如积叠点、轮毂机匣线、基元叶型和三维叶片等;物理类型,如马赫数分布曲线、计算过程中的参数变化曲线等。显示的状态分为静态显示和动态显示,系统中大部分为静态显示,后者主要是计算过程中参数变化曲线的绘制。

　　为了方便、高效地实现上述显示功能,本系统采用了 Measurement Studio 软件包提供的二维和三维图形 ActiveX 控件,它们分别对应 CNiGraph 和 CNiGraph3D 类,这两个类封装了与二维、三维图形绘制的操作接口,具有方便、高效的图形绘制功能。

　　以三维叶片的绘制为例,功能实现的视图为 C3DGraphView,它由 MFC 窗体视图类(CFormView)派生得到,可以像普通窗体一样在其中放置绘图控件,布局如图 6.36 所示,其中右下角为三维图形控件,用于绘制叶片三维图,其余三个为二维图形控件,分别绘制三个方向的投影图。在 C3DGraphView 中创建与各控件对应的对象,调用相应类的成员即可实现图形绘制等操作,例如,为了绘制三维叶片,在视图中建立如下成员函数: BOOL Draw3DBlade(CArr<CElement> pElem),其参数为叶片各截面叶型对象,该函数实现读取离散叶型数据点并调用三维控件的 Plot3DParametricSurface 函数,实现三维叶片蒙面的显示。

　　同理,利用二维图形控件的绘制函数可以为视图建立三个方向的投影绘制成员,实现叶型和积叠线的投影显示,采用类似的方法可实现三维网格、二维造型及计算结果后处理的显示。计算过程中参数变化曲线动态绘制的原理也相同,只是其数据来源于前面提到的进程输出管道,子进程(线程)运行时,主程序不断接收数据并指示视图进行重绘,这就实现了参数的实时、动态显示。此外,还可实现控件绘图的平移、缩放等功能,其操作接口为视图查看工具栏(图 6.13)。

　　以上阐述了软件的详细设计与实现,对软件的结构方案、界面和功能模块的详细设计与实现的关键技术等进行了说明,描述了以 Visual C++ 6.0 为开发工具,在 Windows 环境下开发轴流压气机叶片优化设计软件的过程。

6.7　自主开发的叶片气动优化设计平台

　　这套叶片优化设计软件系统以自行开发的 NURBS 曲线曲面类,中弧线类,厚度分布类,叶片吸、压力面类和三维叶片实体类,以及美国硅图公司推出的开放式图形库 OpenGL 为底层工具,借助于可视化开发平台 Visual C++ 6.0 为开发工具进行开发的。为了使系统软件在健壮性、代码重用和系统框架结构等方面更加合理,借用了目前最新潮的软件设计模式——MVC 设计模式来构建该系统软件。同时,为使其具有很好的继承性和发展性,在开发过程中完全采用了模块化处理思想。另外,为了满足更广的通用性,系统将一些传统的叶片设计模块也纳入其中。由于系统采用了这些先进的设计模式和设计思想,能够在后续开发过程中方便地加入各种功能模块接口,或者加入一些更先进的叶型优化设计模块,从而使该系统发展成为一款高度集成化的叶型计算机辅助设计(computer aided design, CAD)及分析软件,图 6.47 给出了整个软件系统的结构框架图。

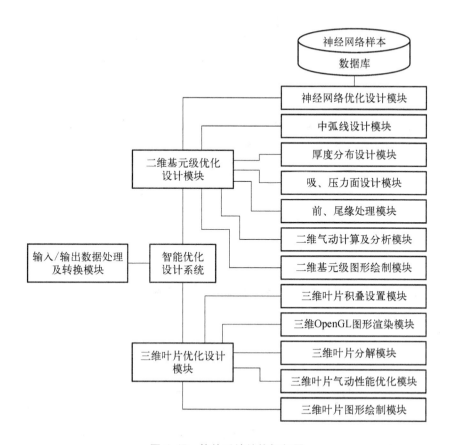

图 6.47 软件系统结构框架图

　　对于可扩展的软件平台设计,软件本身的健壮性、易维护性及功能模块的可扩充性具有决定性的影响作用。在本软件系统的开发过程中,从总体来讲,可以将系统分为两大模块,即二维基元级优化设计模块和三维叶片优化设计模块;若从系统的处理框架来讲,可分为三类处理模块,即数据前处理模块、气动优化计算模块和计算后处理模块,这几个模块之间具有非常强的独立性。

　　图 6.48 给出了整个软件系统的设计流程图,设计平台能够做到在得到叶轮机 S2 流场计算结果的情况下,根据计算结果设计出各个基元级截面的几何构型,然后对所有的基元级进行 S1 流场计算,以检验其气动性能,并在此流场计算结果分析的基础上,利用神经网络技术对其几何型面进行优化设计,最后将优化设计完毕的基元级截面通过积叠技术来生成三维叶片。设计平台提供了三种数据处理的格式:一种为 Tecplot 图形格式,第二种为 NUMECA 的数据导入/导出格式,第三种即普通的无文件头的数据格式,便于流场计算程序的链接及图形处理。

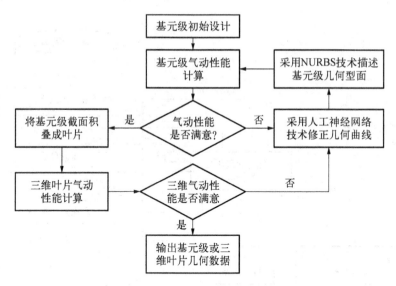

图 6.48　整个软件系统的设计流程图

6.8　小　　结

　　为满足未来压气机叶片设计对灵活、快速、高效特征的需要,本章发展了一套适用性强、操作简单、功能可扩展的轴流压气机叶片高效优化设计软件系统,建立了一个适用性强、健壮的、具有相当专业水准的叶片优化设计模型,并在此模型基础上开发出了可视化、可扩展的叶轮机叶片优化软件系统。

　　本章从软件工程的角度出发阐述了该软件系统的主要设计思想和方法,包括软件需求分析、系统总体设计、软件的设计模式与软件结构方案、软件界面设计与实现、功能模块详细设计与实现,以及关键开发技术。后续工作表明:应用此叶片优化软件系统能够灵活方便地对叶片进行气动和几何优化设计,并可提供一些较为通用的数据接口格式。

第7章
级环境下风扇/压气机全三维叶片优化设计

7.1 概　述

　　近年来,凭借计算速度快和设计导向性明确等优点,基于 S2 流面的通流计算方法开展多级压气机级环境下的压气机优化设计备受关注,然而准三维的通流计算优化设计精度过度依赖于损失和落后角等经验模型的准确性,在准三维环境下很难准确地预估端区三维效应带来的影响,且无法考虑由离心力带来的三维效应对压气机性能产生的影响。在级环境下,受到上游叶片排流场结构(如叶尖泄漏流、角区分离及二次流动等)的影响,下游叶片排轮毂和机匣附近区域的进口条件(包括来流攻角和总压分布等)会发生显著变化。因此,在孤立叶片排环境下优化得到的最优叶片在级环境下工作时会受到级环境下近端区进口条件变化的影响,很难充分释放其原有优化潜力。可见,在全三维级环境下开展优化设计是未来多级压气机设计的发展趋势。

　　多叶片排级环境条件下的三维叶型优化是近年来逐渐发展起来的一种叶型三维优化方法。传统叶型优化一般采用分别对基元级叶型进行优化,并在此基础上对基元级叶型进行三维积叠的方法,但该方法很难保证基元级叶型最优与整级压气机性能最佳的匹配。多叶片排条件下的三维叶型优化可以有效弥补传统叶型优化的不足,在优化过程中,优化对象为整级压气机,可以全面地考虑到优化叶片排和其他叶片排之间的相互影响,保证优化目标的实现。

　　在全三维级环境下开展优化设计时,通常更为关注的叶展范围包括近轮毂区域(自轮毂端壁至 20%叶展附近)和近机匣区域(自 80%叶展至机匣端壁),在上述两个叶展范围内开展叶型优化是优化设计中不错的选择。值得一提的是,在跨声速风扇/压气机中,靠近叶尖附近的叶型来流马赫数是超声速的,此时的叶型增压主要借助气流经过激波后的减速来实现,由叶型流道扩张产生的减速扩压效应较弱。此时,通过优化叶型前缘形状(如采用非对称前缘构型等,见本书第 11 章)来改善叶型的正攻角特性、扩大稳定工作范围,以及通过优化叶型型面来控制激波/附面层干涉效应导致的总压损失均是叶型优化设计过程中优先考虑的选择。此外,通过优化改变叶片的径向积叠规律是减弱或抑制叶片潜流效应对压气机性能影响的有效优化设计手段之一。

基于以上讨论,本章将选取两个不同的多叶片排压气机级为对象,对级环境下的全三维叶型优化设计进行研究,探索级环境下的叶型优化设计规律和流场控制机理,为未来在级环境下开展多级压气机优化设计提供理论和技术支撑。

7.2　全三维风扇转子叶片优化设计

为验证多叶片排条件下三维优化方法的优化效果,本节首先以某内外涵风扇为研究对象,采用三维叶片优化方法对该风扇转子叶片进行整级条件下的三维优化研究。研究对象的设计点主要参数如下: 风扇转子转速为−30 000 r/min(从进口向下游看,风扇转子为逆时针旋转);各排叶片数目分别为风扇转子 16 个、外涵导流叶片 48 个、内涵导流叶片 37 个;设计性能参数分别为流量 10.5 kg/s、风扇总压比 1.89、绝热等熵效率 0.88、涵道比为 1。

整个优化过程基于近似函数方法和遗传算法展开,优化之前需要提供有限数量的样本,根据所提供的样本,采用人工神经网络(artificial neural network, ANN)对数据库中的样本寻找拟合曲线,根据遗传算法原理进行寻优,并对相应的几何叶型进行 CFD 分析,以生成新的样本,将其填充到原始样本中来实现循环迭代过程。在对研究对象进行优化及样本库的生成过程中,应用有限体积法求解圆柱坐标系下的三维纳维-斯托克斯(Navier - Stokes)方程组。空间离散采用中心差分格式,时间项采用四阶 Runge - Kutta 法迭代求解,CFL[①] 数取 3.0,湍流模型采用 SA 模型,同时采用隐式残差光顺方法及多重网格技术以加速收敛过程。优化前后进行三维验算时的边界条件进行如下设定: 进口给定总压(101 350 Pa)、总温(288.15 K)

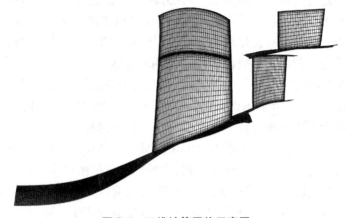

图 7.1　三维计算网格示意图

① CFL 表示柯朗-弗里德里希斯-列维(Courant-Friedrichs-Lewy)。

及气流角(轴向进气),出口给定静压。计算网格使用 NUMECA 软件包中的 AutoGrid 模块,自动生成 C 形网格,网格总数约 100 万,离开叶片表面第一层网格的距离为 1×10^{-6} m。三维计算网格如图 7.1 所示。

采用三维叶片优化方法对风扇叶片排在整级条件下进行优化研究的主要流程如图 7.2 所示。

(1)导入初始三维叶型数据,对轮毂、机匣线,以及各基元级吸、压力面和中弧线选用 B 样条曲线进行参数化处理,分别对吸、压力面和中弧线选取 12、10、8 个控制点;叶展方向根据实际叶型采用中心积叠,积叠线为直线型。

(2)对研究对象的几何描述参数进行约束,选择合适的可调参量并设定恰当的变化范围;本节选取 12 个影响叶片积叠线形式和叶型中线的变量作为可调自由参数。对目标叶片生成优化过程中三维计算所需的网格模版,并将优化对象的网格模版导入整级压气机网格中,设定三维流场计算所需的边界条件及输出参数。

(3)针对特定工况条件生成优化过程中所需的样本数据库,本节对设计点工况进行优化研究,采用离散层取样方式,分为 4 个子区域,在其约束范围内对自由参数进行取样计算,最后生成样本数为 60 的寻优数据库。优化过程收敛曲线对比见图 7.3,风扇叶片优化前后根部、中部、尖部典型截面对比见图 7.4。

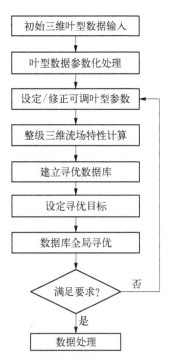

图 7.2 叶片优化流程图

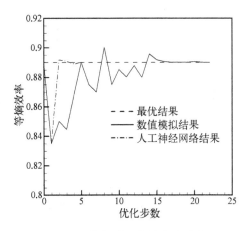

图 7.3 优化过程收敛曲线对比

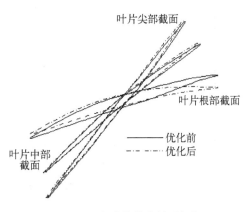

图 7.4 风扇叶片优化前后根部、中部、尖部典型截面对比

7.3 优化前后风扇特性及流场分析

为验证叶型优化后对其他非设计工况点性能的影响,在设计转速下,分别针对原始叶型和优化改型后的风扇进行了多个工况的数值模拟。图7.5中给出了设计转速下风扇级叶片改变前后的总压比和等熵效率特性曲线,从图中可以看出,风扇叶片改型前后,总压比和等熵效率特性曲线走向和趋势一致,相同流量下,设计点附近的总压比稍有提高,但提高程度不大;改型后风扇的最大流量稍有增大,最高总压比稍有下降,流量稳定裕度略有减小。叶型优化后的风扇等熵效率有一定程度的提高,随着流量减小,等熵效率的提高程度逐渐增加,在设计点附近,等熵效率提高约1%。图7.6、图7.7分别给出了设计转速下压气机的内外涵特性曲线。从图中可以看出,风扇叶型优化后,内涵最高总压比提高约0.015,最高等熵效率提高1.5%,流量稳定裕度稍有提高,最大流量减小;叶型优化后,外涵等熵效率基本不变,最高总压比提高约0.01,失速点流量增大,流量喘振裕度减小。

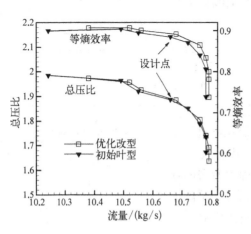

图 7.5 叶型优化前后风扇转子特性曲线

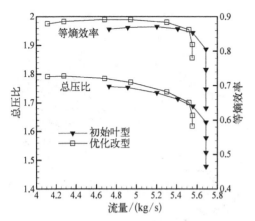

图 7.6 叶型优化前后风扇内涵特性曲线

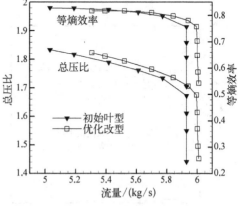

图 7.7 叶型优化前后风扇外涵特性曲线

风扇叶型优化前后根部、中部、尖部典型截面叶片表面相对马赫数分布如图7.8~图7.10所示,其中根部、中部、尖部分别对应2%、50%和98%叶展截面。从根部截面相对马赫数分布情况可以看出,原始叶型载荷主要集中在叶片前缘及靠近尾缘70%相对轴向弦长处,尾部相对载荷过大可能导致叶片附面层分离和增加尾迹区,使得叶片损失增大;叶型优化后使得叶型载荷分布更加均匀,马赫数分布更加合理,减小了叶片尾缘的附面层损失。中部截面叶片表面相对马赫数分布表明,优化前叶片吸力面相对马赫数迅速降低,优化后叶片吸力面相对马赫数维持一段较长的平顶式分布;原始叶型载荷主要集中在叶片近前缘30%相对轴向弦长内,叶片后半部载荷小,马赫数分布提前闭合;叶型优化后增大了整个叶型的载荷,并使叶型载荷分布更加合理。尖部截面相对马赫数分布表明,在叶片吸力面50%相对轴向弦长处存在一道强激波,波后有分离现象,叶型优化后,激波位置后移,叶片表面最小马赫数增大,减小了激波与附面层相互干涉而引起的损失。

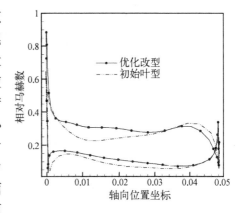

图 7.8　根部截面叶片表面相对马赫数分布

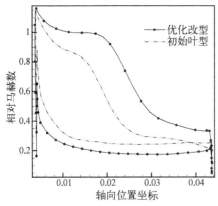

图 7.9　中部截面叶片表面相对马赫数分布

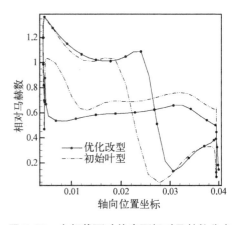

图 7.10　尖部截面叶片表面相对马赫数分布

从如上分析可以看出,风扇叶片优化后,总压比基本保持不变,在设计点附近稍有提高;压气机的等熵效率有明显提高,特别是在设计点附近,最大提高程度达1.05%。压气机外涵等熵效率基本不变,总压比有较大提高,压气机内涵总压比和等熵效率都有一定程度的增加。风扇尖部截面存在较强激波,且激波后存在一定的分离,使得压气机外涵最高等熵效率比内涵低6%。

流场分析过程中仅选取近堵点、近设计点,以及喘振边界点的根部、中部、尖部等典型截面进行分析,主要分析设计点附近风扇流场的流动细节。

图 7.11 给出了叶型优化前后近设计点各叶片近吸力面马赫数等值线图,从图

中可以看出,叶型优化前,在风扇叶片吸力面前缘存在超声速区,马赫数峰值为1.15,并伴随有一道激波,波后马赫数降为0.7,从叶片中间近尖部70%叶展处开始,流场中的马赫数变化剧烈;叶型调整后,风扇吸力面前缘马赫数变化平缓,马赫数峰值降低,内外涵静子叶片吸力面马赫数分布更趋合理。图7.12给出了各叶片近压力面马赫数等值线图,从图中可以看出,叶型优化前,叶片压力面前缘马赫数较高,马赫数峰值大于1.15,并在压力面前缘尖部存在一道强激波,波后马赫数降至0.3,激波强度随半径减小而减弱;叶型优化后,压力面前缘激波消失,马赫数峰值降为0.9,流场马赫数分布更为合理。由以上分析可以看出,叶型优化后有效抑制了叶片前缘的激波现象,使得叶片压力面前缘超声速区降为高亚声速区,在一定程度上减少了损失。

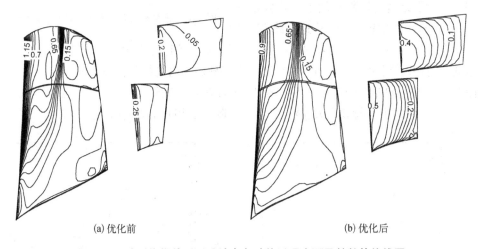

(a) 优化前　　　　　　　　　　　　　　　　(b) 优化后

图 7.11　叶型优化前后近设计点各叶片近吸力面马赫数等值线图

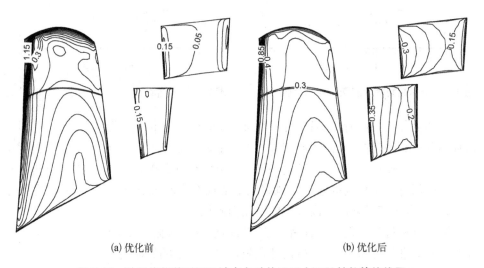

(a) 优化前　　　　　　　　　　　　　　　　(b) 优化后

图 7.12　叶型优化前后近设计点各叶片近压力面马赫数等值线图

进一步分析近设计点各叶片 S1 流面马赫数等值线图和速度矢量图可以看出：在50%叶展(中部)处,S1 流面风扇叶片前缘存在一道激波,叶型调整后,激波得到一定程度的减弱,波前马赫数峰值由 1.32 降至 1.26;通道中的马赫数分布得到一定程度的改善,如图 7.13 所示。98%叶展(尖部)处的马赫数等值线图分布情况如图 7.14 所示,叶型优化前叶片前缘存在一强激波,波前马赫数峰值为 1.4,随着激波的发展,在进口5%相对轴向弦长处,叶片吸力面形成一道强通道激波,激波延伸至叶片压力面,并在激波后产生严重的附面层分离。叶片优化后减弱了通道中的

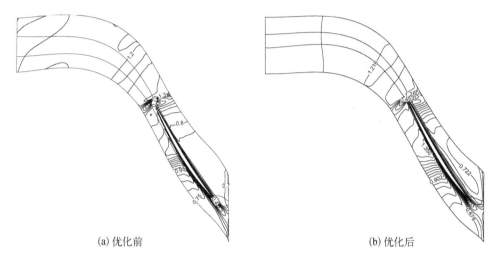

(a) 优化前   (b) 优化后

图 7.13　叶型优化前后近设计点中部截面马赫数等值线图

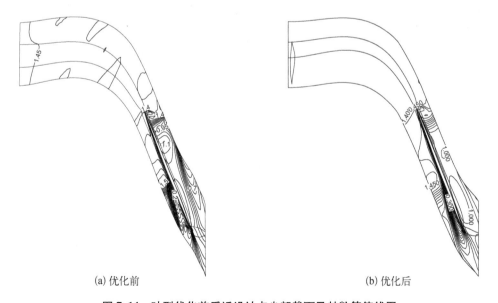

(a) 优化前   (b) 优化后

图 7.14　叶型优化前后近设计点尖部截面马赫数等值线图

激波强度,通道中的马赫数平稳减小,同时叶片吸力面附面层分离减弱,使得流场损失减小。图7.15给出了风扇转子叶尖后半部速度矢量图,从图中可以明显看出叶型优化前在叶片吸力面40%相对轴向弦长处,附面层产生严重分离,叶片表面有明显倒流现象;叶型优化后,该处的分离减弱,基本消除倒流现象。

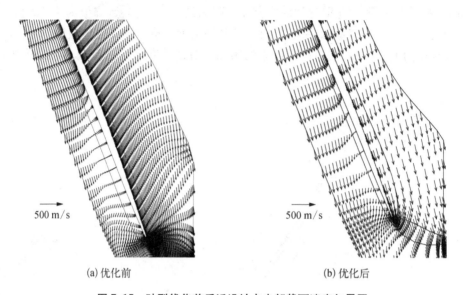

(a) 优化前　　　　　　　　　　　　(b) 优化后

图7.15　叶型优化前后近设计点尖部截面速度矢量图

风扇叶型优化对内外涵静子通道中流场流动情况都有一定影响,图7.16中给出了外涵静子叶片98%叶展(尖部)处S1流面速度矢量图,从图中可以看出,在尖部S1流面,叶型优化改型前,叶片吸力面40%相对轴向弦长处存在较大范围的分离,并伴有较严重倒流现象;叶型优化后,外涵静子叶片通道中的流场得到明显改

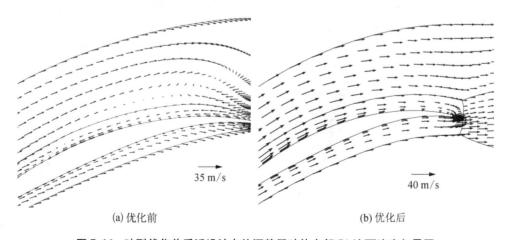

(a) 优化前　　　　　　　　　　　　(b) 优化后

图7.16　叶型优化前后近设计点外涵静子叶片尖部S1流面速度矢量图

善,叶片吸力面分离区基本消失。根部截面采用新叶型后,外涵静子流场得到一定改善,内涵静子叶片尾缘分离有一定程度的增加。

从上述分析可以得出以下几点结论:叶型优化后,在风扇设计转速下,等熵效率有一定程度的提高,特别是近设计点附近,等熵效率提高 1.05%,总压比基本保持不变;叶型优化后的风扇外涵等熵效率基本保持不变,总压比增加 1.5%,内涵的总压比和等熵效率都有一定程度的提高;叶型优化后,使叶片尖部激波位置后移,波后最低马赫数增加,激波损失减小,波后附面层分离减弱;近设计点中间 S1 流面流场分析显示,叶型改进后明显改善了风扇和外涵静子主流道的流场结构,根部、尖部两个截面的流场显示,优化后,对内外涵静子通道内的流动均有不同程度的改善。综上分析,表明所采用的三维优化方法有效,优化结果达到了预定目标。

7.4　对转轴流压气机后排转子优化设计

在选定研究的双排轴流对转压气机中,转子 2 是制约压气机整体性能的主要因素,为进一步提高对转压气机的性能,本节选取转子 2 叶片进行整级条件下的三维优化研究。转子 2 叶片的优化流程如图 7.2 所示。

(1) 导入转子 2 叶型数据,对轮毂、机匣线,以及各基元级吸、压力面和中弧线选用 B 样条曲线进行参数化处理,分别对吸、压力面和中弧线选取 12、10、8 个控制点;叶展方向根据实际叶型采用中心积叠,积叠线为直线型。

(2) 对研究对象的几何描述参数进行约束,选择合适的可调参量并设定恰当的变化范围,如选取 13 个影响叶片积叠线形式和叶型中线的变量作为可调自由参数。对目标叶片生成优化过程中三维计算所需的网格模板,并将优化对象的网格模板导入整级压气机网格中,设定三维流场计算所需的边界条件及输出参数。

(3) 针对特定工况条件生成优化过程中所需的样本数据库,对近设计点工况进行优化研究,分为 4 个子区域,采用离散层取样方式,在其约束范围内对自由参数进行取样计算,生成样本数为 70 的寻优数据库。优化过程中,为节省计算机硬件资源,减少数值计算时间,仅选取进口导流叶片、转子 1 和转子 2 作为三维优化环境。

最后,根据设定的寻优目标在样本数据库全局范围内进行寻优,本节所述的优化方案采用多目标优化,保证流量不小于 6.4 kg/s,总压比不小于 1.22,优化目标为提高等熵效率,优化收敛过程如图 7.17 所示,经过大约 20 步的迭代,结果基本已经收敛。优化前后叶片根部、中部、尖部截面基元级叶型对比如图 7.18 所示。从收敛过程图中可以看出,三维优化过程中,对转压气机前三排叶片的等熵效率提高了 1.23%,转子 2 优化后,叶片形状有较大幅度改变。

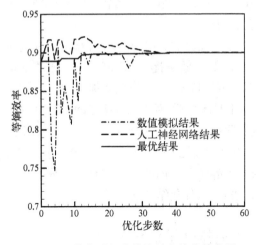

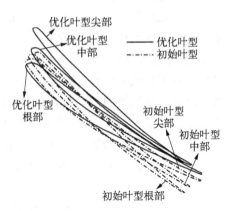

图 7.17　优化过程中等熵效率的收敛曲线

图 7.18　转子 2 叶型根部、中部、尖部
截面优化前后对比

7.5　优化前后对转压气机特性及流场对比分析

　　为详细研究转子 2 优化后对转压气机性能及内部流场参数的变化情况,在设计转速下对转压气机进行全工况数值模拟,并将计算结果与优化前压气机进行对比分析。

7.5.1　优化前后对转压气机特性对比分析

　　为详细比较转子 2 优化前后对转压气机特性的变化情况,本节给出了转子 2 优化前后典型工况下对转压气机及两转子叶片排的特性参数(表 7.1)。从表 7.1 中可以看出,在设计转速下,转子 2 优化后,对转压气机峰值等熵效率提高 1.07%,最高总压比也提高了 1%左右。

表 7.1　转子 2 优化前后典型工况下对转压气机及各转子叶片排的特性参数

工况	流量/(kg/s)	转子 1 总压比	转子 1 等熵效率	转子 2 总压比	转子 2 等熵效率	总压比	等熵效率
优化前	7.443 2	1.070 492	0.896 008	1.015 462	0.425 55	1.079 2	0.678 07
	5.901 0	1.104 854	0.936 654	1.130 219	0.875 902	1.245 3	0.885 21
	5.486 2	1.112 795	0.936 523	1.140 602	0.837 781	1.264 8	0.863 85

续　表

工况	流量/ (kg/s)	转子 1 总压比	转子 1 等熵效率	转子 2 总压比	转子 2 等熵效率	总压比	等熵效率
优 化 后	7.723 9	1.062 704	0.860 467	1.025 289	0.530 375	1.083 7	0.675 99
	6.417 5	1.093 962	0.924 586	1.131 03	0.901 216	1.233 6	0.895 97
	5.594 3	1.109 808	0.928 216	1.154 971	0.867 089	1.276 3	0.873 56

为更加详细地分析转子 2 优化对压气机性能的影响,图 7.19～图 7.21 分别给出了对转压气机及各叶片排的总体特性对比。从图中可以得出,转子 2 优化后,转

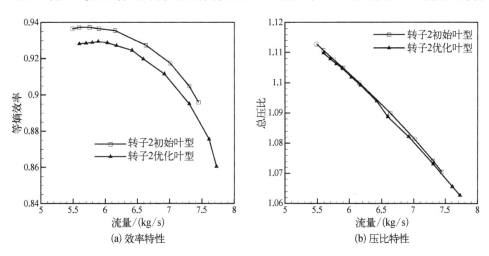

图 7.19　转子 2 优化前后转子 1 的总体特性

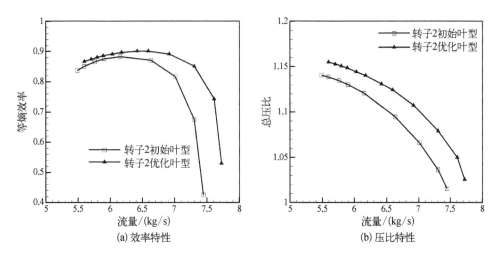

图 7.20　转子 2 优化前后转子 2 的总体特性

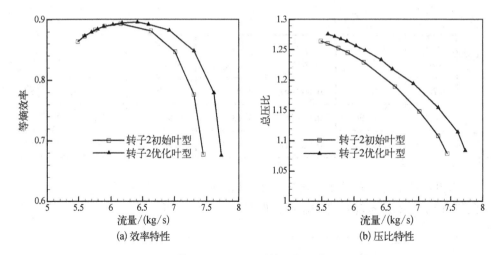

图 7.21   转子 2 优化前后对转压气机的总体特性

子 1 叶片排的等熵效率提高约 1%,但转子 2 优化对转子 1 的总压比特性基本没有影响(图 7.19)。相比之下,由图 7.20 可知,转子 2 优化后,转子 2 的总压比显著增加,设计点附近相同流量下,转子 2 的总压比提高约 2%;从优化前后转子 2 的等熵效率分布情况可以看出,优化后设计点附近转子 2 的等熵效率提高约 0.2%,随着流量减小,叶型优化对转子 2 等熵效率的改善程度逐渐减弱。

如图 7.21 所示,转子 2 优化前后对转压气机的总体特性分布表明,转子 2 叶片优化后,压气机最大流量约增加 0.28 kg/s,最小流量略有增大,压气机稳定工作范围扩大,相同流量条件下,压气机总压比提高 2% 左右,设计点压气机等熵效率提高 1% 左右,但随着流量减小,优化前后的压气机等熵效率基本相同。分析其原因,主要是转子 2 优化后,进出口导流叶片的损失增加,使得压气机等熵效率在两排转子叶片等熵效率提高的条件下基本不变。

上述分析表明,转子 2 优化后,对转压气机总压比有明显提高,设计点等熵效率提高约 1%,对转压气机最大流量约增加 0.28 kg/s,流量稳定范围扩大。转子 2 优化后,转子 2 叶片排的总压比和等熵效率都有不同程度的提高,转子 1 的总压比基本保持不变,等熵效率提高约 1%。

7.5.2   优化前后对转压气机流动参数对比分析

近设计点转子 2 优化前后 5%、50%、95% 叶展处(根部、中部、尖部)三个典型截面的近壁面相对马赫数分布情况分别如图 7.22~图 7.24 所示,为保证两种条件下的参数可比性,在参数选取过程中采用相同网格层马赫数进行对比分析。从根部相对马赫数分布(图 7.22)可以看出,转子 2 优化后,近壁面吸、压力面相对马赫数都有一定程度的增加,且吸、压力面相对马赫数包围的面积增大,说明优化后,转子 2 根部的加功量有所提高。中部、尖部两个截面的相对马赫数分布情况表明,叶片优化后,马赫数峰值都有一定程度的降低,且吸力面的相对马赫数下降斜率减小,高马赫数区范围有一定扩大,吸、压力面包围面积增大,叶片加功量提高(图 7.23 和图 7.24)。

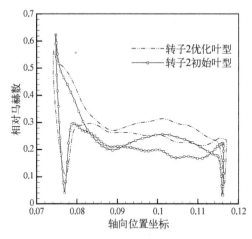 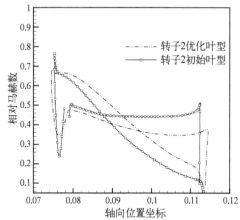

图 7.22　根部截面叶片表面相对马赫数分布　　图 7.23　中部截面叶片表面相对马赫数分布

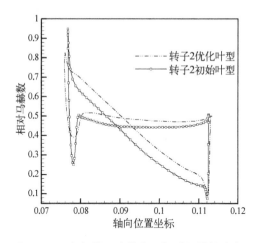

图 7.24　尖部截面叶片表面相对马赫数分布

图 7.25~图 7.27 分别给出了转子 2 优化前后对转压气机近设计点 5%、50%、95%叶展截面的相对马赫数分布图,从图中可以看出,优化前后对转压气机根部、中部、尖部三个典型截面的流场分布情况正常,且相对马赫数分布基本一致。对比根部截面的相对马赫数分布情况可以看出,出口导流叶片尾缘处的低马赫数区域面积增大,对转压气机其他叶片排的相对马赫数分布基本相同(图 7.25)。50%叶展截面相对马赫数分布情况表明,优化后转子 2 叶片通道进口处的马赫数峰值由 0.65 提高至 0.70 且高马赫数区域范围增大,转子 2 出口吸力面尾迹流动有一定减弱(图 7.26)。

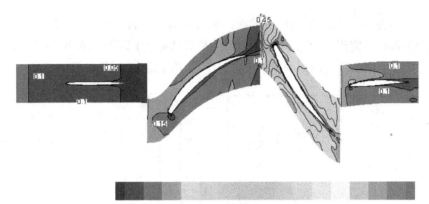

相对马赫数　0.05 0.1 0.15 0.2 0.25 0.3 0.35 0.4 0.45 0.5 0.55 0.6 0.65 0.7 0.75 0.8

(a) 优化前

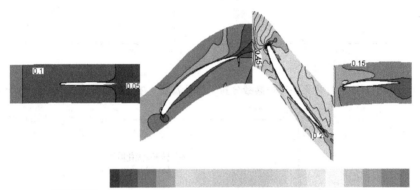

相对马赫数　0.05 0.1 0.15 0.2 0.25 0.3 0.35 0.4 0.45 0.5 0.55 0.6 0.65 0.7 0.75 0.8

(b) 优化后

图 7.25　设计工况优化前后对转压气机根部 5% 叶展截面的相对马赫数分布

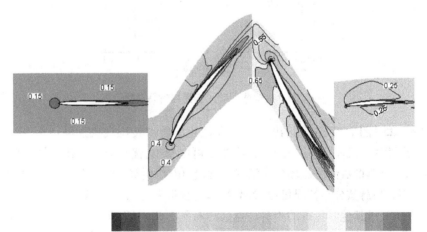

相对马赫数　0.05 0.1 0.15 0.2 0.25 0.3 0.35 0.4 0.45 0.5 0.55 0.6 0.65 0.7 0.75 0.8

(a) 优化前

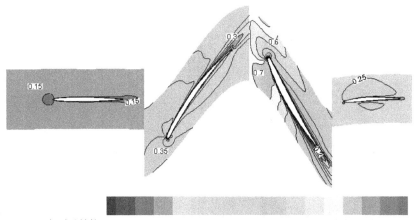

相对马赫数　0.05 0.1 0.15 0.2 0.25 0.3 0.35 0.4 0.45 0.5 0.55 0.6 0.65 0.7 0.75 0.8

(b) 优化后

图 7.26　设计工况优化前后对转压气机中部 50%叶展截面的相对马赫数分布

对转压气机尖部截面相对马赫数分布情况表明,转子 2 叶片优化后,通道内的最高马赫数有一定减小(图 7.27)。综上分析可知,转子 2 优化后,对转压气机主流区的马赫数峰值增大,根部和尖部两个截面的马赫数峰值有一定降低,出口导流叶片根部尾缘处的低速区面积有所增大,流动损失增加。

从前面优化前后对转压气机的特性分析中可以发现,转子 2 优化后,转子 1 和转子 2 的等熵效率都有所提高,压气机在喘振边界点处的等熵效率总体基本没有

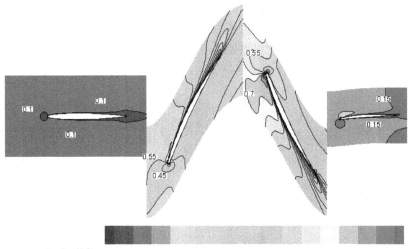

相对马赫数　0.05 0.1 0.15 0.2 0.25 0.3 0.35 0.4 0.45 0.5 0.55 0.6 0.65 0.7 0.75 0.8

(a) 优化前

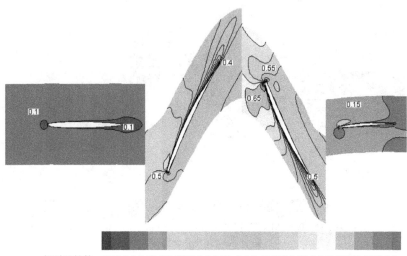

相对马赫数　0.05 0.1 0.15 0.2 0.25 0.3 0.35 0.4 0.45 0.5 0.55 0.6 0.65 0.7 0.75 0.8

(b) 优化后

图 7.27　设计工况优化前后对转压气机尖部 95%叶展截面的相对马赫数分布

改变。为分析其中的原因,图 7.28~图 7.30 分别给出了喘振边界点处对转压气机 5%、50%、95%叶展三个典型截面处的相对马赫数分布情况。对比分析优化前后 通道内的相对马赫数分布情况不难看出,在 5%和 50%叶展截面,转子 2 优化前后 的流场流动情况基本相同。但在尖部截面,叶片优化前,转子 2 的吸力面存在严重 的附面层分离,分离几乎从转子 2 叶片进口处开始,通道内存在较大面积的低马赫 数区域,低速区面积占流道面积的 50%左右;叶型优化后,显著减弱了转子 2 叶片吸 力面的附面层分离,叶片通道内的低速区减小至占流道面积的 20%且分离点显著后 移。综上所述,可以说明喘振边界点处转子 2 的叶片排损失降低,等熵效率提高。

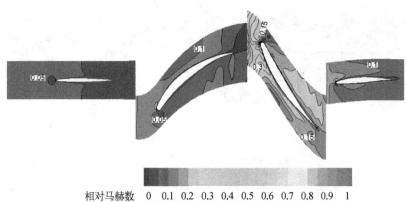

相对马赫数　0　0.1　0.2　0.3　0.4　0.5　0.6　0.7　0.8　0.9　1

(a) 优化前

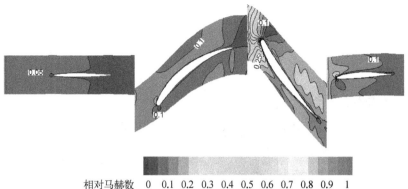

相对马赫数　0　0.1　0.2　0.3　0.4　0.5　0.6　0.7　0.8　0.9　1

(b) 优化后

图 7.28　喘振边界点优化前后对转压气机 5%叶展截面的相对马赫数分布

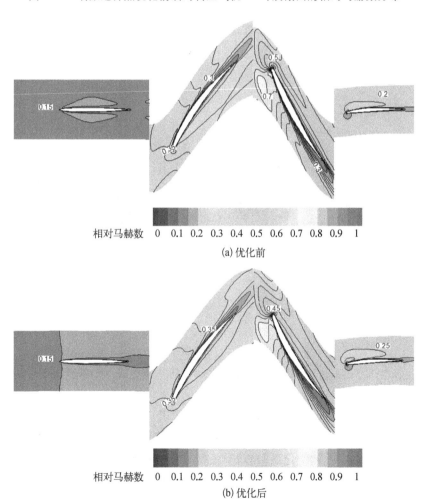

相对马赫数　0　0.1　0.2　0.3　0.4　0.5　0.6　0.7　0.8　0.9　1

(a) 优化前

相对马赫数　0　0.1　0.2　0.3　0.4　0.5　0.6　0.7　0.8　0.9　1

(b) 优化后

图 7.29　喘振边界点优化前后对转压气机 50%叶展截面的相对马赫数分布

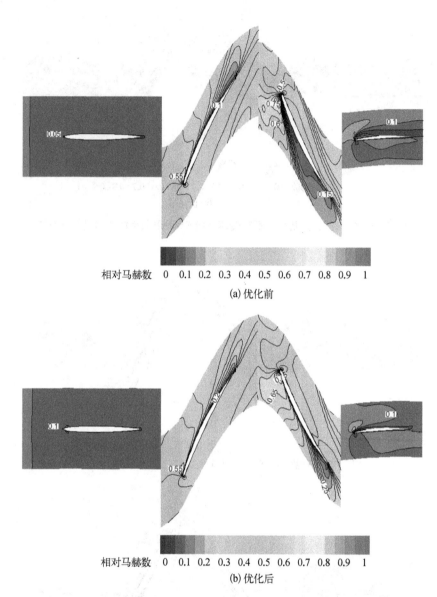

(a) 优化前

(b) 优化后

图 7.30   喘振边界点优化前后对转压气机 95%叶展截面的相对马赫数分布

图 7.31 给出了喘振边界点转子 2 优化前后出口导流叶片吸力面极限流线分布图,从图中可以看出,优化前,出口导流叶片 85%叶展以上存在较为严重的分离和倒流现象;转子 2 叶片优化后,出口导流叶片分离区面积增大,回流现象增强,叶片 60%叶展以上截面都出现严重的倒流现象,这使得流道中的损失增加,严重影响压气机的等熵效率。

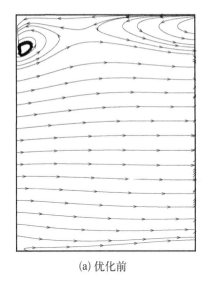
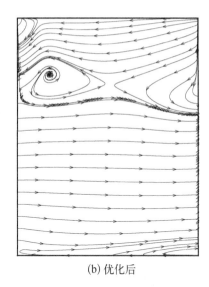

(a) 优化前 (b) 优化后

图 7.31　喘振边界点转子 2 优化前后出口导流叶片吸力面极限流线分布

7.6　小　　结

本章首先以某内外涵风扇为算例对多叶片排全三维优化方法进行了验证,验证结果表明,叶型优化后,在设计转速下,风扇的等熵效率有一定程度的提高,特别是近设计点附近,等熵效率提高 1.05%,总压比基本保持不变。叶型优化后,风扇外涵等熵效率基本保持不变,总压比增加 1.5%,内涵的总压比和等熵效率都有一定程度的提高。风扇叶型优化后,使叶片尖部激波位置后移,波后最低马赫数增加,激波损失减小,波后附面层分离减弱。

在此基础上,对对转压气机转子 2 叶片进行了三维优化设计,优化过程中选取叶片中弧线及叶片积叠线为可调变量,并对优化后叶型的非设计点流场进行了详细的数值模拟,对比分析优化前后的压气机特性及流场分布。结果表明,转子 2 优化后,对转压气机最大流量提高约 0.28 kg/s,且流量稳定裕度有小幅度提高,设计点等熵效率提高约 1%,相同流量下的总压比提高近 2%。对各叶片排总体特性的分析表明,转子 2 优化后,两排转子叶片的等熵效率都有 1% 左右的提升,转子 2 的总压比提高约 2%,转子 1 的总压比基本不变。

第 8 章
基于遗传算法的压气机
叶型多目标优化设计

8.1 概　　述

叶片设计是一个十分复杂和困难的过程,即使是有经验的设计人员也很难一次就设计出符合性能要求的叶型。因此,对叶型的反复优化成为叶片设计中非常重要的环节。传统的叶型设计主要依赖平面叶栅吹风实验,该过程需要耗费大量的人力和物力、周期长、效率低,且带有一定的盲目性,要求设计者有丰富的经验。近几十年,随着越来越多的数值方法引入,出现了很多智能化的优化方法,如基于目标函数灵敏度的经典优化算法[52, 53]、人工神经网络[45, 54]、遗传算法[54-56]、模拟退火算法[57]等。将这些优化算法与叶轮机械数值模拟技术相结合,极大地提高了设计效率,缩短了周期,也为平面叶栅实验提供了有效的指导。

下面对已有的平面叶型生成程序、平面叶栅S1流面计算程序和平面叶栅附面层计算程序进行组合利用,编写遗传算法代码,对某两级风扇的两级静子根部(轮毂处)叶型进行优化改型设计,以期提高其气动性能,减小损失。

8.2 优化变量选择

遗传算法的提出为解决多目标复杂优化问题提供了一个崭新而有效的思路,其良好的全局寻优能力和较强的鲁棒性受到了研究学者的广泛认同。

本例中某两级风扇静子根部叶型的中弧线采用两段圆弧造型,针对该特点,选用了5个与叶型生成密切相关的变量作为优化参数,分别如下。

(1) X_1:叶型最大厚度位置。

(2) X_2:中弧线前段弦长与总弦长长度之比。

(3) X_3:中弧线前段弯度与总弯度之比。

(4) X_4:中弧线厚度分布控制点 x 坐标与弦长之比。

(5) X_5: 中弧线厚度分布控制点 y 坐标与最大厚度的一半之比。

将这 5 个变量作为遗传算法中每个个体的基因,给定其取值范围,算法将在其中随机生成初始种群,随后调用叶型生成程序生成叶型,调用 S1 流面计算程序和附面层计算程序计算种群中每个个体的气动性能,经评估后,选择出适应度高的个体进行交叉变异,生成子代种群,然后再对子代个体进行操作,生成叶型,并计算气动性能。如此反复循环,经过一定的进化代数,可以得到适应度高的种群和个体,即得到了能使叶型气动性能更优的 5 个变量的组合,最后再利用这些变量生成叶型,完成优化设计过程。

8.3　适应度函数的设计

本设计方法中存在的最大困难在于优化目标函数的选取,即遗传算法适应度函数的设计,由于判断某个叶型性能的标准很多,如表面马赫数分布、负荷大小、叶栅等熵效率、升阻比等,而且很多因素之间相互制约,针对不同叶型,判断标准的侧重也会有所不同。因此,提出一个合理的优化目标函数成为一项富有挑战性的工作,最终效果也只能是通过实践来检验。

在分析大量相关文献资料后,根据优化需求选取 4 个标准来进行综合寻优,分别如下所述。

(1) 马赫数峰值大小:应该限制马赫数峰值,峰值越大,适应度值应该越小。

(2) 叶型吸力面附面层形状因子大小:吸力面附面层形状因子大小可以反映吸力面附面层是否发生分离,一般认为,形状因子大于 2.2 时,表示附面层将发生分离,叶栅等熵效率将显著下降。

(3) 马赫数峰值位置:根据经验,马赫数峰值最好是位于 15%~30% 弦长内,过早或过晚出现峰值都将使平面叶栅等熵效率降低。

(4) 马赫数峰值后的下降斜率分布:若峰值后马赫数急剧下降,表明出现较强的激波,使等熵效率降低,损失增大,所以应该控制马赫数扩散梯度,避免马赫数突降。

除了以上与压气机气动性能相关的理论知识外,在设计目标函数时还需要考虑遗传算法的性能。首先,目标函数各部分应该具有相当的量级,否则某部分量级过大会导致其他部分无法发挥作用。其次,遗传算法各部分应该有区分度,这样才能选择出优良的个体,因为遗传算法采用的轮盘赌选择算子决定了某一个体被选中的概率与其适应度值成正比,如果优良个体与较差个体的适应度值差别不大,优良个体就难以被保留下来。

根据以上知识,定义了考虑多标准的优化目标函数作为遗传算法适应度函数,该函数由四部分组成,分述如下。

1. 马赫数峰值部分

$$F_1 = \begin{cases} e^{20 \times (1.3 - Ma_{\max})}, & Ma_{\max} < 1.3 \\ 0, & Ma_{\max} \geqslant 1.3 \end{cases}$$

2. 附面层形状因子值部分

$$F_2 = e^{20 \times (1.9 - H_{\mathrm{avg}})}$$

式中，H_{avg} 为转捩点后的形状因子平均值。

3. 马赫数峰值位置部分

$$F_3 = \begin{cases} 0, & \text{峰值位于叶型 15\% ~ 30\% 相对轴向弦长} \\ -e^{20(X_{\max} - 0.3)}, & \text{峰值位置 } X_{\max} > 0.3 \\ -e^{20(0.15 - X_{\max})}, & \text{峰值位置 } X_{\max} < 0.15 \end{cases}$$

4. 马赫数峰值后下降斜率部分

$$F_4 = \begin{cases} -e^{10 \times (k - 1.7)}, & \text{峰值后斜率 } k > 1.7 \\ 0, & \text{峰值后斜率 } k \leqslant 1.7 \end{cases}$$

最终的适应度函数为

$$\mathrm{Fitness} = a \times F_1 + b \times F_2 + c \times F_3 + d \times F_4$$

式中，a、b、c、d 为各部分权重系数。

需要指出，该目标函数也是经过反复个数值实验得出的，各项并没有特定的物理意义，对于不同叶型和不同工况，可以调整各部分的权重。例如，对于低亚声速叶型，马赫数峰值部分的权重可以降低；对于超声速叶型，则应该提高峰值和峰值后扩散斜率的权重系数。优化算法的计算流程如图 8.1 所示。

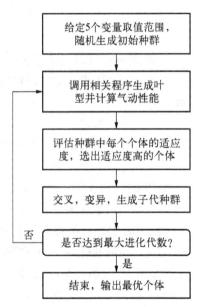

图 8.1　优化算法的计算流程

8.4　风扇静子根部叶型优化分析

下面针对某两级风扇的第一级静子（S1）和第二级静子（S2）根部叶型进行优化改型设计，叶型的基本几何参数及设计状态下的气动参数分别如表 8.1 和表 8.2 所示（均选取国际单位），同时需给定 5 个优化控制变量的取值范围（表 8.3）。

表 8.1　两级静子叶根处叶型的基本几何参数

静子	弦长/mm	稠　度	安装角/(°)	前缘半径/mm	尾缘半径/mm	最大相对厚度
S1	0.065 3	2.518 6	26.461	0.000 131	0.000 117	0.041
S2	0.056 6	2.251 3	23.744	0.000 151	0.000 200	0.039

表 8.2　两级静子叶根处叶型在设计状态下的气动参数

静子	进口马赫数	进气角/(°)	出气角/(°)	进口总压/MPa	出口静压/MPa	进口总温/K
S1	0.96	51.9	−3.145	176 754.4	145 981.5	346.24
S2	0.90	48.3	−0.377	284 216.1	238 736.6	405.28

表 8.3　5 个控制变量的取值范围

静子	X_1	X_2	X_3	X_4	X_5
S1/S2	0.35~0.75	0.3~0.6	0.1~0.4	0.4~0.8	0.3~0.7

优化过程只针对选取的 5 个控制变量,而对进出口几何构造角,叶片弦长,稠度,最大相对厚度,前、尾缘半径等保留原值。设定遗传算法的运行参数如表 8.4 所示。

表 8.4　遗传算法的运行参数

种群数量/个	最大进化代数/次	交 叉 概 率	变 异 概 率
100	100	0.7	0.06

通过算法寻优后,得到的优化后叶型和初始叶型对比如图 8.2 和图 8.3 所示。为了评定优化前后叶型的气动性能,选取了几个主要的叶栅性能评价指标进行了数值计算和对比,分别为叶型表面马赫数分布、吸力面附面层形状因子分布和吸力面摩擦系数分布,具体对比结果如图 8.4 ~ 图 8.9 所示。

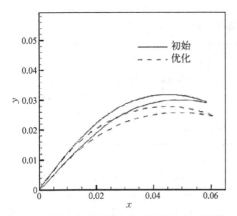

图 8.2　第一级静子(S1)叶根处初始叶型和优化叶型对比

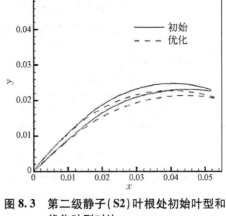

图 8.3　第二级静子(S2)叶根处初始叶型和优化叶型对比

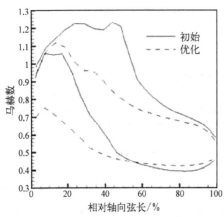

图 8.4　第一级静子(S1)叶根处初始叶型和优化叶型表面马赫数分布对比

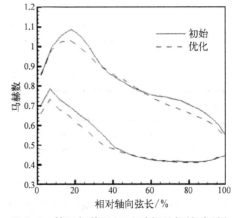

图 8.5　第二级静子(S2)叶根处初始叶型和优化叶型表面马赫数分布对比

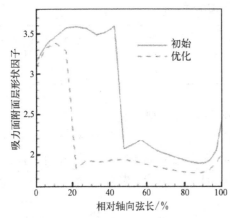

图 8.6　第一级静子(S1)叶根处初始叶型和优化叶型吸力面附面层形状因子分布对比

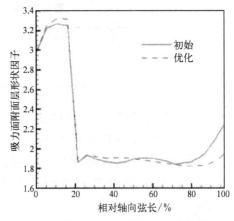

图 8.7　第二级静子(S2)叶根处初始叶型和优化叶型吸力面附面层形状因子分布对比

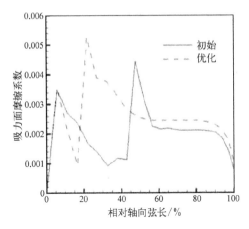

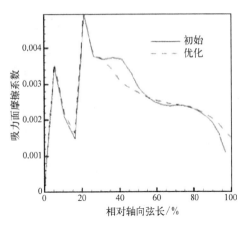

图 8.8　第一级静子（S1）叶根处初始和
优化叶型吸力面摩擦系数分布
对比

图 8.9　第二级静子（S2）叶根处初始和
优化叶型吸力面摩擦系数分布
对比

由优化前后的气动性能对比图可以看出：优化后，叶栅通道中的马赫数峰值明显减小，而且峰值后的扩散斜率也明显减小。这一改进带来的好处是巨大的，因为初始叶型在马赫数峰值后会产生很强的激波，较强的激波自身会带来能量损失，还会与附面层形成干扰，增强叶型表面气流分离，导致叶栅工作性能恶化。经过优化后，激波强度明显减小，马赫数分布趋于合理。

其次，在靠近尾缘部分，初始叶型气流马赫数降低过快，会形成很大的逆压梯度，而尾缘部分能够承受的逆压梯度很小，将导致初始叶型靠近尾缘部分发生严重的分离。吸力面附面层形状因子的计算结果也证明了这一点，初始叶型近尾缘处的吸力面附面层形状因子值很大，超过了 2.2（附面层分离标准）。经过优化改型后，近尾缘处的气流马赫数下降减慢，逆压梯度减小，附面层形状因子值减小，分离减弱，工作条件得以改善。另外，优化后，吸力面近尾缘区的壁面摩擦系数提高，也证明了尾缘区分离状况得以改善。

8.5　可控扩散叶型设计与实验验证

为进一步改进完善上述叶片设计方法，在数值模拟的基础上借助"设计—吹风实验—改进设计—再实验验证"的手段不断完善叶型设计方法和程序，以求在叶片设计理论和技术上体现新的突破。这里以一套代号为 A3 的可控扩散叶型设计为例来加以验证。

8.5.1　A3 叶型设计状态

A3 叶栅实验件示意图如图 8.10 所示,叶型设计参数:进口马赫数 $Ma_1 = 0.82$、进气角 $\beta_1 = 50°$、出口马赫数 $Ma_2 = 0.6$、出气角 $\beta_2 = 12.4°$。 设计原则是同时保证该叶栅在负攻角下也具有较好的性能。

（1）生成的叶型几何形状合理,型面光滑。

（2）流场参数分布合理,无强激波,表面马赫数分布较为理想,速度扩散梯度得到合理控制,附面层无分离。

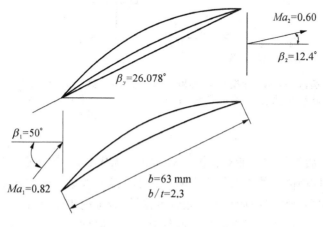

图 8.10　A3 叶栅实验件示意图

8.5.2　A3 叶型几何参数

A3 叶型几何参数:弦长 $b = 63$ mm、栅距 $t = 28.391$ mm、稠度 $b/t = 2.3$、安装角 $\beta_y = 26.078°$、叶片前缘构造角 $\beta_{1k} = 46.29°$、叶片尾缘构造角 $\beta_{2k} = 7.4°$、叶型最大相对厚度 $\bar{c}_{max} = 0.05$。

8.5.3　叶栅实验状态

总共对 A3 叶栅进行了 90 个状态的吹风实验,实验中,进口马赫数分别为 0.65、0.75、0.82、0.85。

在设计进口马赫数 $Ma_1 = 0.82$,进气角分别为 44°、45°、46°、48°、50°、52°、54°、56°、58° 条件下进行了性能测试。对应每一个进气角,在三个不同的轴向速度密流比下进行吹风实验。

在 $Ma_1 = 0.75$ 下,完成了进气角为 44°、46°、48°、50°、52°、54°、56°、58° 的性能测试,对应每一个进气角,在三个不同的轴向速度密流比下进行吹风实验。

在 $Ma_1 = 0.85$ 下,完成了进气角为 46°、48°、50°、52°、54°、56°、58° 的性能测试,对应每一个进气角,在同一轴向速度密流比下进行吹风实验。

在 $Ma_1 = 0.65$ 下,完成了进气角 46°、48°、50°、52°、54°、56°、58°的性能测试。对应每一个进气角,在三种不同的轴向速度密流比下进行吹风实验。

8.5.4　实验结果及分析

1. 设计状态下的叶栅性能

对应 A3 叶栅的设计状态:进口马赫数 $Ma_1 = 0.82$、进气角 $\beta_1 = 50°$、出口马赫数 $Ma_2 = 0.60$、出气角 $\beta_2 = 12.4°$,在三个轴向速度密度比(1.299 5~1.387 9)下测得的叶栅性能如表 8.5 所示。由表 8.5 可见,在三个不同的轴向速度密度比 Ω 下,叶栅总压损失系数在 0.034 2~0.066 7 范围内。在轴向速度密度比接近设计状态值 1.32 时,总压损失系数 $\bar{\omega}$ 为 0.052 2 左右,可见 A3 叶栅在设计状态下的总压损失较低,其出气角 $\beta_2 = 11.57° \sim 13.20°$,与设计值基本一致,说明设计中所取的 5°落后角是正确的。图 8.11~图 8.13 是设计状态下叶片表面的马赫数分布,吸力面马赫数峰值达 1.05 左右,相对于进口马赫数 $Ma_1 = 0.82$,马赫数峰值不高。

表 8.5　设计状态下的 A3 叶栅性能

进口马赫数 Ma_1	进气角 $\beta_1/(°)$	静压比 p_2/p_1	总压损失系数 $\bar{\omega}$	出气角 $\beta_2/(°)$	轴向速度密流比
0.820 8	50	1.133 9	0.034 2	11.57	1.387 9
0.819 6	50	1.162 1	0.047 8	12.34	1.338 3
0.820 2	50	1.173 5	0.066 7	13.20	1.299 5

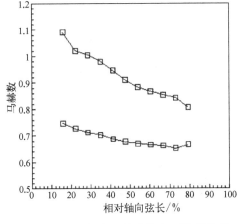

图 8.11　设计状态下的叶片表面马赫数分布($\bar{\omega} = 0.047\,8$、$\Omega = 1.338\,3$)

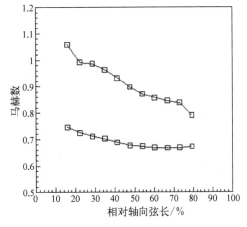

图 8.12　设计状态下的叶片表面马赫数分布($\bar{\omega} = 0.034\,2$、$\Omega = 1.387\,9$)

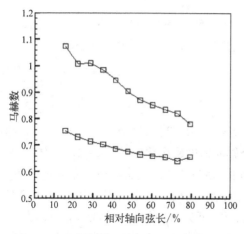

图 8.13　设计状态下的叶片表面马赫数分布
（$\bar{\omega}=0.066\,7$、$\Omega=1.299\,5$）

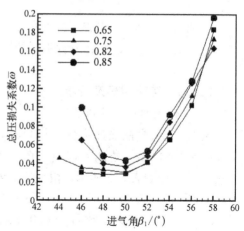

图 8.14　不同进口马赫数下总压损失
系数随进气角的变化

2. 非设计状态下的叶栅性能

1）进气角的影响

在 Ma_1 为 0.65、0.75、0.82 和 0.85 状态下，总压损失系数 $\bar{\omega}$ 随进气角 β_1 的变化曲线如图 8.14 所示。由图可知，随着 Ma_1 的增加，不仅最小损失增大，而且低损失的进气角范围也变窄。在设计的进口马赫数 $Ma_1=0.82$ 条件下，总压损失系数小于 0.1 的进气角范围为 44.5°～55°。

图 8.15 和图 8.16 分别为 $Ma_1=0.75$ 和 0.82 时，对应不同轴向速度密流比的总压损失系数随 β_1 的变化情况，由图可知，在 β_1 相同的条件下，轴向速度密流比减小，损失增大。在 Ma_1 为 0.75、0.82 的情况下，出气角 β_2 随进气角 β_1 的变化情况如图 8.17 和图 8.18 所示，由图可知，随着 β_1 增大，β_2 增大，即落后角 δ 增加。

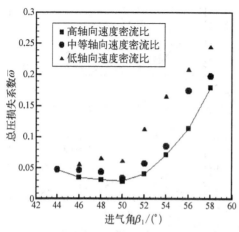

图 8.15　不同轴向速度密流比下总压损失
系数随进气角的变化（$Ma_1=0.75$）

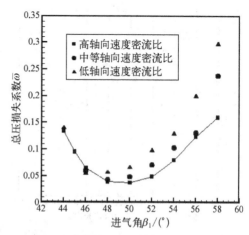

图 8.16　不同轴向速度密流比下总压损失
系数随进气角的变化（$Ma_1=0.82$）

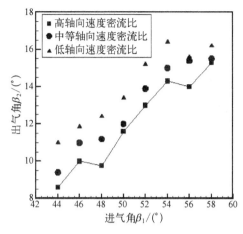

图 8.17　不同轴向速度密流比下出气角随
　　　　进气角的变化($Ma_1=0.75$)

图 8.18　不同轴向速度密流比下出气角随
　　　　进气角的变化($Ma_1=0.82$)

2）进口马赫数的影响

图 8.19 为总压损失系数 $\bar{\omega}$ 随进口马赫数 Ma_1 的变化曲线。在设计进气角 $\beta_1=50°$ 下,当进口马赫数 Ma_1 增加值超过 0.82 时,总压损失系数上升较快,Ma_1 达到 0.85 时,总压损失系数上升速度加快。$Ma_1=0.85$ 时,总压损失系数为 0.039,损失并不大。图 8.20 给出了在 β_1 为 48°、50°和 52°三种情况下,总压损失 系数随进口马赫数 Ma_1 的变化,由图可见,在 $\beta_1=52°$ 状况下,随着进口马赫数 Ma_1 的增大,总压损失系数上升较为平缓,说明在 $\beta_1=52°$ 时,A3 叶栅具有较大的临界 马赫数。图 8.21 为设计进气角 $\beta_1=50°$ 时,出气角 β_2 随进口马赫数 Ma_1 的变化, 由图可见,进口马赫数 Ma_1 增大时,出气角 β_2 减小。

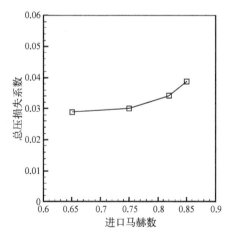

图 8.19　总压损失系数随进口
　　　　马赫数的变化曲线

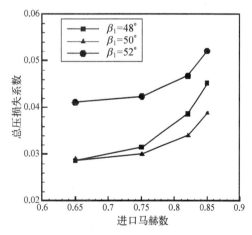

图 8.20　不同进气角 β_1 下总压损失系数随
　　　　进口马赫数的变化

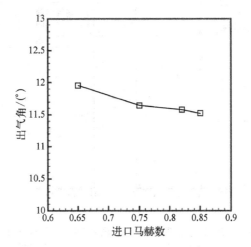

图 8.21 设计进气角 $\beta_1 = 50°$ 时出气角随进口马赫数的变化

3）叶片表面马赫数分布

图 8.22~图 8.50 为非设计状态下的叶片表面马赫数分布图,总体规律如下:进气角 β_1 小于设计值时,叶型压力面前部马赫数迅速增大,吸力面上的马赫数峰值也有不同程度增大;进气角 β_1 大于设计值并继续增加时,压力面马赫数减小,吸力面马赫数峰值开始减小,之后则随着进气角 β_1 的增加而急剧增大,且马赫数峰值出现的位置逐渐前移,在吸力面后部,马赫数变化平坦,表明气流严重分离。

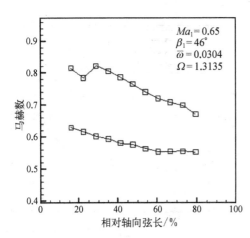

图 8.22 Ma_1 为 0.65、攻角为 -4° 时的叶片表面马赫数分布

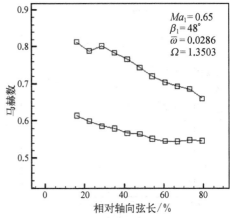

图 8.23 Ma_1 为 0.65、攻角为 -2° 时的叶片表面马赫数分布

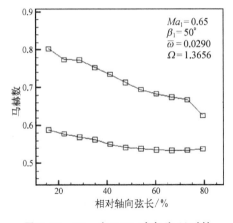

图 8.24　Ma_1 为 0.65、攻角为 0° 时的
叶片表面马赫数分布

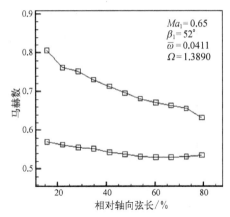

图 8.25　Ma_1 为 0.65、攻角为 2° 时的
叶片表面马赫数分布

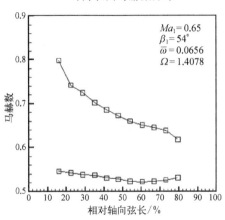

图 8.26　Ma_1 为 0.65、攻角为 4° 时的
叶片表面马赫数分布

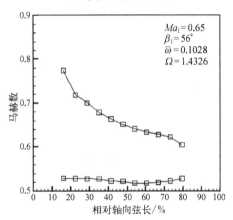

图 8.27　Ma_1 为 0.65、攻角为 6° 时的
叶片表面马赫数分布

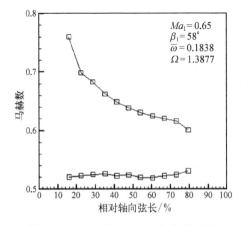

图 8.28　Ma_1 为 0.65、攻角为 8° 时的
叶片表面马赫数分布

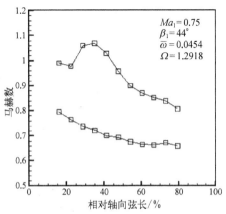

图 8.29　Ma_1 为 0.75、攻角为 -6° 时的
叶片表面马赫数分布

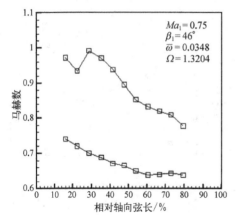

图 8.30　Ma_1 为 0.75、攻角为 −4° 时的
叶片表面马赫数分布

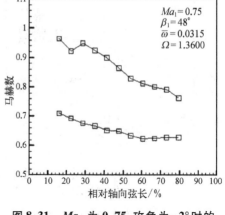

图 8.31　Ma_1 为 0.75、攻角为 −2° 时的
叶片表面马赫数分布

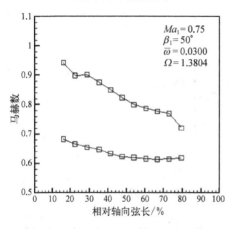

图 8.32　Ma_1 为 0.75、攻角为 0° 时的
叶片表面马赫数分布

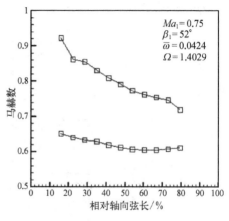

图 8.33　Ma_1 为 0.75、攻角为 2° 时的
叶片表面马赫数分布

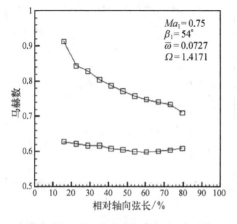

图 8.34　Ma_1 为 0.75、攻角为 4° 时的
叶片表面马赫数分布

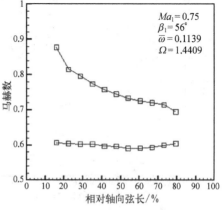

图 8.35　Ma_1 为 0.75、攻角为 6° 时的
叶片表面马赫数分布

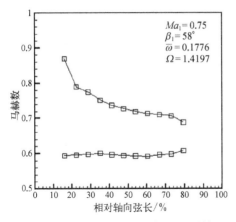

图 8.36　*Ma*₁ 为 **0.75**、攻角为 **8°** 时的叶片表面马赫数分布

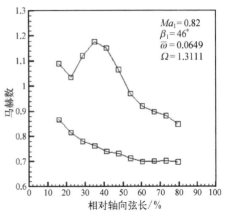

图 8.37　*Ma*₁ 为 **0.82**、攻角为 **-4°** 时的叶片表面马赫数分布

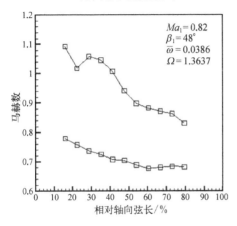

图 8.38　*Ma*₁ 为 **0.82**、攻角为 **-2°** 时的叶片表面马赫数分布

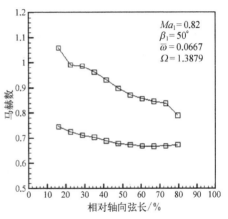

图 8.39　*Ma*₁ 为 **0.82**、攻角为 **0°** 时的叶片表面马赫数分布

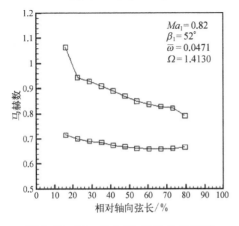

图 8.40　*Ma*₁ 为 **0.82**、攻角为 **2°** 时的叶片表面马赫数分布

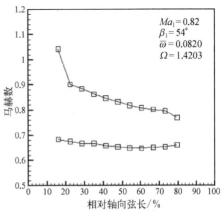

图 8.41　*Ma*₁ 为 **0.82**、攻角为 **4°** 时的叶片表面马赫数分布

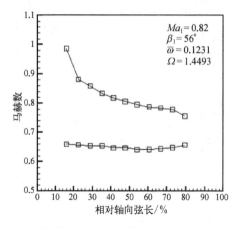

图 8.42 Ma_1 为 0.82、攻角为 6° 时的
叶片表面马赫数分布

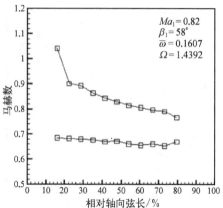

图 8.43 Ma_1 为 0.82、攻角为 8° 时的
叶片表面马赫数分布

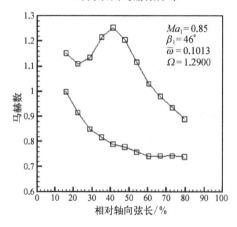

图 8.44 Ma_1 为 0.85、攻角为 -4° 时的
叶片表面马赫数分布

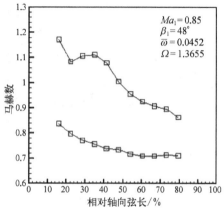

图 8.45 Ma_1 为 0.85、攻角为 -2° 时的
叶片表面马赫数分布

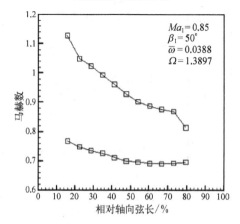

图 8.46 Ma_1 为 0.85、攻角为 0° 时的
叶片表面马赫数分布

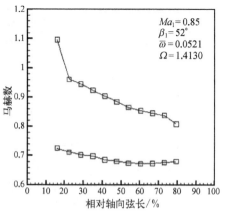

图 8.47 Ma_1 为 0.85、攻角为 2° 时的
叶片表面马赫数分布

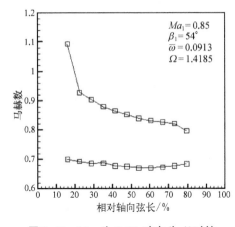

图 8.48　**Ma_1 为 0.85、攻角为 4° 时的叶片表面马赫数分布**

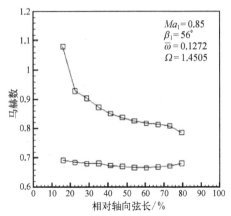

图 8.49　**Ma_1 为 0.85、攻角为 6° 时的叶片表面马赫数分布**

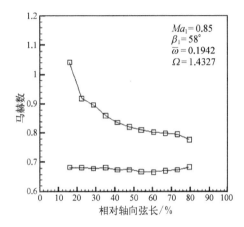

图 8.50　**Ma_1 为 0.85、攻角为 8° 时的叶片表面马赫数分布**

8.6　小　　结

将遗传算法引入叶片优化过程,对叶型进行智能优化,能极大地节省人力和物力,提高设计效率,为叶栅吹风实验提供有效指导,使叶型设计变得不再盲目。通过对某两级风扇两级静子根部叶型的改型设计证明,所提出的方法有效,能够改善平面叶栅的气动性能,减小或推迟延缓附面层分离,提高等熵效率。

在使用遗传算法进行平面叶型优化设计的过程中,关键在于优化变量的选取和适应度函数的设计。应选取与生成叶型形状密切相关和对叶型气动性能有较大影响的优化变量,由于叶型气动性能的优良有多方面的判断标准,适应度函数的设计需要综合考虑多方面的因素,以期通过遗传算法得到综合性能最优的叶型。通过实验证明,建立的多目标优化适应度函数能够在一定范围内满足优化叶型的需求。

　　在对某两级风扇两级静子根部叶型进行优化时,叶型中弧线均采用两段圆弧造型方式。选取了与叶型生成密切相关的 5 个控制变量作为优化参数,分别是叶型最大厚度位置、中弧线前段弦长与总弦长之比、中弧线前段弯度与总弯度之比、叶型厚度分布控制点 x 坐标与弦长之比、叶型厚度分布控制点 y 坐标与最大厚度的一半之比。提出了一种新的叶型优化目标函数,综合考虑了判断叶栅气动性能的多个标准,通过遗传算法进行全局寻优,找到 5 个变量的优化组合,使叶栅气动性能综合最优。优化前后气动计算结果表明,采用该方法优化得到的叶型能够明显改善平面叶栅气动性能,提高叶型设计效率。

第9章
针对特殊气动需求的压气机叶型设计

9.1 超高总压比压气机叶型设计

9.1.1 超声速超大弯度冲动式转子叶型设计

图9.1给出了某超高总压比吸附式轴流压气机转子叶中截面进出口速度三角形,由图可知,该超高总压比轴流压气机速度三角形设计与常规压气机明显不同。该超高总压比吸附式轴流压气机转子的进出口相对速度分别位于轴向分速度两侧,为冲动式转子,转子功主要用于提高气流速度,因而降低了转子的扩压负荷,在叶展中部来流马赫数为1.35、转子弯角为96°的情况下,也未出现较大的气流分离。另外,由于转子的超高加功量,其轴向速度和绝对速度的增大幅度非常明显。

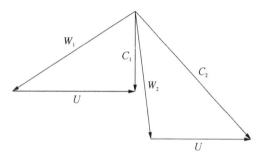

图9.1 超高总压比吸附式轴流压气机转子叶中截面进出口速度三角形

C_1 —动叶进口绝对速度;W_1 —动叶进口相对速度;
C_2 —动叶出口绝对速度;W_2 —动叶出口相对速度;
U —圆周速度

图9.2和图9.3分别给出了某超高总压比吸附式轴流压气机转子不同叶展截面的相对马赫数云图和静压分布。考虑到该压气机转子速度较高,叶尖速度为485 m/s,为保证强度满足要求,转子叶片除采用宽弦、低展弦比叶片外,其各截面叶片厚度均取较大值。

图9.2(a)和图9.3(a)分别为叶根截面相对马赫数云图和静压分布图,该截面叶型弯角为93.5°、稠度为2.85,由于该截面来流为超声速,叶型整体结构为后弯型,前段弯角较小,弯度主要集中在后半段,最大厚度位置在激波之后。叶根进口相对马赫数为1.14,其激波结构如下:叶片前缘为弓形激波、叶片通道内为通道正激波,叶片前缘弓形激波并未明显延伸至相邻叶片吸力面形成通道激波,仅在叶片前缘局部区域比较明显。由于叶片弯角较大,气流流过叶片前缘弓形激波后,继续

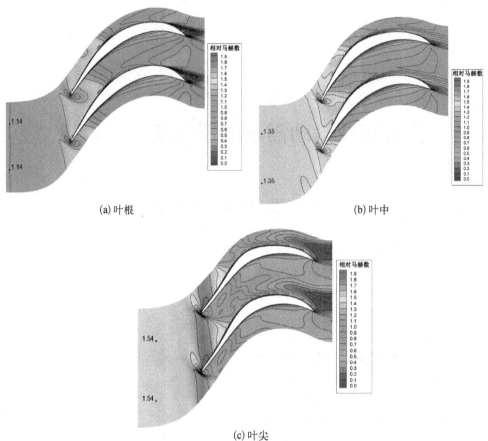

(a) 叶根　　　　　　　　　　　　　　　　　(b) 叶中

(c) 叶尖

图 9.2　转子不同叶展截面的相对马赫数云图

加速,在叶片通道中形成一道正激波,正激波后气流为亚声速。正激波后到接近叶片通道尾缘时,通道为扩张型,因此亚声速气流在叶片通道中部首先扩压减速,在接近叶片通道尾缘时,叶片尾缘角度弯过轴向,因此形成收缩型通道,气流在通道尾缘处拐弯的同时加速降压。气流在该位置处为顺压梯度,流动不易分离,因此在转子弯角为 93.5°的工况下,叶根流场分布良好,仅在叶片尾缘存在微小分离。由静压分布图可知,该超高总压比吸附式轴流压气机的静压分布与常规压气机明显不同,常规压气机叶片载荷多为前加载,叶片后部的附面层较厚且容易分离,因此叶片后部分配的负荷较小;该叶片截面载荷多分布在叶片后半部分,为后加载叶型,由叶型可知,叶片后部近 1/4 弦长的叶片几何角由 0°转折过轴向 31.6°,约占整个叶片弯度的 1/3,且该弦长位置处的气流加速降压,类似于涡轮工况,因此其载荷分布与常见的涡轮叶片载荷分布较类似。

由静压图还可以看出,吸力面静压从前缘处增大,超声速来流经历预压缩减速

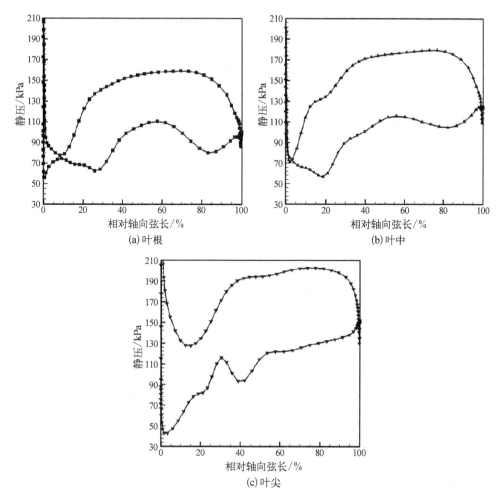

图 9.3　转子不同叶展截面的静压分布

过程,静压缓慢减小,在 30% 相对轴向弦长位置处产生激波,静压突然增大,随后静压继续增大,对应叶片通道扩张减速位置,在 65% 相对轴向弦长位置后,静压逐渐降低;叶片压力面静压由叶片前缘到 10% 相对轴向弦长位置处逐渐降低,为叶片前缘弓形激波后气流重新加速的过程,叶片压力面 10% 相对轴向弦长位置处为通道激波,激波后静压突然升高,之后继续缓慢升高,压力面 40%~80% 相对轴向弦长处的静压基本保持不变,80% 相对轴向弦长后的静压逐渐降低。

图 9.2(b)和 9.3(b)给出的分别是叶中截面相对马赫数云图和静压分布图,由于叶中截面远离端壁区域,其流场分布较叶根、叶尖截面更为均匀、合理。该截面叶型弯角为 96°,与叶根截面类似,该截面叶型整体结构为后弯型,前段弯角较小,几乎为直叶片,以适应超声速来流,叶片弯度主要集中在后半段,最大厚度位置

在激波之后,叶片后半部分厚度明显比叶根薄。叶中截面激波结构与叶根类似,叶中来流马赫数为1.35,叶片前缘弓形激波较弱,仅在叶片前缘局部分布,弓形激波并未延伸至相邻叶片的吸力面形成通道激波,而在前缘弓形激波后,气流继续加速,在叶片通道内部形成通道激波,波前马赫数为1.5,通道激波后并未发现激波附面层分离。

通道激波后气流降为亚声速,亚声速气流在叶片通道内首先拐弯降速扩压;叶中截面出口几何角为-31.5°,叶片通道后部为收缩型,气流在叶片尾缘加速降压,气流在加速降压过程中继续偏转,在保证流场无附面层分离的情况下,进一步提高转子加功量。由静压分布可知,该截面的静压分布与叶根类似,与常规压气机静压分布不同,明显为后加载叶型,由叶型图也可明显看出,叶片弯角主要集中于叶片后半部分亚声速区,以及加速降压部分。叶片吸力面静压由叶片前缘开始先逐渐降低,气流逐渐加速,在20%相对轴向弦长位置处为正激波,激波后静压突升,在随后的扩张通道中静压逐渐升高,在60%～85%相对轴向弦长位置处,静压逐渐降低;由叶片前缘到35%相对轴向弦长位置处,叶片压力面静压逐渐升高,随后在35%～85%相对轴向弦长位置处基本保持不变,85%相对轴向弦长位置到叶片尾缘处的静压逐渐降低,气流在尾缘加速降压。

图9.2(c)和图9.3(c)给出的分别是叶尖截面相对马赫数云图和静压分布图,叶尖截面来流马赫数较高,来流马赫数为1.54,因此,虽然该截面弯角依然较大(101.7°),该截面叶型与叶中、叶根截面叶型有明显区别,激波结构也有较大区别,叶尖截面前段明显为预压缩叶型,弯角为负,弯度集中于40%相对轴向弦长之后,最大厚度位置在激波后。叶尖吸力面前缘气流加速后的马赫数峰值为1.87,经叶型前段预压缩,波前马赫数已降到1.4,大幅降低了激波强度,且激波后并未发现激波附面层分离,大大减小了叶型损失。

在叶尖截面,前缘弓形激波延伸至相邻叶片吸力面,形成通道激波,这与其他截面有所不同;弓形激波的上半部分,即外伸激波部分依然不明显。激波后亚声速气流在叶栅通道中先略微加速,后在扩张通道减速拐弯,由于叶型后段弯度较大,由静压分布可知,叶片吸、压力面间的压差明显高于其他截面,导致叶尖尾缘出现明显的泄漏涡,增大了叶尖区域损失;但在进口马赫数为1.54、弯角为101.7°的工况下出现叶尖泄漏涡,已较难避免。由静压分布可知,该截面负荷同样集中于叶片后部,为后加载叶型;但该截面前缘负荷明显高于其他截面,主要是因为该截面来流马赫数较高。

叶片吸力面前缘静压逐渐升高,对应于叶片吸力面前缘预压缩段,在25%～30%相对轴向弦长处,静压突升,为通道激波位置,但静压突升幅度不大,表明叶尖通道激波强度在预压缩段的控制下明显减弱。激波后静压经历略降区域后又逐渐升高,虽然叶片尾缘为收缩型通道,但吸力面静压并未在叶片尾缘重新出现降低趋势,其原因是叶片尾缘有明显的泄漏涡,泄漏流气体未沿叶片尾缘收缩通道偏转加速,叶尖吸力面尾缘区域并未出现如叶根所示的进一步加速降压的过程;叶片压力面尾缘静压依然有降低趋势,但不明显。通道激波后叶片通道为收缩型,叶片压力面前缘静压首先逐渐降低,然后自 20% 相对轴向弦长后逐渐升高,在 35%～90% 相对轴向弦长处,静压基本保持不变。因此,叶片后半部分吸、压力面静压均基本保持不变,表明虽然 S1 流面尾缘在此处形成收缩型通道,但由于泄漏涡等的作用,叶片气动通道面积基本保持不变。但由于叶尖截面叶片弯角较大,叶尖区域的加功能力依然较强。

9.1.2　超高来流马赫数静子叶型设计

转子出口绝对马赫数较高,转子叶根出口绝对马赫数高达 1.66,远远超出常规轴流压气机设计值,因此将该超高总压比吸附式轴流压气机静子设计为双排串列静子叶片,前排静子设计为直叶片,主要采用激波来降低来流马赫数,防止在高来流马赫数工况下,单排大弯度静子叶片在叶片通道内产生强激波及激波后附面层分离,导致静子损失过大。

图 9.4 和图 9.5 分别给出了前排静子叶根、叶中、叶尖截面的马赫数云图及叶片表面静压分布。由图 9.4 可知,由于前排静子来流马赫数较高,各截面均为预压缩叶型,为降低激波损失、提高压气机等熵效率,叶中、叶尖通道为斜激波。叶根截面来流马赫数最高,其预压缩程度较高,且叶片通道前段形成了收缩型通道,超声速来流在收缩型通道内减速,两者共同作用降低了波前马赫数,减小了激波损失。

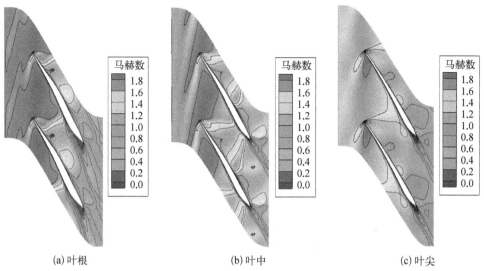

(a) 叶根　　　　　　　　(b) 叶中　　　　　　　　(c) 叶尖

图 9.4　前排静子不同叶展截面的马赫数云图

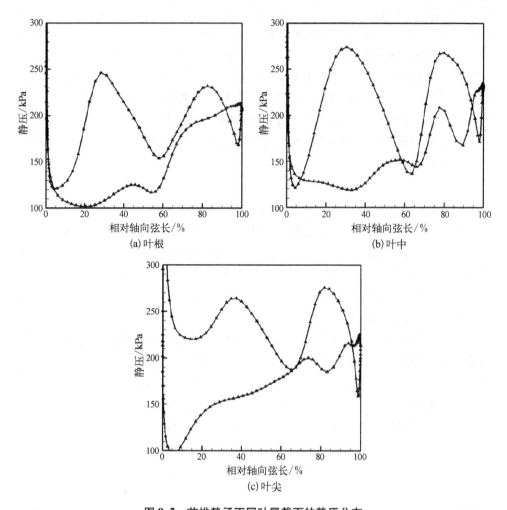

图 9.5   前排静子不同叶展截面的静压分布

前排静子叶根的激波结构主要是前缘弓形激波和通道正激波,该截面的前缘弓形激波较弱,并未延伸至相邻叶片压力面;弓形激波后叶片压力面侧超声速气流继续加速,在叶片通道内部形成正激波,波前马赫数为 1.6,但由于激波后气流重新在外凸的压力面侧加速降压,减弱了强激波后强逆压梯度对附面层的作用,在激波后压力面并未形成激波附面层分离,在吸力面侧激波后有较弱的低速区。叶中截面激波结构与叶根类似,弓形激波并未延伸到相邻叶片吸力面形成正激波,弓形激波后气流在吸、压力面前缘膨胀加速,叶中截面同样为预压缩叶型,因此气流在吸力面前缘膨胀加速后,在叶片吸力面逐渐减速,直至气流在叶栅通道内部形成一道斜激波,斜激波强度较弱,并未在叶片吸力面形成附面层分离。

叶尖截面来流马赫数为 1.5,明显比叶根截面小,因此该截面叶型明显较叶根截面平直,虽同为预压缩叶型,但叶片前部的负弯角程度明显较弱,激波结构也较简单。叶片前缘有一道弓形激波,弓形激波延伸到相邻叶片吸力面,形成一道斜激波。叶尖截面预压缩叶型对叶片吸力面气流的减速作用最为明显,气流经过弓形激波后在叶片吸力面前缘膨胀加速,吸力面侧近前缘区域的气流马赫数峰值为 1.75,经吸力面一系列预压缩波减速后,波前马赫数降低至 1.3,大幅度减小了激波损失。

9.1.3　超声速大弯角吸附式叶型设计

前排静子出口马赫数约 1.15,其出气角达 60° 左右,在超声速来流下实现较大的气流转折,通道内势必将出现较强的激波,波后附面层分离难以避免。因此,采用吸附式压气机叶型,减弱或消除激波附面层分离势在必行。现有文献多针对已有超、跨声速压气机进行附面层抽吸,而且现有的超跨声速轴流压气机的超声截面弯角一般较小,本节所设计的静子叶片叶中截面超声速叶型弯角约 45°,难度较大;且在超声速大弯角叶型中,激波附面层分离产生后,若叶型设计不合理,附面层分离区的逆压梯度过大,采用附面层抽吸常常难以抑制的分离区。因而,本节采用控制流速分布的设计方法,控制叶片表面的等熵马赫数分布,主要抑制叶片吸力面前缘气流的膨胀加速,控制叶片通道内的激波强度,得到叶型截面。其次,在激波附面层分离区采用附面层抽吸技术,有效控制气流分离。限于篇幅,这里仅给出了 2 个叶展截面的叶型和流场图。

图 9.6 给出了 50% 叶展反设计叶型流场分布,分别给出了叶片表面等熵马赫数分布及 S1 流面马赫数等值线,该截面来流马赫数为 1.2,叶型弯角为 44.07°,附面层抽吸后,该截面静压比为 2.04,明显高于常规静子叶型。来流在叶片吸力面前缘膨胀加速后,吸力面等熵马赫数增大到 1.4,类似地,该叶片截面吸力面在激

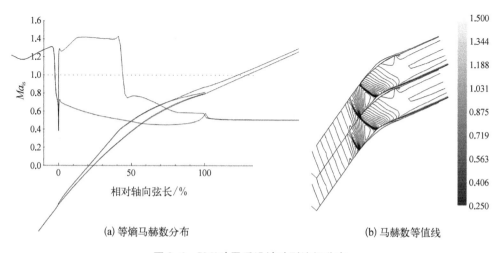

(a) 等熵马赫数分布　　　　　　　　　　(b) 马赫数等值线

图 9.6　50%叶展反设计叶型流场分布

波位置前为预压缩叶型,预压缩型面将吸力面等熵马赫数控制在 1. 4 以下,且在
15%相对轴向弦长后略有降低。抽吸缝位于激波下游,距激波位置较近,在附面层
抽吸时,防止抽吸后激波位置过于后移。压力面侧的等熵马赫数分布较为均匀,但
压力面侧静压的升高主要集中于 60%相对轴向弦长之前,压力面后部的等熵马赫
数几乎不变。该截面吸附式叶型通道内的流场分布良好,在 45%相对轴向弦长位
置处有一通道正激波,波前马赫数为 1. 4,正激波后未发现明显的附面层分离,表
明该截面吸附式叶型能有效控制大弯角超声速叶型的附面层分离,仅在吸力面尾
缘附面层开始增厚。

如图 9. 6 所示,叶片前缘的弓形激波附体,通道激波刚好在叶片最大厚度位
置。叶型最大厚度位置处近似为三角形,有利于在激波后进行附面层抽吸,以控制
激波位置。激波前预压缩叶型弯角较小,叶型弯角主要集中于激波后的亚声速区。
叶型总损失系数为 0. 087、黏性损失系数为 0. 008,因此该吸附式叶型主要为激波
损失,与激波损失相比,黏性损失更不明显,主要得益于附面层抽吸对吸力面附面
层的控制。

图 9. 7 给出了 75%叶展反设计叶型流场分布,分别给出了叶片表面等熵马赫
数分布及 S1 流面马赫数等值线,该截面来流马赫数为 1. 15,叶型弯角为 44. 41°,
附面层抽吸后,该截面静压比为 1. 98,明显高于常规静子叶型。来流在叶片吸力
面前缘膨胀加速后,吸力面等熵马赫数增大到 1. 3,与 50%叶展截面类似,该叶片
截面吸力面在激波位置前为预压缩叶型,预压缩型面将吸力面等熵马赫数控制在
1. 3 以下,且在预压缩区域沿轴向弦长向后略有降低。抽吸缝位于激波下游,距激
波位置较近,防止附面层抽吸后激波位置过于后移。压力面侧等熵马赫数分布较
为均匀,但压力面侧静压的升高主要集中于 70%相对轴向弦长之前,压力面后部的

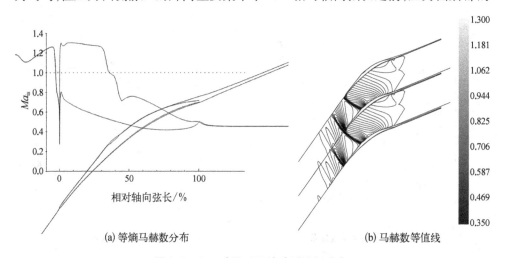

(a) 等熵马赫数分布　　　　　　　　(b) 马赫数等值线

图 9.7　75%叶展反设计叶型流场分布

等熵马赫数几乎不变,即静压保持不变。该截面处,吸附式叶型通道内的流场分布良好,在40%相对轴向弦长位置处有一通道正激波,波前马赫数为1.25,正激波后未发现明显的附面层分离,表明该截面吸附式叶型能有效控制大弯角超声速叶型的附面层分离,且其尾缘附面层厚度也明显小于50%叶展截面,流场分布优于其余叶展截面。

如图9.7所示,叶片前缘的弓形激波附体,通道激波刚好在叶片最大厚度位置。激波前预压缩叶型弯角较小,叶型弯角主要集中于激波后的亚声速区。叶型总损失系数为0.052、黏性损失系数为0.01,其损失明显小于50%叶展截面,主要原因是激波强度较弱。该吸附式叶型主要为激波损失,与激波损失相比,黏性损失更不明显,同样得益于附面层抽吸对吸力面附面层的控制。因此,该截面叶型设计较为合理,在大弯角超声速工况下可成功地控制住通道内的附面层分离。

图9.8给出了后排静子不同叶展的S1流面三维数值马赫数等值线图。对比反设计叶型结果中各截面的准三维马赫数等值线图可知,在50%叶展和75%叶展区域,准三维结果与三维数值模拟结果吻合较好,激波结构类似,叶片前缘弓形激波、通道均为正激波结构,激波的位置也与准三维解大体相同。但与准三维解相比,三维数值模拟结果中的激波位置略向后移动,该现象在超声速叶型附面层抽吸中比较常见,但附面层抽吸后,激波位置并未过多向后移动,附面层抽吸明显提高了压气机性能,足见吸附式叶型设计的成功之处。另外,激波后叶片附面层低速区、分离区与准三维设计流场相比略大,三维数值模拟过程中的附面层抽吸并未完全控制住激波后的附面层分离,这是由于准三维解中仅考虑了该叶型自身的流场

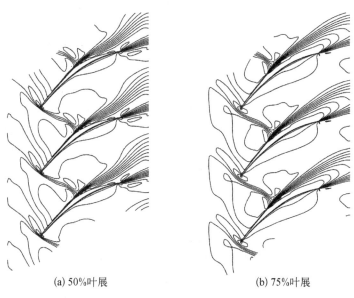

(a) 50%叶展　　　　　　　　　　(b) 75%叶展

图9.8 后排静子不同叶展的S1流面三维数值马赫数等值线

性能,而实际中,各截面流场结构除由自身决定外,受其他截面叶型、端壁二次流动、叶尖泄漏流、前后排叶片的干扰影响也很大,因此准三维解并不能完全准确体现轴流压气机中流场结构,但两者的流场结构总体保持一致,吻合程度较好。

因此,吸附式压气机叶型的准三维反设计是成功的,准三维解与三维数值模拟结果表现出较强的一致性,反设计叶型应用在大弯度、超声速静子中可以有效地控制激波附面层分离,将叶型损失控制在可接受范围内。

超高总压比吸附式轴流压气机设计中,为在保证高等熵效率的同时提高总压比,转子常采用大弯角、冲击式转子设计,转子叶片弯角从叶根到叶尖均大于 90°,来流相对马赫数为超声速、出口相对马赫数和绝对马赫数均为超声速,叶片前段采用预压缩叶型以降低激波损失,叶型弯角主要集中于后半段,为后加载叶型。设计完成后,转子总压比高达 5.7,等熵效率达 87%;整级总压比达 4.5,大幅提高了轴流压气机的总压比。为减小静子损失,静子采用双排串列叶片设计,前排叶片几乎无弯角,采用激波增压;后排采用大弯角超声速吸附式静子叶片,可以进一步减速扩压。

9.2 低雷诺数压气机叶栅流动特性与改型设计

从高空无人机飞行平台动力装置的发展现状及研究趋势看,有关高空、低速、低雷诺数条件下风扇/压气机叶型及叶片的设计技术已达到相当高的水平,设计者凭借丰富的经验积累并在设计软件的强有力辅助下,就可以在低雷诺数压气机叶片二维设计技术的基础上开发出适应低雷诺数流动、具有较强抗分离能力的新叶型,国外已投入使用阶段,但可供借鉴的资料很少。

国内在这方面有关的理论与实验研究尚处于初始阶段,因此开展在高空、低速、低雷诺数条件下具有较强抗分离能力的新叶型研究,探讨叶型设计的新概念和新方法,发展相应的低雷诺数压气机叶片二维设计技术是非常有必要的。

本节主要进行了低雷诺数条件下二维压气机叶栅流场计算与对比,借助低雷诺数和高雷诺数下叶型设计特点的对比分析,探讨了低雷诺数下叶型设计的特殊需求。在探索高空、低速、低雷诺数对压气机叶型性能影响的基础上,以发展适应低雷诺数流动、具有较强抗分离能力的新叶型为最终目标,对相应的叶型设计技术进行了验证,为最终突破低雷诺数下叶型设计的关键技术提供可行的途径,并为低雷诺数下的三维叶片优化造型打下基础。

9.2.1 某型压气机二维叶栅在地面和高空的流场特性对比

1. 地面(0 km)、高空 20 km 及高空 30 km 流场特性对比

分别选择地面(0 km)、高空 20 km 及高空 30 km 工况,对某型二维压气机叶栅进行了数值模拟,得到了流场参数分布和叶片表面马赫数分布。图 9.9～图 9.11

中分别给出了不同高度下二维压气机叶栅流场熵等值线分布和对应的叶片表面马赫数分布,从中可得出如下结论。

(1) 0 km 时[图 9.9(a)],叶型吸力面附面层较薄,黏性气体造成的叶型损失较小,在靠近叶型尾缘处,只有轻微的分离发生,脱落的分离涡也较小,尾迹较窄,相应的叶片表面马赫数分布如图 9.9(b)所示,整个叶型吸力面上黏性气体的流动状况是较为理想的。

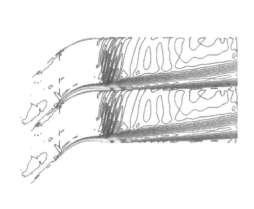
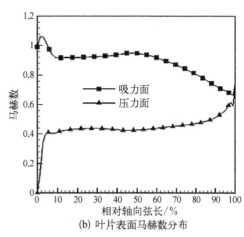

(a) 叶栅流场熵等值线分布　　　　　(b) 叶片表面马赫数分布

图 9.9　0 km 下的二维叶栅流场和叶片表面马赫数分布

(2) 当高度上升为 20 km 时[图 9.10(a)],叶型吸力面附面层开始增厚,黏性气体造成的叶型损失变大,在靠近叶型尾缘处,分离区有所扩大,并伴随较多、较大的分离涡脱落,尾迹区也有所扩展,相应的叶片表面马赫数分布如图 9.10(b)所示,整个叶型吸力面上黏性气体的流动状况有恶化的趋势。

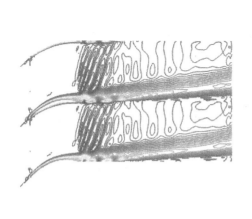
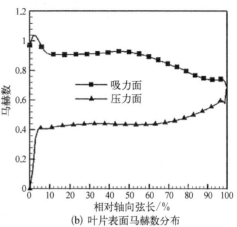

(a) 叶栅流场熵等值线分布　　　　　(b) 叶片表面马赫数分布

图 9.10　20 km 下的二维叶栅流场和叶片表面马赫数分布

（3）当高度上升为 30 km 时［图 9.11(a)］，叶型吸力面附面层变得更厚，黏性气体造成的叶型损失更大，在叶型后半部，附面层分离便开始发生，漩涡更明显，尾迹加宽，相应的叶片表面马赫数分布如图 9.11(b)所示，在整个叶型吸力面后半部，黏性气体的流动状况已经恶化。

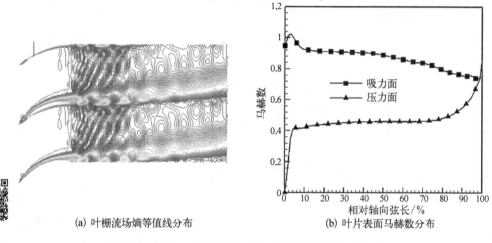

(a) 叶栅流场熵等值线分布　　　　　　　(b) 叶片表面马赫数分布

图 9.11　30 km 下的二维叶栅流场和叶片表面马赫数分布

9.2.2　压气机二维叶栅改型设计思路及技术途径

1. 改型设计思路及技术途径

由前面的分析可以得出如下结论。

（1）0 km 时，叶型吸力面附面层流动状况是较为理想的，叶型损失较小，基本上没有分离发生。

（2）当高度上升为 20 km，乃至 30 km 时，在高空低雷诺数条件下，叶栅通道内部和叶型吸力面附面层的流动状态发生很大的变化，表现为气体的黏性作用增强，影响区域扩大，在靠近叶型尾缘处出现分离，损失增加。

由此可以判定，高空低雷诺数流动对叶型性能有较大的影响，这就对压气机设计者提出了更高的要求，如何使所设计的压气机叶片在高空低雷诺数流动条件下保持良好的气动性能，以确保压缩系统能够稳定、正常地工作，是目前亟待解决的关键问题。

通过大量的雷诺数效应计算分析，在以往研制高负荷、低损失定制叶型技术的基础上，拟定二维叶栅改型设计思路及技术途径如下。

（1）针对低雷诺数下气体黏性作用增强的特点，有效控制叶型吸力面附面层的发展是关键，其设想如下：在叶型前半段，尽量维持较长的层流附面层；在峰值后的后半段，控制好气流的扩散程度，避免产生较大的逆压梯度，使气流不产生分离,当分离无法避免时,要将分离尽量推迟至叶型尾缘附近,这样才能有效地减小叶型损失。

（2）在气体黏性作用增强的背景下,要避免较强的激波及激波/附面层相互干扰带来的损失,关键是要控制好峰值马赫数的大小。

（3）要完成上述设想,具体的做法如下：给定叶型表面马赫数分布时,在叶型前半段维持一段"平顶式"分布,这样有利于层流附面层的保持,将吸力面马赫数峰值控制在 1.2 以下,峰值后维持均匀的气流扩散,可抑制或推迟分离的发生。

为验证上述二维叶栅改型设计思路及技术途径的有效性,首先采用高负荷、低损失定制叶型技术,选择在 0 km 地面条件下完成一个二维叶栅设计（NWPU－01 叶型）,通过设计计算分析得到其气动性能,然后根据前述的改型设计思路及技术途径,选择 20 km 高空低雷诺数条件完成另一个二维叶栅改型设计（NWPU－02 叶型）,通过对两者的气动性能、表面马赫数分布、流场结构进行对比,从数值分析上判断改型设计是否成功。

2. 0 km NWPU－01 叶栅设计和 20 km NWPU－02 叶栅改型设计

按地面 0 km 条件设计的 NWPU－01 叶型和按高空 20 km 条件设计的 NWPU－02 叶型对比如图 9.12 所示,其进口设计条件如下：进口马赫数 $Ma_1 = 0.82$、进气角 $\beta_1 = 50°$。本小节采用 CFD 程序分别对 NWPU－01 和 NWPU－02 叶型叶栅在地面 0 km、高空 20 km 条件下的损失特性、表面马赫数分布、流场结构进行了大量计算,下面结合算例进行性能对比分析。

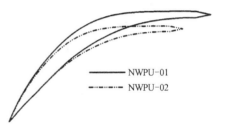

图 9.12　按地面、高空条件设计的 NWPU－01 和 NWPU－02 叶型

1）$Ma_1 = 0.82$、$\beta_1 = 50°$时的叶栅性能对比

图 9.13（a）给出了高度为 0 km、进口马赫数 Ma_1 为 0.82、进气角 β_1 为 50°时, NWPU－01 和 NWPU－02 叶栅的栅后总压损失系数对比,图中横坐标为下游距叶型尾缘处的距离（为方便起见,将其表示为栅距 t 的倍数）,纵坐标为叶型总压损失系数。由图可以看出,即使在 0 km 条件下,按高空 20 km 条件设计的 NWPU－02 叶栅的损失特性也要优于按地面 0 km 条件设计的 NWPU－01 叶栅。在尾缘处, NWPU－01 叶栅的栅后总压损失系数为 0.158,NWPU－02 叶栅的栅后总压损失系数为 0.094 4;在距尾缘 $2t$ 处,NWPU－01 叶栅的栅后总压损失系数为 0.174,而 NWPU－02 叶栅的栅后总压损失系数为 0.138。

对应地,两个叶栅在 20 km 处的栅后总压损失系数对比见图 9.13（b）,由图可以更明显地看出,NWPU－02 叶栅在高空低雷诺数流动条件下仍保持良好的气动性能,而 NWPU－01 叶栅在高空低雷诺数流动条件下的性能趋于恶化,其总压损失

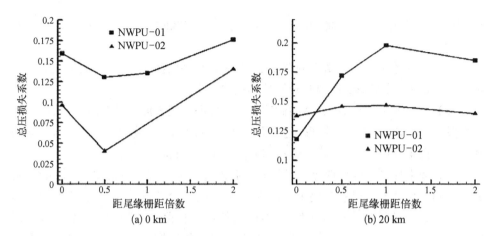

图 9.13   NWPU－01 和 NWPU－02 叶栅的栅后总压损失系数对比（$Ma_1 = 0.82$、$\beta_1 = 50°$）

系数可达 0.20 左右，NWPU－02 叶栅的总压损失系数为 0.14 左右，两者相差近 0.06，NWPU－02 叶栅的损失水平要明显低于 NWPU－01 叶栅。究其根本原因，两个叶栅在设计时，对叶型表面气流扩散程度的控制有较大差别，以下对叶型表面马赫数分布和流场结构对损失特性影响的原因作详细分析。

0 km 高度下，两者的叶型表面马赫数分布分别如图 9.14(a) 和 9.14(b) 所示，通过对比可以看出，NWPU－01 叶型表面的马赫数分布较差，其吸力面马赫数峰值超过 1.4，通道中有较强的激波产生[图 9.15(a)]，并导致较强的激波/附面层干扰，峰值后的速度扩散梯度较大，易导致严重的分离；相比之下，NWPU－02 叶型表面马赫数分布较为理想，吸力面马赫数峰值控制在 1.1 以下，并无较强的激波产生[图 9.15(b)]，在叶型前半段维持了一段"平顶式"分布，非常有利于层流附面层

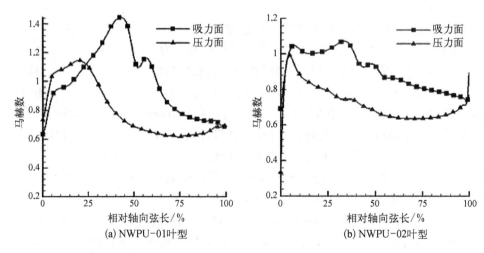

图 9.14   0 km 下 NWPU－01 和 NWPU－02 叶型表面的马赫数分布（$Ma_1 = 0.82$、$\beta_1 = 50°$）

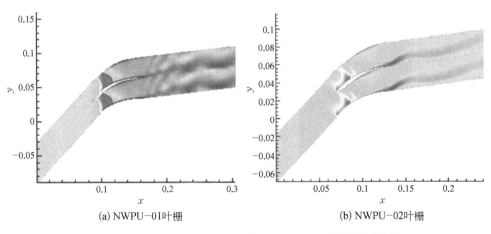

(a) NWPU−01叶栅

(b) NWPU−02叶栅

图 9.15　0 km 下 NWPU‒01 和 NWPU‒02 叶栅的马赫数等值线分布($Ma_1 = 0.82$、$\beta_1 = 50°$)

的保持,峰值后的速度扩散梯度小且平缓。

　　高度为 20 km 时,两者的叶型表面马赫数分布分别如图 9.16(a)和 9.16(b)所示,同样通过对比可以看出,在高空低雷诺数流动条件下,NWPU‒01 叶型表面马赫数分布是不理想的,其吸力面马赫数峰值虽然控制在 1.2 左右,但通道中仍有较强的激波产生[图 9.17(a)],峰值后的速度扩散梯度较大,会导致附面层分离产生;相比之下,NWPU‒02 叶型表面马赫数分布仍较为理想,吸力面马赫数峰值不超过 1.1,峰值后平稳过渡到亚声区,避免了激波产生[图 9.17(b)],在叶型前半段维持的"平顶式"分布更长,更有利于层流附面层的保持,峰值后的气流速度变化梯度较小,平缓扩散到尾缘。

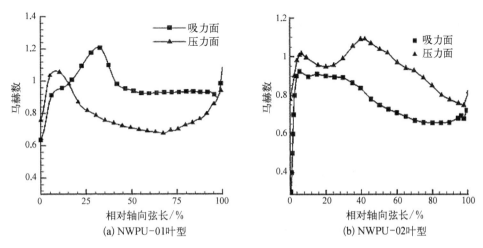

(a) NWPU−01叶型

(b) NWPU−02叶型

图 9.16　20 km 下 NWPU‒01 和 NWPU‒02 叶型表面的马赫数分布($Ma_1 = 0.82$、$\beta_1 = 50°$)

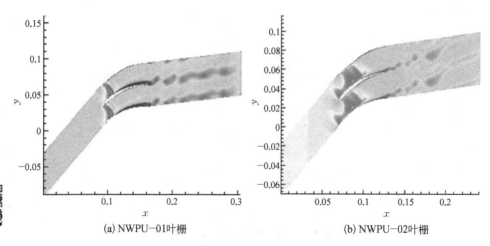

(a) NWPU-01叶栅　　　　　　　(b) NWPU-02叶栅

图 9.17　20 km 下 NWPU - 01 和 NWPU - 02 叶栅的
马赫数等值线分布($Ma_1 = 0.82$、$\beta_1 = 50°$)

2) $Ma_1 = 0.75$、$\beta_1 = 50°$ 时的叶栅性能对比

图 9.18(a) 和 9.18(b) 分别给出了高度为 0 km、进口马赫数为 0.75、进气角为 50° 时, NWPU - 01 和 NWPU - 02 叶栅的马赫数等值线分布对比, 从图中可以看到, 两者的流场结构没有本质区别, 只是 NWPU - 01 叶栅通道中的马赫数峰值更高一些, 其气动性能在此条件下比较接近。

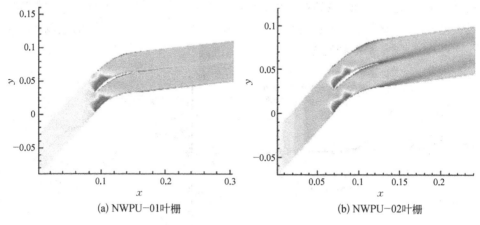

(a) NWPU-01叶栅　　　　　　　(b) NWPU-02叶栅

图 9.18　0 km 下 NWPU - 01 和 NWPU - 02 叶栅的
马赫数等值线分布($Ma_1 = 0.75$、$\beta_1 = 50°$)

如图 9.19(a) 和 9.19(b) 所示, 高度为 20 km 时, 两者的叶型表面马赫数分布有类似之处, 从速度扩散控制的角度来说应该都比较理想, 只是 NWPU - 02 叶栅的速度扩散更平缓一些。从图 9.20(a) 和 9.20(b) 给出的熵等值线分布及图 9.21(a)

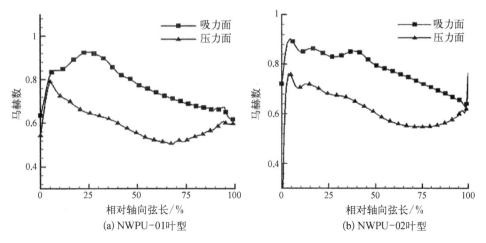

图 9.19 0 km 下 NWPU−01 和 NWPU−02 叶型表面的马赫数分布($Ma_1 = 0.75$、$\beta_1 = 50°$)

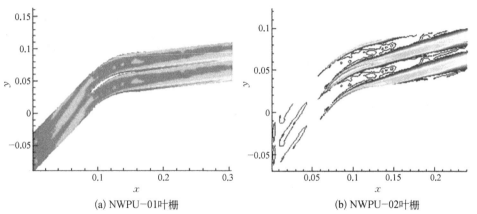

图 9.20 20 km 下 NWPU−01 和 NWPU−02 叶栅的熵等值线分布($Ma_1 = 0.75$、$\beta_1 = 50°$)

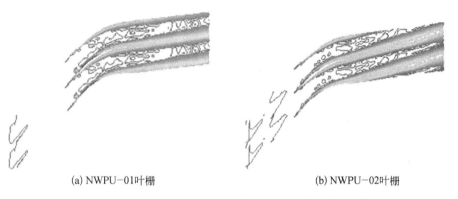

图 9.21 20 km 下 NWPU−01 和 NWPU−02 叶栅的马赫数等
值线分布($Ma_1 = 0.75$、$\beta_1 = 50°$)

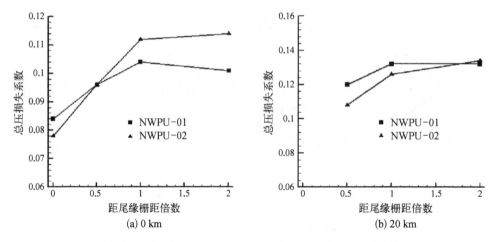

图 9.22　0 km 和 20 km 下 NWPU‑01 和 NWPU‑02 叶栅的 栅后总压损失系数($Ma_1 = 0.75$、$\beta_1 = 50°$)

和 9.21(b)所示的马赫数等值线分布对比来看,NWPU‑01 叶栅在叶型表面的高熵区域更大一些,这也预示着 NWPU‑02 叶栅的栅后总压损失系数要略低一些,从图 9.22(a)和 9.22(b)中可得到验证。

9.2.3　小结

本节在高负荷、低损失叶型设计和叶栅流场分析等研究工作上的基础上,针对典型的二维叶栅算例,分别在 0 km 和 20 km 高度条件下进行了叶栅设计和改型设计,通过对叶栅流场品质分析,对低雷诺数条件下的叶栅流动特性进行刻画和认识,对比分析了叶型表面附面层流动状况、表面压力分布和损失特性等;提出了二维叶栅改型设计思路及技术途径,初步从理论上验证了本设计方法的有效性,同时,对高空、低速、低雷诺数条件下叶栅流动特性的描述和认识,可为今后风扇/压气机叶片设计技术的研究提供理论依据。

本节得到的初步结论如下。

(1) 高空低雷诺数流动对叶型性能有较大的影响,必须发展相应的叶型设计技术,才能使所设计的压气机叶片在高空低雷诺数流动条件下保持良好的气动性能,以确保压缩系统能够稳定、正常地工作。

(2) 有效控制叶型吸力面附面层的发展是关键所在,从理论上讲,在叶型前半段,应尽量维持较长的层流附面层,控制吸力面马赫数峰值;在峰值后的后半段,应控制气流的扩散程度,避免产生较大的逆压梯度,避免气流产生分离,当分离无法避免时,要将分离尽量推迟至叶型尾缘附近,这样才能有效地减小叶型损失。

(3) 给定叶型表面马赫数分布时,在叶型前半段维持一段"平顶式"分布,将有利于层流附面层的流动,将吸力面马赫数峰值控制在 1.2 以下,峰值后维持均匀的气流扩散,可在一定程度上抑制或推迟分离的发生。

9.3　低雷诺数压气机层流叶型设计

9.3.1　概述

由于层流边界层的表面摩擦阻力远小于湍流边界层,层流翼型设计的概念在大量理论和实验研究的基础上应运而生,层流翼型的翼面边界层保持大面积的层流流动,从而减小阻力[58]。传统亚声速压气机叶型由对称翼型按一定要求弯曲而成,叶型与翼型的工作机理是相通的,因此若可以将机翼的层流化技术应用到压气机叶片,采用能使叶片表面保持更大范围层流流动的压气机层流叶片,将大幅度减小叶片表面流动摩擦阻力,减小流动损失,以提高压气机的等熵效率和变工况性能,这对高性能压气机设计,甚至高性能航空发动机和燃气轮机的研制具有重要意义。

层流叶型是指在叶片表面保持一定范围的层流流动,从而减小流动阻力。与层流翼型的概念一致,由于湍流的摩擦阻力远大于层流,希望通过适当的外形设计,尽可能地延迟转捩以扩大层流流动范围,进而减小流动损失。应当注意的是,层流叶型并不是要求压气机内的主流流动实现完全的层流化,只是希望在叶型表面边界层的流动实现一定范围的层流化。

叶片表面的边界层流动起始于较为稳定的层流流动,气流向下游流动的过程中,随着雷诺数增大并达到一定数值时,层流边界层将失去稳定性,转捩为湍流,并且湍流边界层造成的流动损失比层流边界层更多。而叶片表面的边界层分离和转捩是引起边界层损失的主要来源,是高负荷压气机叶型设计所必须面对的问题。通过一定手段抑制叶片表面的分离、推迟边界层转捩以维持更大的层流流动范围可以有效降低叶片表面边界层损失。

在实际压气机环境下,压气机叶片表面的层流流动之所以被忽略,实际上是因为层流边界层的维持条件比较苛刻,具有较强的前缘敏感性。Cumpsty[59]认为,层流在叶片前缘区域发展的过程中常常伴随出现分离泡,导致流动转捩的发生,层流转变为湍流,叶片前缘附近的分离泡是前缘转捩的诱导因素。1995 年,Walraevens 等[60]在平板前端分别构造了圆弧形和椭圆形前缘,并进行了实验研究,研究结果表明:椭圆形前缘能够削弱前缘分离泡强度,甚至消除前缘分离泡,因此椭圆形前缘构造可以一定程度上推迟层流边界层转捩,改善边界层流动。2011 年,Elmstrom 等[61]给出的数值研究结果表明,前缘形状变化会导致前缘附近压力梯度产生显著变化,在一定条件下会诱发层流分离和过早转捩。

因此,叶片的气动性能和叶片表面的层流流动对前缘几何形状极其敏感,前缘产生的分离泡是诱导前缘转捩的根本原因,进而影响了叶片表面的层流流动。层流叶型的关键在于消除前缘分离泡结构,减弱前缘吸力峰强度,抑制前缘转捩,进而实现叶片表面的层流流动。

其次,叶片表面的层流流动也受诸多环境因素的影响。1999年,刘波等[62]以二维平面叶栅为研究对象,通过实验测量了不同来流环境下的流场分布情况,并采用数值计算方法着重研究了不同来流马赫数和来流攻角条件下,叶片表面压力分布情况对层流边界层向湍流边界层转捩过程的影响。研究结果表明:来流马赫数和来流攻角的变化对转捩有较大影响,进口马赫数越大,转捩越靠前,而来流攻角对叶型吸力面和压力面的边界层转捩发生位置具有相反的影响。

刘太秋等[63]对压气机二维叶栅进行了优化设计,使其适用于高空低雷诺数流动环境,并采用MISES程序对流场进行了数值计算和对比分析,探讨了低雷诺数效应对叶片性能的影响,并给出适用于高空低雷诺数的压气机叶型设计规律:合理分配和控制叶型的弯度和厚度分布,适当降低叶型前段的弯度,降低前段负荷,并将其控制在叶型中、后部实现,将叶型的最大厚度位置控制在35%~45%范围内;同时,叶型中后部的负荷分布也要合理分配。

将自然层流翼型的设计思路引入内流压气机叶片设计中,其设计关键是在于前缘曲线的精细设计,要求控制叶片前缘位置的压力分布不形成过大的吸力峰,延迟叶片表面层流分离及转捩,并保持更大范围的层流流动区域。另外,层流叶片的气动性能受诸多因素影响,其中最主要的是前缘、叶身型线的局部一阶导数及二阶导数的连续程度对层流边界层的影响;其次是前缘半径大小及前缘楔形角大小对前缘附近层流流动的影响;最后是叶片表面压力梯度对边界层转捩的影响。通常,逆压梯度增加,会导致流动提前转捩;而顺压梯度增大,则有利于推迟转捩发生[64, 65]。归根结底,层流叶片的气动性能由叶片外形决定,且对叶片外形十分敏感,而叶片外形的实质是叶片型线的一阶导数和二阶导数分布的连续光滑程度。

9.3.2　层流叶型设计

进行压气机层流叶型设计,叶型前缘精细化设计和叶型压力梯度(载荷分布)的分配是两个关键因素,叶型前缘的精细化设计决定前缘转捩的发生与否,而合理的压力梯度决定了叶型表面层流范围和叶片负荷的匹配。

前缘过度膨胀引起的吸力峰压力分布和前缘分离泡引起的前缘有效型面变化会进一步加剧吸力峰后半段的局部逆压梯度,这是诱导前缘转捩的根本原因。只有减弱或者消除叶型前缘吸力峰,抑制前缘转捩发生,叶型表面才有可能实现层流流动。因此,层流叶型设计关键在于压气机叶片前缘的精细化设计。

通过对叶片表面层流流动进行分析研究,可以将层流叶型的设计准则概括如下。

(1) 在几何上,保证叶型前缘曲线与叶身曲线,即保证包括前缘点、前缘曲线与叶身连接点的连续性与光滑性,并缩短前缘大曲率曲线的长度。

（2）在数学上,保证前缘曲线(包括前缘点、前缘曲线与叶身的连接点)的一阶导数连续和曲率(即二阶导数)连续,且前缘曲线的曲率连续变化发展,并能快速减小到较低水平。

（3）气动上,通过抑制前缘气流的过度膨胀来控制前缘吸力峰强度,并尽可能消除前缘分离泡,以减弱前缘吸力峰局部逆压梯度,从而抑制前缘边界层转捩,以实现较小的叶型损失及维持层流流动的较大的攻角范围。

这里采用三次 NURBS 曲线表达叶型叶身型线,采用两段三次 NURBS 曲线对前缘几何进行描述。其中,三次 NURBS 曲线三阶连续可导,完全可以达到曲线曲率连续的要求。设计过程中,首先需要对原始叶型进行 NURBS 曲线参数化,以获得前缘与叶身连接点的几何参数,即图 9.23 中的点 S_C、P_C,原始叶型参数如表 9.1 所示。

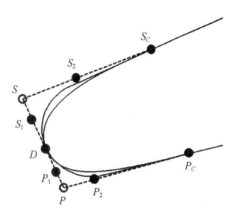

图 9.23　曲率连续前缘设计方法示意图

表 9.1　原始叶型参数

前缘半径/mm	0.521	栅距/mm	30.44
尾缘半径/mm	0.56	安装角/(°)	26.58
弦长/mm	69.95	几何进口角/(°)	45.83
最大厚度/mm	3.51	几何出口角/(°)	6.22
叶型弯角/(°)	39.61		

图 9.23 所示为曲率连续前缘设计方法示意图,其中点 D 为叶型前缘点,点 S_C 和 P_C 为前缘与叶身的连接点,点 S_1、S_2、P_1、P_2 分别为相应切线段上的点,由点 D、S_1、S_2、S_C 作为控制点可以确定吸力面前缘 NURBS 曲线;同理,由点 D、P_1、P_2、P_C 作为控制点可以确定压力面前缘 NURBS 曲线。给定设计参数为几何进口角、前缘点 D 位置、前缘与叶身连接点(S_C、P_C)几何参数(位置、斜率、曲率)。以控制点 S_1、S_2、P_1、P_2 的位置为设计变量(由于这 4 个控制点均在相应切线上,实际上只有 4 个设计变量),通过改变设计变量的数值,迭代计算前缘曲线端点的曲率,采用式(9.1)计算 NURBS 曲线端点曲率,并选择使得端点两侧曲线的曲率在端点位置连续的结果,若误差在 $\Delta k/k \leqslant 0.5\%$ 的范围内即认为曲率连续。

$$
\begin{cases}
k(u_k) = \cfrac{\dfrac{\omega_1}{\omega_0}\dfrac{\omega_2}{\omega_0}\dfrac{k}{u_{k+1}-u_1}\dfrac{k}{u_{k+2}-u_2}\dfrac{k-1}{u_{k+1}-u_2} \mid (d_1-d_0)\times(d_2-d_1)\mid}{\left(\dfrac{k}{u_{k+1}-u_k}\dfrac{\omega_1}{\omega_0}\right)^3 \mid d_1-d_0 \mid^3} \\[3em]
k(u_{n+1}) = \cfrac{\dfrac{\omega_{n-1}}{\omega_n}\dfrac{\omega_{n-2}}{\omega_n}\dfrac{k}{u_{n+k}-u_n}\dfrac{k-1}{u_{n+k-1}-u_n}\dfrac{k}{u_{n+k-1}-u_{n-1}} \mid (d_n-d_{n-1})\times(d_{n-1}-d_{n-2})\mid}{\left(\dfrac{k}{u_{n+k}-u_n}\dfrac{\omega_{n-1}}{\omega_n}\right)^3 \mid d_n-d_{n-1} \mid^3}
\end{cases}
$$

$$(9.1)$$

通过以上设计方法进行层流叶型前缘设计,在设计变量空间内,满足曲率连续的迭代结果不唯一,可以得到一个解集。初步设计共获得 190 组叶型设计结果,其前缘曲率范围为 0.461~5.624,选取其中 11 组典型样本展开深入分析,其前缘曲率大小如表 9.2 所示,叶型前缘型线设计结果如图 9.24 所示,前缘曲率分布如图 9.25 所示。

表 9.2　典型样本的前缘点曲率

样本	1	2	3	4	5	6	7	8	9	10	11
曲率	0.461	1.106	1.591	2.116	2.648	2.940	3.510	4.140	4.491	5.212	5.624

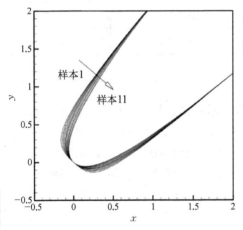

图 9.24　叶型前缘型线设计结果

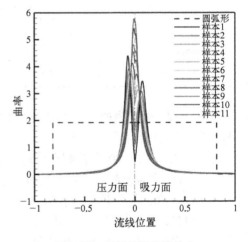

图 9.25　叶型前缘曲率分布

对所设计的前缘几何型线进行分析可以发现,叶型前缘达到曲率连续,不发生曲率突变的状况,叶型型线光顺。而与原始圆弧形前缘对比,圆弧形前缘在与叶身连接点处的曲率发生突变,是产生前缘分离泡的根本原因,如图 9.25 所示。同时,前缘点的曲率大小对前缘形状具有较大影响,前缘点曲率越大,前缘在几何上越小,当前缘点曲率过小时,前缘最大曲率位置后移,前缘曲率分布呈现的双峰状越明显。需要说明的是,在设计变量确定的情况下,通过该设计方法得到的层流叶型前缘点曲率存在最大值,并不能无限增大。

对层流叶型设计得到的计算结果中选取的 11 组典型计算结果进行分析,数值方法和边界条件与前面一致,保证进口马赫数为 0.7,得到层流叶型的总压损失系数-攻角特性如图 9.26 所示。从样本 1 到样本 11,前缘曲率逐渐增大,前缘几何减小。由总压损失系数-攻角特性曲线可以看出,在整个攻角范围内,前缘曲率越大,叶型损失越小;从 4.1°攻角开始,各样本均存在一个总压损失系数突然升高的转折点,对应的攻角称为临界转捩攻角,并且前缘曲率越大,临界转捩攻角越大,如图 9.27 所示。将临界转捩攻角 i_{cr} 与前缘曲率 k 的关系拟合为一次多项式:i_{cr} = 0.410 2k + 3.929 2,然而这与传统理论不一致。传统理论认为,对于亚声速叶栅,前缘半径减小(曲率增大),叶型损失减小,工作范围减小。而对于采用曲率连续 NURBS 曲线前缘的层流叶型,临界转捩攻角随着前缘的增大而增大,但是前缘曲率并不能无限增大,前面已经提到,其最大数值受设计参数约束。因此,层流叶型设计采用的结果要求前缘曲率取可以达到的最大值,层流叶型性能最佳。

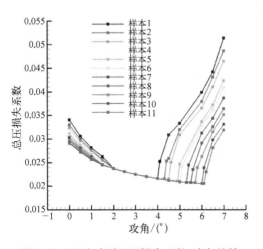

图 9.26　层流叶型总压损失系数-攻角特性

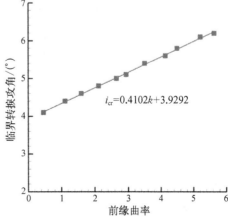

图 9.27　不同前缘曲率下的吸力面临界转捩攻角

如图 9.26 所示,在 2°~4.1°攻角范围内,所有样本的总压损失系数均相同,这是由于在该攻角范围内的吸力面和压力面上,所设计的 11 个样本在前缘均没有发生转捩(当攻角大于 2°时,压力面在前缘位置都没有发生转捩),层流流动状态均维持至叶片中部,在保证前缘不转捩,维持层流流动的状况下,前缘形状几乎不再

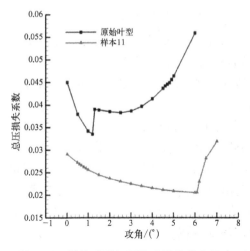

图 9.28　原始叶型与层流叶型的总压损失系数-攻角特性

对叶型性能有影响。

取性能最佳样本 11 与原始叶型，分别从整体性能和流场细节上进行对比分析。原始叶型与层流叶型的总压损失系数-攻角特性曲线如图 9.28 所示，由图可知，在所有攻角下，层流叶型的总压损失系数均远远低于原始叶型，在 0°、2.5°、5°、6°攻角下，总压损失系数分别下降 35.4%、39.7%、55.0%、64.0%。原始叶型吸力面的临界转捩攻角为 1.3°，而层流叶型吸力面的临界转捩攻角增大至 6.2°，吸力面保持层流的攻角范围提升 376.9%。

采用静压系数表征叶片表面负荷分布，静压系数 C_p 定义为

$$C_p = \frac{p^* - p}{p^* - p_1} \tag{9.2}$$

式中，p^* 为进口总压；p_1 为进口静压；p 为当地静压。

0°和 5°攻角下的层流叶片表面静压系数分布如图 9.29 所示，在 0°攻角下，原始叶型前缘在压力面侧形成较强的压力峰，导致流动在前缘位置直接发生转捩，而在吸力面也形成一个吸力峰，但是由于强度较低、扰动较小，并没有诱发转捩（原始叶型吸力面的临界转捩攻角为 1.3°）；而对于层流叶型，对比图 9.30 所示的间歇因

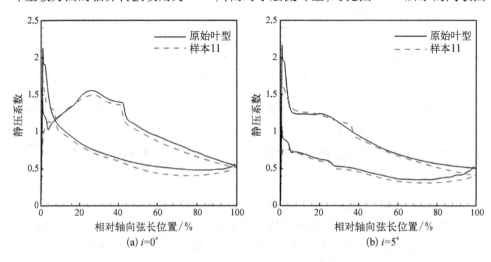

(a) $i=0°$　　　　　　　　(b) $i=5°$

图 9.29　层流叶片表面静压系数分布

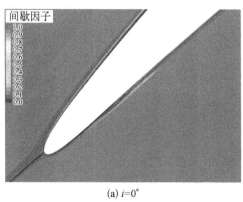
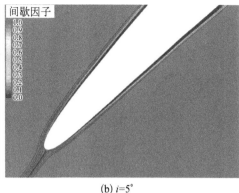

(a) $i=0°$　　　　　　　　　　　　　(b) $i=5°$

图 9.30　层流叶型表面间歇因子分布云图

子分布云图,由于经过设计,前缘的压力峰和吸力峰峰值均有明显降低,强度降低,在吸力面已经完全消除层流分离泡结构,层流流动可以维持至叶片中部,压力面的前缘分离泡也明显减弱,但是依然发生前缘转捩,原因是 0°攻角气流受叶片影响产生了负攻角效应。同时,由于所设计的前缘对流场结构发展的影响,层流叶型叶片中部最大负荷峰值有所下降,整体负荷分布更加均匀、合理。

在 5°攻角下的结果与 0°攻角时基本一致,不同的是原始叶型在吸力面发生较强烈的前缘转捩现象,吸力峰峰值较高。另外,尽管没有在压力面发生转捩,但是依然产生了较为明显的层流分离泡现象,这都是原始叶型前缘曲率不连续引起的。而对于所设计的层流叶型,前缘吸力峰、压力峰峰值均有非常明显的降低,同时完全消除前缘分离泡,层流流动均维持至叶片中部。

综上所述,层流叶型设计可以保证叶片表面维持较大范围的层流流动,叶型损失大幅降低,性能得到大幅提升。同时,前缘曲率越大,叶型损失越小,前缘曲率与临界转捩攻角成正相关。针对叶型设计,前缘曲率越大,其性能越佳。

基于层流叶型设计准则,可以有效抑制前缘吸力峰的形成,减弱叶型前缘敏感性对叶型表面层流流动的扰动,使叶型表面的层流流动得到充分发展,直至转捩发生,从而降低叶型表面的摩擦流动损失。对于压气机叶片表面流动,大负荷加载不利于层流流动形态的维持,而过大的后加载负荷容易引起尾缘区域的湍流分离,从而造成更大的流动损失。因此,在扩大叶型表面层流范围、降低边界层摩擦损失的同时,考虑叶型扩压能力、减小叶型整体流动损失才是设计中所需要的。

以往的叶型数值优化设计往往没有考虑叶型表面的层流流动,因此得到的叶型设计结果也并不完全符合实际工程。而本节将发展层流叶型数值优化方法,在优化过程中考虑叶型表面的层流流动,约束叶型表面的层流范围,以更小的叶型流动损失作为设计目标,在前述层流叶型设计的基础上实现更优性能的层流叶型设计。

层流叶型优化系统如图 9.31 所示,优化过程在 NURBS 参数化叶型上进行,通过实验设计生成数据库中的样本点,在数据库的基础上建立精度较高的近似模型,在一定程度上代替 CFD 求解。在此基础上,采用近似模型和优化算法预测最优解,为避免陷入局部解,这里首先采用全局优化算法获得一个初始结果,将此初始结果作为局部优化算法的初值,寻找最终的优化结果,并经过流场求解器验证、修正近似模型,构成优化循环,直至达到收敛标准,获得最终优化结果。

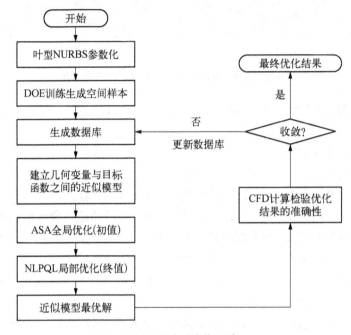

图 9.31　层流叶型优化系统

ASA 表示自适应模拟退火(adaptive simulated annealing);NLPQL 表示非线性二次规划算法(nonlinear quadratic programming algorithm);DOE 表示实验设计(design of experiment)

层流叶型优化前后的性能对比如表 9.3 所示,由表可知,优化后叶型总压损失系数下降 4.27%,叶型吸力面层流范围扩大 18.2%,且叶型的静压比几乎不变。

表 9.3　层流叶型优化前后性能对比

叶　型	总压损失系数	静压比	吸力面转捩位置(轴向)	压力面转捩位置(轴向)
优化前	0.020 862	1.252 55	28.5%	22.9%
优化后	0.019 972	1.253 00	33.7%	22.4%
相对值	-4.27%	0.036%	18.2%	-2.2%

优化前后的叶型对比如图 9.32 所示,由图可知,叶型压力面的型线变化幅度很小;叶型吸力面则有较大的变化,相比原始叶型,优化叶型中部向外略有鼓起,有利于低逆压梯度的延长,转捩位置向后推迟。如图 9.33 所示,叶型表面静压系数的"平台式"分布拐点即转捩位置(优化后,吸、压力面层流范围分别为 33.7% 和 22.4%)。当然,为了延迟转捩,叶型前半段的低逆压梯度延长,叶型后半段的负荷必然会增大,因此叶型转捩后有一段逆压梯度增大,但是只要不因引起该范围的湍流分离而带来额外的叶型流动损失,那么这一几何优化是完全可取的。

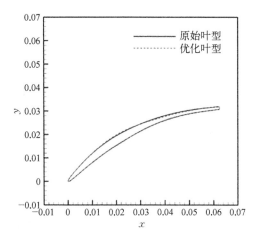

图 9.32　优化前后叶型对比

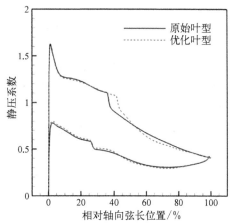

图 9.33　优化前后叶型表面静压系数分布

实际上,优化后,叶型吸力面后半段的逆压梯度增大并没有引起流动分离,如图 9.34 所示,在叶型表面转捩之后的摩擦系数均大于零,说明叶型表面并不存在流动分离现象,因此优化后的叶型是合理的。同时,对照如图 9.35 所示的优化前后叶型表面的间歇因子分布云图,叶型压力面转捩位置和层流范围变化不大,但是叶型吸力面的转捩位置明显向后推迟,层流流动范围明显增大了 5.2% 相对轴向弦长的范围(相对增大 18.2%),且没有引起叶型表面的流动分离,流场结构较好,总压损失系数下降 4.27%。

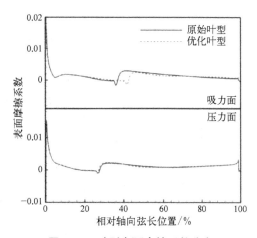

图 9.34　叶型表面摩擦系数分布

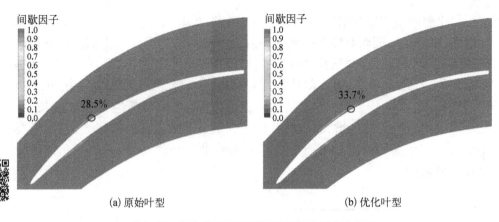

(a) 原始叶型   (b) 优化叶型

图 9.35   优化前后叶型表面的间歇因子分布云图

因此,通过数值优化手段对层流叶型进行数值优化,优化过程中关注了叶型表面的层流流动。通过扩大叶型表面层流流动范围,可达到减小叶型总压损失系数的目的。优化结果显示,叶型表面的层流流动范围扩大,而层流的流动阻力远小于湍流流动,叶型损失大幅度降低。

9.4 小 结

本章针对一些特殊需求的压气机叶型设计方法进行了介绍。未来,高推重比航空发动机的发展趋势对高级总压比压气机设计提出了迫切需求,基于此,本章首先对超高总压比压气机叶型设计进行了介绍,包括超声速超大弯度冲动式转子叶型设计和超高来流马赫数静子叶型设计两个方面的工作,通过对压气机内部流场的精细化分析说明了叶型设计方法的有效性及超高负荷压气机叶片的增压机制。静子设计采用了串列气动布局方法,其中在后排静子叶型设计中采用了附面层抽吸的主动流动控制方法,有效地控制了内部流动分离,提升了压气机的气动性能。

其次,面向高空低雷诺数工作条件,对低雷诺数和高雷诺数下的叶栅工作特性进行了对比分析,探讨了低雷诺数下叶型设计的特殊需求和关键技术。通过对三个不同高度对应的雷诺数下的叶栅内部流场特性进行对比分析,给出了低雷诺数叶栅的设计改型思路和技术途径,并从理论上验证了上述二维叶栅的改型设计思路及技术途径的有效性,可为今后高空、低速、低雷诺数条件下风扇/压气机叶片设计技术的研究提供理论依据。

压气机层流叶型设计方法属于面向低雷诺数工作条件的研究领域,因此,本章最后针对低雷诺数压气机层流叶型设计进行研究介绍。首先,通过对叶片表面层流流动进行分析研究,概括性地给出了层流叶型的设计准则。然后,研究了基于

NURBS 参数化方法的叶型前缘型线曲率对层流叶型性能的影响规律,详细分析了层流叶型表面的流动细节和特有现象。最后,发展了层流叶型数值优化方法,通过在优化过程中考虑叶型表面的层流流动和约束叶型表面的层流范围,以降低叶型流动损失为设计目标,最终实现了更优性能的层流叶型设计。

第 10 章
叶轮机械叶型设计的势、流函数反方法

10.1 概　　述

　　常见的叶轮机械叶型设计方法有两种,即正命题方法(正方法)和逆命题方法(反方法)。简单地说,正命题方法[66],就是已知叶型形状求解其表面速度系数分布,并通过修改叶型形状获得满意的表面速度系数分布;而逆命题方法则是给定叶型表面一个较为理想的压力分布或速度系数分布,求解满足该分布的叶型形状。采用正命题设计叶型时,通常需要构造初始叶型,然后利用 CFD 方法分析已知叶型的表面速度系数分布是否满足气动性能需求。因此,正方法是一个反复进行数值实验优化修正的过程,相对耗时。至于初始叶型,可以采用传统的叶型的设计方法和一些比较先进的超、跨声速压气机叶型设计方法来生成。

　　传统的叶型设计常规方法,是根据基元叶片进出口速度三角形,采用标准叶型来确定叶片几何形状,通过改变最大厚度位置构成系列叶型,然后对叶型进行系列化平面叶栅吹风实验,根据叶栅性能来指导叶型设计。这种方法通常不太适用于低损失、高负荷的跨声速叶栅设计,原因在于,超、跨声速区域气流对叶型轮廓是相当敏感的,型面的微小变化都可能引起气流参数的较大波动。按照常规方法设计的叶型,型面与气流参数不能完全匹配,导致在叶栅通道中有可能产生较强的激波,激波与附面层的相互干扰,以及附面层分离造成流场急剧恶化、损失增大。超、跨声速压气机叶型设计方法主要是采用分段曲线[67]生成中线后,选取标准的厚度分布再在中线上叠加厚度(如多圆弧叶型、四段圆弧叶型、任意成型叶型、定制叶型等)生成初始叶型。缺点是无法预知叶型的性能,需要进行流场计算或平面叶栅的吹风实验来检验,根据获得的叶栅性能参数来指导叶片的设计,叶型修改工作量较大,实践中,叶型设计者要具有很专业的技能才能设计出好的叶型。

　　相反,逆命题方法[68-80]由于是根据给定的一个理想的压力或速度系数分布求解叶型形状,更易于得到一个合理的叶型,同时也避免了正命题的反复过程。但是对于很多设计者来说,反方法设计最大的问题在于很难给定一个理想的初始压力或速度系数分布,因此设计过程中的难点是需要对初始速度系数分布进行不断地优化调整。常见的反方法叶型设计主要有以下几种:复特征线法[81]、虚拟气体法[82]和势、流函数有限差分法[83-85],它们的共同之处就是采用给定叶片表面的速度系数分布来设计叶型。这就使得叶型表面与表面气流参数有机地结合起来,设计者可以在较宽广的范围内选择所需要的速度系数分布,然后设计出对应的叶型。该方法的优点在于先由附面层分析得出优化的速度系数分布,然后采用某种反设计方法得出对应的叶型,这样得出的叶型更能够接近一个比较理想的速度系数分布,达到设计的要求,避免了正方法设计叶型时的盲目性,在设计理念上比较先进。

但是采用反方法设计叶型也存在一些不足之处,对于初始给定的叶片表面速度系数分布,得出的叶型有可能形状怪异,甚至不完整,在前缘点可能出现张口或交叉的情况,对于非设计情况,考虑得也比较少,同时还存在一个问题,就是反方法叶型设计中难以对叶型厚度进行控制,此时必须对叶片表面速度系数分布的初值进行有效调整,使计算出的叶型弯角与规定值一致,厚度分布满足强度要求,同时前缘趋于闭合,直到得出合理的叶型形状为止。

10.2　反方法设计叶型的基本流程

1. 依据优化分布准则给定叶型表面气流参数

依据叶型表面气流参数分布规律与其性能优劣密切相关的原理,进行叶型表面气流参数分布准则的研究,通过分析叶型表面气流流型、扩散程度及气动载荷沿叶型表面分布的合理性,来确定叶型设计时需给定的、对应的叶型表面气流参数的分布形式。分析如何调节这些参数,使表面的速度系数分布更加合理,以便有效地延缓气流流过叶型表面时分离的产生,在没有过早分离的条件下工作,可以使损失减小,使最终得到的叶型不仅在设计工况下具有良好的性能,而且保证有较宽广的小损失工作范围。

2. 反方法生成初始叶型

依据给定的叶型气动设计条件,对叶型设计的多种反方法进行对比研究分析,确定生成初始叶型采用的反方法,例如,可选择势、流函数反方法进行叶型设计得到初始叶型。具体的过程是:将主方程及边界条件利用正交变换从计算域变换到物理域上,采用势、流函数求解的方法计算得出其物理域上的坐标,再进行反变换得到计算域上的 x、y 坐标,生成初始叶型。

但是,一种随意选定的速度系数分布可能得不到一个封闭的叶型,这是反方法设计叶型的一个难点,因此,必须对初始速度系数分布进行有效调整,使计算出的叶型弯角与规定的值一致,前、尾缘趋于闭合,在保证气动性能的前提下,生成几何形状合理的叶型并满足结构强度要求。

3. 叶型厚度分布的调整与优化

考虑到叶型设计中对厚度的要求,需要分析速度系数分布调整时叶型厚度的变化趋势,可以采用非线性的速度优化方法对初始速度系数分布进行优化,通过自动调整吸力面的速度系数分布,可以有效地调整叶型的厚度,使得设计出的叶型符合强度的要求。

4. 对已优化的叶型进行正问题的检验,评估其气动性能

为了验证叶型设计的有效性,可对已经优化过的叶型进行 S1 流面的流场数值模拟计算,检验其气动性能是否与要求相吻合,并对反设计过程进行反复调节,直到满足要求为止。

5. 考虑攻角、落后角的叶型反设计

可以在设计的过程中考虑叶型气动与几何联系紧密的攻角、落后角,并在允许的范围内加入设计中。针对叶型厚度的人工控制和加入攻角、落后角后引起叶型型线的弯曲变形的情况,可采用优化函数,使得最终得到的叶型产生较为理想的表面速度系数分布,满足设计要求,同时具有一定的有效攻角工作范围。

10.3 类无旋势、流函数反方法

用反方法进行叶栅叶型设计时,叶型坐标是未知的,这使得叶栅流动通道形状在计算初始无法确定下来,而且即使在流动通道的物理边界已知的条件下,对于描述流体运动的方程组,在物理域一般不能直接进行求解,而必须将笛卡儿坐标系变换到一定的计算域才能进行计算,在将物理域变换到计算域或其反变换的诸多变换法中,势、流函数法就是常用的方法之一,主要是由于势函数与流函数本身具有正交性,使得经过正交变换后,计算域的网格是两两正交的,这样易于对方程进行求解[84]。

对于二维流动,存在一个流函数可以用来描述整个流场,即一旦知道了流场的流函数,就等于知道了流场的速度系数分布等,流函数的存在条件是流场满足二维流动连续方程;同理,当流体流动为有势流动时,势函数也可以用来描述流场的速度、压力分布等。当流体为不可压缩势流时,连续方程与无旋方程可以联立求解,从而变换到势、流函数计算面上简化为一个线性方程,即拉普拉斯方程,它可以在给定的边界条件下得出其解析解的形式。当流体为可压缩时,无旋方程中因为没有密度项,在与连续方程联立求解时,化简的最终形式是一个二阶偏微分方程,只能通过数值差分对方程进行离散,采用数值迭代进行求解[85]。

对于可压缩流体的流动,描述其流动的运动方程都能反映出速度密度的影响。为了对可压缩流体的流动得出具有解析解的拉普拉斯方程,将无旋方程 $u_x - v_y = 0$ 用类无旋方程 $(\rho u)_y - (\rho v)_x = 0$ 代替,这样就可以在与主方程联立求解时化为一

标准的拉普拉斯方程,可以采用分离变量法对其直接求解,得到其解析解的形式。这样大大地简化了求解过程,同时也省去了采用差分法时需进行的大量的数值迭代计算,能够较迅速得到设计叶型的初始轮廓,并为从理论上分析叶型表面设计速度系数分布及其他设计参数对叶型几何形状和气动性能的影响提供了一种便捷的手段,在一定程度上提高了叶型设计的精度和效率。

采用类无旋方程代替无旋方程时,对于不可压缩流动,两者是等同的,因为此时密度是一个常数;对于低速可压缩流动,这两个方程近似等同,密度的影响不是很大;但在高马赫数条件下,可压缩流动的密度变化会有一定的影响。为了使描述可压缩流动的方程更好地反映出密度变化,在类无旋方程中考虑了密度项,也使得流体在流动过程中的可压缩性得到一定的体现。

10.3.1　基于类无旋方程的势、流函数解析方法

1. 主方程选取

选取物理坐标系(x, y)下理想气体二维定常无旋流动的连续方程(10.1),以及加入密度项的类无旋方程(10.2)为主控制方程:

$$\frac{\partial(\rho u)}{\partial x} + \frac{\partial(\rho v)}{\partial y} = 0 \tag{10.1}$$

$$\frac{\partial(\rho u)}{\partial y} - \frac{\partial(\rho v)}{\partial x} = 0 \tag{10.2}$$

势、流函数及正交变换式的定义如下。
定义势函数$\varphi(x, y)$:

$$\frac{\partial \varphi}{\partial x} = \rho u, \quad \frac{\partial \varphi}{\partial y} = \rho v \tag{10.3}$$

定义流函数$\psi(x, y)$:

$$\frac{\partial \psi}{\partial x} = -\rho v, \quad \frac{\partial \varphi}{\partial y} = \rho u \tag{10.4}$$

相应地,从物理平面变换到正交φ、ψ的平面的坐标变换式为

$$\frac{\partial(.)}{\partial x} = \frac{\partial(.)}{\partial \varphi}\frac{\partial \varphi}{\partial x} + \frac{\partial(.)}{\partial \psi}\frac{\partial \psi}{\partial x} = \rho u \frac{\partial(.)}{\partial \varphi} - \rho v \frac{\partial(.)}{\partial \psi} \tag{10.5}$$

$$\frac{\partial(.)}{\partial y} = \frac{\partial(.)}{\partial \varphi}\frac{\partial \varphi}{\partial y} + \frac{\partial(.)}{\partial \psi}\frac{\partial \psi}{\partial y} = \rho v \frac{\partial(.)}{\partial \varphi} + \rho u \frac{\partial(.)}{\partial \psi} \tag{10.6}$$

2. 求解方程的变换

如图 10.1 所示,令气流的全速度为 q,则 x 方向的分速度为:$u = q\cos\theta$,y 方向的分速度为:$v = q\sin\theta$,代入正交坐标变换式(10.5)和式(10.6)中有

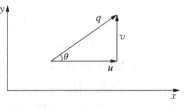

图 10.1　气流的全速度和分速度定义

$$\frac{\partial(.)}{\partial x} = \rho q\cos\theta\,\frac{\partial(.)}{\partial\varphi} - \rho q\sin\theta\,\frac{\partial(.)}{\partial\psi} \qquad (10.7)$$

$$\frac{\partial(.)}{\partial y} = \rho q\sin\theta\,\frac{\partial(.)}{\partial\varphi} + \rho q\cos\theta\,\frac{\partial(.)}{\partial\psi} \qquad (10.8)$$

将式(10.7)、式(10.8)代入连续方程(10.1)中有

$$\rho q\cos\theta\,\frac{\partial(\rho q\cos\theta)}{\partial\varphi} - \rho q\sin\theta\,\frac{\partial(\rho q\cos\theta)}{\partial\psi}$$
$$+ \rho q\sin\theta\,\frac{\partial(\rho q\sin\theta)}{\partial\varphi} + \rho q\cos\theta\,\frac{\partial(\rho q\sin\theta)}{\partial\psi}$$
$$= 0 \qquad (10.9)$$

将式(10.9)中的各项偏导数展开并化简 $\Big[$ 将 ρq 看作一项,关于 θ 的三角函数看作一项;利用 $\dfrac{\partial(\cos\theta)}{\partial x} = -\sin\theta\,\dfrac{\partial\theta}{\partial x}$,$\dfrac{\partial(\sin\theta)}{\partial x} = \cos\theta\,\dfrac{\partial\theta}{\partial x} \Big]$ 得

$$\frac{\partial\theta}{\partial\psi} + \frac{1}{\rho q}\,\frac{\partial(\rho q)}{\partial\varphi} = 0, \qquad \frac{\partial\theta}{\partial\psi} = -\frac{1}{\rho q}\,\frac{\partial(\rho q)}{\partial\varphi} \qquad (10.10)$$

式(10.10)即连续方程从物理域经过正交变换后变换到计算域的最终形式。

将式(10.7)、式(10.8)代入类无旋方程(10.2)中有

$$\rho q\sin\theta\,\frac{\partial(\rho q\cos\theta)}{\partial\varphi} + \rho q\cos\theta\,\frac{\partial(\rho q\cos\theta)}{\partial\psi}$$
$$- \rho q\cos\theta\,\frac{\partial(\rho q\sin\theta)}{\partial\varphi} + \rho q\sin\theta\,\frac{\partial(\rho q\sin\theta)}{\partial\psi}$$
$$= 0 \qquad (10.11)$$

将式(10.11)中的各项偏导数展开并化简 $\Big[$ 将 ρq 看作一项,关于 θ 的三角函数看作一项;利用 $\dfrac{\partial(\cos\theta)}{\partial x} = -\sin\theta\,\dfrac{\partial\theta}{\partial x}$,$\dfrac{\partial(\sin\theta)}{\partial x} = \cos\theta\,\dfrac{\partial\theta}{\partial x} \Big]$ 得

$$\rho q\,\frac{\partial\theta}{\partial\varphi} - \frac{\partial(\rho q)}{\partial\psi} = 0, \qquad \frac{\partial\theta}{\partial\varphi} = \frac{1}{\rho q}\,\frac{\partial(\rho q)}{\partial\psi} \qquad (10.12)$$

式(10.12)即为类无旋方程从物理域经过正交变换后变换到计算域的最终形式。

将式(10.10)、式(10.12)两个方程联立,消去中间项 θ 就可以得到一个关于全流场的速度关系的二阶偏微分方程,求解这个偏微分方程就可得到全流场的速度系数分布。两个偏微分方程联立求解的过程如下。

式(10.10)的两端分别对 φ 求偏导有

$$\frac{\partial^2 \theta}{\partial \psi \partial \varphi} = -\frac{\partial}{\partial \varphi}\left[\frac{1}{\rho q}\frac{\partial(\rho q)}{\partial \varphi}\right] = -\frac{\partial}{\partial \varphi}\left\{\frac{\partial[\ln(\rho q)]}{\partial \varphi}\right\} = -\frac{\partial^2[\ln(\rho q)]}{\partial \varphi^2} \quad (10.13)$$

式(10.12)的两端分别对 ψ 求偏导有

$$\frac{\partial^2 \theta}{\partial \varphi \partial \psi} = \frac{\partial}{\partial \psi}\left[\frac{1}{\rho q}\frac{\partial(\rho q)}{\partial \psi}\right] = \frac{\partial}{\partial \psi}\left\{\frac{\partial[\ln(\rho q)]}{\partial \psi}\right\} = \frac{\partial^2[\ln(\rho q)]}{\partial \psi^2} \quad (10.14)$$

将式(10.13)和式(10.14)合并,消去右端含有 θ 的项:

$$\frac{\partial^2 Q}{\partial \psi^2} + \frac{\partial^2 Q}{\partial \varphi^2} = 0 \quad (10.15)$$

式中, $Q = \ln(\rho q)$ 。式(10.15)即为最终要求解的主方程,可以看到它是一个标准的拉普拉斯方程,可以采用分离变量法来求出其解析解。

为使方程便于求解,将方程无量纲化,引入无量纲化参数,使用无量纲化密度 $\rho' = \frac{\rho}{\rho^*} = \left(1 - \frac{k-1}{k+1}\lambda^2\right)^{\frac{1}{k-1}}$ 代替 ρ ;速度系数 $\lambda = \frac{q}{q_{cr}}$ 代替 q ,其中 q_{cr} 为临界速度。则对应的 $Q = \ln(\rho'\lambda)$,主方程的形式不变。

3. 初始边界条件处理

在求解这一拉普拉斯方程(10.15)时,必须给定初始边界条件,同样也要将初始边界条件进行坐标变换和无量纲化。

根据流体力学的基本知识,二维定常流动中一定存在着流函数,而流函数值的变化表征着流场中流量的大小,因此流函数的最大值即叶栅进出口的流量大小: $\psi(x, y)_{\max} = \rho'_1 \lambda_1 d_1$ 或者 $\psi(x, y)_{\max} = \rho'_2 \lambda_2 d_2$ 。为使计算方便,在求解计算域主方程的过程中,对势、流函数均除以 $\psi(x, y)_{\max}$,将方程无量纲化。此时,流函数值的范围为 0~1,求解出全流场的势、流函数值后,再乘上 $\psi(x, y)_{\max}$ 返回原始值,确保在反变换到物理域后,解符合实际情况。

下面给出求解的物理域和计算域。

1)物理域示意图

物理域的示意图如图 10.2 和图 10.3 所示,其中图 10.2 所示的是出气角 β_2 大于零时的物理域示意图(图中 spl 和 spt 分别表示进出口段吸力面的周期边界长度,

Δs_1 和 Δs_2 分别表示进出口段吸、压力面周期边界长度差值)。从图中可以看到,当 β_2 大于零时,出口段周期边界长度为吸力面大于压力面,因此在计算出口段周期边界长度时,Δs_2 应该算入吸力面的长度之中。

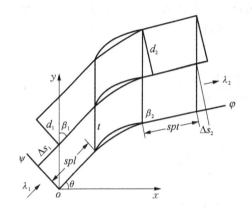 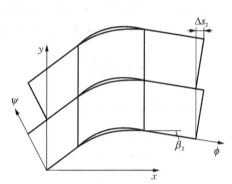

图 10.2 β_2 大于零时的叶栅流场
求解物理域示意图

图 10.3 β_2 小于零时的叶栅流场
求解物理域示意图

图 10.3 所示的是出气角 β_2 小于零时的物理域示意图,从图中可以看到,此时出口段的周期边界长度为压力面大于吸力面,因此在计算出口段周期边界长度时,Δs_2 应该算入压力面的长度之中。

上游进口截面处:

$$Q(0,\psi) = Q_1 = \ln(\rho_1'\lambda_1), \quad \psi \in [0,1]$$

下游出口截面处:

$$Q(\varphi_{\text{out}},\psi) = Q_2 = \ln(\rho_2'\lambda_2), \quad \psi \in [0,1]$$

由于在进口段、叶型区、出口段的速度系数分布不同,边界条件必须分段给定。

上游进口段的周期边界的速度系数值即进口速度系数 λ_1,此时:

$$Q_p(\varphi,1) = Q_{p1} = \ln(\rho_1'\lambda_1), \quad Q_s(\varphi,0) = Q_{s1} = \ln(\rho_1'\lambda_1)$$

下游出口段的周期边界的速度系数值即出口速度系数 λ_2,此时:

$$Q_p(\varphi,1) = Q_{p2} = \ln(\rho_2'\lambda_2), \quad Q_s(\varphi,1) = Q_{s2} = \ln(\rho_2'\lambda_2)$$

在叶栅上游近叶片前缘处(靠近滞止点)的速度很小,但不能为零,此处的几点速度系数分布应该取一合理的小值:

$$Q_p(\varphi,1) = Q_{p3}(\varphi), \quad Q_s(\varphi,0) = Q_{s3}(\varphi)$$

在物面边界,即叶片的吸、压力面处,速度系数分布为给定的初始值:

$$Q_p(\varphi, 1) = Q_{p4}(\varphi), \quad Q_s(\varphi, 0) = Q_{s4}(\varphi)$$

以离散点的形式给出初始速度系数分布(给定的速度系数分布也可以以函数的形式给出),采用样条函数进行拟合光滑,计算出物面边界条件 Q_{s3}、Q_{p3}、Q_{s4}、Q_{p4} 的值。

2)计算域的示意图

计算域示意图如图 10.4 和图 10.5。

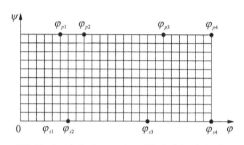

图 10.4　出气角 β_2 大于零时叶栅流场求解计算域示意图　　图 10.5　出气角 β_2 小于零时叶栅流场求解计算域示意图

图 10.4 所示为 β_2 大于零时叶栅流场求解的计算域示意图,可以看到从物理域变换到计算域后,出口段周期边界的长度与物理域相对应,φ_{p3} 的位置位于 φ_{s3} 之后。

图 10.5 所示为 β_2 小于零时叶栅流场求解的计算域示意图,其出口周期边界处分界点的位置与图 10.4 所示相反,与对应的物理域相符合。

上下边界的边界条件如下。

上边界:

$$Q_p(1, \varphi) = Q_{p1} + Q_{p2} + Q_{p3}(\varphi) + Q_{p4}(\varphi), \quad \varphi \in [0, \varphi_{\text{out}}]$$

下边界:

$$Q_s(0, \varphi) = Q_{s1} + Q_{s2} + Q_{s3}(\varphi) + Q_{s4}(\varphi), \quad \varphi \in [0, \varphi_{\text{out}}]$$

至此,计算域上的边界条件全部已知,下面将分析给出主方程的解析解,利用这些已知条件就可以得到全流场的势、流函数值,可以进行进一步的求解。

4. 解析解的形式及叶型物理坐标求解公式

通过以上的分析可知,主方程及所有边界条件结合在一起即为二维拉普拉斯方程的第一边值问题:

$$\frac{\partial^2 Q}{\partial \psi^2} + \frac{\partial^2 Q}{\partial \varphi^2} = 0, \quad \varphi \in [0, \varphi_{\text{out}}], \quad \psi \in [0, 1] \tag{10.16}$$

边界条件:

$$Q\mid_{\varphi=0}=Q_1, \ Q\mid_{\varphi=\varphi_{out}}=Q_2(\psi\in[0,1])$$

$$Q\mid_{\psi=0}=Q_s(\varphi), \ Q\mid_{\psi=1}=Q_p(\varphi)(\varphi\in[0,\varphi_{out}])$$

以上定解方程为非奇次的方程问题,用分离变量法[86]对其进行求解时,应首先将它化为奇次的,然后进行求解。定解方程及边界条件如下所示:

$$\begin{cases} \dfrac{\partial^2 Q}{\partial\psi^2}+\dfrac{\partial^2 Q}{\partial\varphi^2}=0, & \varphi\in[0,\varphi_{out}], \ \psi\in[0,1] \\[2mm] Q\mid_{\varphi=0}=Q_1, & Q\mid_{\varphi=\varphi_{out}}=Q_2, \ \psi\in[0,1] \\[2mm] Q\mid_{\psi=0}=Q_s(\varphi)-\left(\varphi\dfrac{Q_2-Q_1}{\varphi_{out}}+Q_1\right), & \varphi\in[0,\varphi_{out}] \\[2mm] Q\mid_{\psi=1}=Q_p(\varphi)-\left(\varphi\dfrac{Q_2-Q_1}{\varphi_{out}}+Q_1\right), & \varphi\in[0,\varphi_{out}] \end{cases} \quad (10.17)$$

在计算域上采用分离变量法得出的主方程的解析解如下:

$$Q(\varphi',\phi')=Q_1+\frac{Q_2-Q_1}{l}\varphi'+\sum_{n=1}^{\infty}\frac{1}{\text{sh}(n\pi/l)}\left[k_n\text{sh}\frac{n\pi\phi'}{l}+h_n\text{sh}\frac{n\pi}{l}(1-\phi')\right]\sin\frac{n\pi}{l}\varphi'$$

$$(10.18)$$

其中,

$$h_n=\frac{2}{l}\int_0^l\left[Q_s(\varphi')-Q_1-\frac{Q_2-Q_1}{l}\varphi'\right]\sin\frac{n\pi}{l}\varphi'\text{d}\varphi' \quad (10.19)$$

$$k_n=\frac{2}{l}\int_0^l\left[Q_p(\varphi')-Q_1-\frac{Q_2-Q_1}{l}\varphi'\right]\sin\frac{n\pi}{l}\varphi'\text{d}\varphi' \quad (10.20)$$

式中,Q_s 和 Q_p 可以由给定的速度系数分布求出。

采用上面得到的方程的解析解的形式,通过无穷级数求和的相关方法和数值积分方法进行求解,在求得叶栅流场中各点的气动参数值后,从而可以进一步地求解流场中的角度场和叶栅通道坐标、叶型坐标。

角度场的求解可由式(10.10)两边同时对 ψ 积分得到:

$$\theta(\varphi')=-\int_{\psi'=c}\frac{\partial Q}{\partial\varphi'}\text{d}\varphi' \quad (10.21)$$

或者由式(10.12)两边同时对 φ 积分得到:

$$\theta(\psi')=\int_{\varphi'=c}\frac{\partial Q}{\partial\psi'}\text{d}\psi' \quad (10.22)$$

则相应的叶栅流场的无量纲物理坐标求解公式如下：

$$X' = \Delta\psi_1 \int_{\psi'=c} \frac{\cos\theta}{Q}\mathrm{d}\varphi' = -\Delta\psi_1 \int_{\varphi'=c} \frac{\sin\theta}{Q}\mathrm{d}\psi' \tag{10.23}$$

$$Y' = \Delta\psi_1 \int_{\psi'=c} \frac{\sin\theta}{Q}\mathrm{d}\varphi' = -\Delta\psi_1 \int_{\varphi'=c} \frac{\cos\theta}{Q}\mathrm{d}\psi' \tag{10.24}$$

10.3.2　求解的物理域及计算域分析

1. 求解的物理域分析

当气流在实际叶栅通道中流动时，由于气流总是有黏性的，考虑到由于气体的黏性而在叶栅通道中产生的三元效应，加入修正因子——轴向速度密流比 Ω，计算方法如下：由连续方程 $A_1\rho_1\lambda_1\sin\beta_1 = A_2\rho_2\lambda_2\sin\beta_2$ 可得

$$\Omega = \frac{A_1}{A_2} = \frac{\rho_2\lambda_2\sin\beta_2}{\rho_1\lambda_1\sin\beta_1}$$

式中，下标 1 代表进口截面；2 代表出口截面。

在实际的叶栅流场中，当气流流入叶栅通道中时，进出口段吸、压力面的周期边界的长度是不同的（由图 10.2 可以看到）。因此，在定义周期边界长度时，必须考虑到两者的差值，进口段周期边界长度的差值计算方法如下：

$$\Delta s_1 = d_1\tan\beta_1$$

出口段吸、压力面周期边界长度分布有两种情况：第一种，当出气角为正值时，吸力面的周期边界长度大于压力面的周期边界长度；第二种，当出气角为负值时，压力面的周期边界长度大于吸力面的周期边界长度，其两者差值的计算方法相同，均为

$$\Delta s_2 = d_2\tan\beta_2$$

设计初始给定了进出口轴向气流角：β_1、β_2，其中 β_2 也可以利用 β_1 通过计算得到。根据连续方程：$A_1\rho_1\lambda_1\sin\beta_1 = A_2\rho_2\lambda_2\sin\beta_2$，引入进出口轴向速度密流比，有

$$\beta_2 = \arcsin\left(\frac{\Omega\rho_1\lambda_1\sin\beta_1}{\rho_2\lambda_2}\right)$$

其中，

$$\rho_1 = \left(1 - \frac{k-1}{k+1}\lambda_1^2\right)^{\frac{1}{k-1}}, \quad \rho_2 = \left(1 - \frac{k-1}{k+1}\lambda_2^2\right)^{\frac{1}{k-1}}$$

在初始的设计参数中，需要给定吸力面或者压力面的弧长，也可以给定吸力面

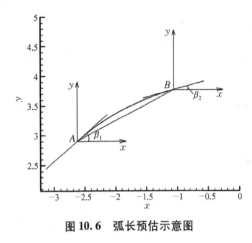

图 10.6　弧长预估示意图

和压力面的弧长比,这里采用给定初始弧长。由于初始设计时,叶型的几何形状未知,就需要估计一个初始的弧长。可根据进气角、出气角和弦长等已知参数估计弧长;具体思路如下:寻找一段圆弧 r_{AB},使得这段圆弧的两个端点 A、B 处的斜率与给定的进气角、出气角 β_1、β_2 的正切值相等,这段圆弧对应的弦长 d_{AB} 等于给定的叶型的弦长,那么这段圆弧的弧长 r_{AB} 即认为是设计叶型的弧长,求解示意图如图 10.6 所示。

所需参数的求解过程:由图 10.2 可以看到,垂直来流的物理域进口宽度 d_1 与栅距 t 的几何关系为:$t_1 = \dfrac{d_1}{\cos\beta_1}$,为了便于计算,对物理域的方程参数进行了无量纲化,因此 d_1 的值在计算过程中取 1。再根据叶栅稠度 τ 与弦长栅距的关系:$\tau = \dfrac{b}{t}$,可得 $b = \tau t$。至此,预估弧长的参数全部已知,根据上面的方法可以得到一个初始的弧长。

2. 求解的计算域分析

将方程进行从物理域到计算域的正交变换,是为了便于求解。经过正交变换在势、流函数构成的平面上,计算域为一个矩形面,纵坐标为流函数的值,横坐标为势函数的大小。在进行方程求解的和网格划分的时候,在进出口边界,根据质量守恒的条件即可保证进出口边界上流函数的大小一致。在计算域的上下边界面上,为了满足计算域为一个矩形平面,势的大小在进出口的上下边界面上也必须相等,由等环量定律来满足。

对于无旋条件 $u_y - u_x = 0$,势的定义为:$\mathrm{d}\varphi = \lambda\mathrm{d}s$,则对于本节所采用的类无旋方程,对应的势的定义为:$\mathrm{d}\varphi = \rho\lambda\mathrm{d}s$。根据环量的定义 $\varGamma = \int\lambda\mathrm{d}s$,分别求出叶片的进出口环量和包围叶片的环量。

叶片进口环量:

$$\varGamma_1 = \Delta s_1\lambda_1$$

叶片出口环量:

$$\varGamma_2 = \Delta s_2\lambda_2$$

(1) 当出气角大于 0 时:

$$\varGamma_2 = -\Delta s_2\lambda_2$$

（2）当出气角小于 0 时：

$$\Gamma_2 = \Delta s_2 \lambda_2$$

包围叶片的环量：

$$\Gamma_3 = \int_{spl+\Delta s_1}^{spl+\Delta s_1+rp} \lambda_p(s)\,\mathrm{d}s - \int_{spl}^{spl+rs} \lambda_s(s)\,\mathrm{d}s$$

根据等环量规律可知，进出口环量等于包围叶片的环量，$\Gamma_3 = \Gamma_2 - \Gamma_1$，即

（1）进气角大于 0 时：

$$\int_{spl+\Delta s_1}^{spl+\Delta s_1+rp} \lambda_p(s)\,\mathrm{d}s - \int_{spl}^{spl+rs} \lambda_s(s)\,\mathrm{d}s = -(\Delta s_2\lambda_2 + \Delta s_1\lambda_1)$$

（2）进气角小于 0 时：

$$\int_{spl+\Delta s_1}^{spl+\Delta s_1+rp} \lambda_p(s)\,\mathrm{d}s - \int_{spl}^{spl+rs} \lambda_s(s)\,\mathrm{d}s = \Delta s_2\lambda_2 - \Delta s_1\lambda_1$$

根据等环量规律，上下边界的出口势相等，即 $\varphi_{s,\,out} = \varphi_{p,\,out}$，由此推导出如下公式。

（1）当出气角大于 0 时：

$$\varphi_{s,\,out} = \int_0^s \lambda(s)\,\mathrm{d}s = \int_0^{spl}\lambda_1\mathrm{d}s + \int_{spl}^{spl+rs}\lambda_s(s)\,\mathrm{d}s + \int_{spl+rs}^{spl+rs+spt+\Delta s_2}\lambda_2\mathrm{d}s$$

$$\varphi_{p,\,out} = \int_0^s \lambda(s)\,\mathrm{d}s = \int_0^{spl+\Delta s_s}\lambda_1\mathrm{d}s + \int_{spl+\Delta s_s}^{spl+\Delta s_1+rp}\lambda_p(s)\,\mathrm{d}s + \int_{spl+\Delta s_1+rp}^{spl+\Delta s_1+rp+spt}\lambda_2\mathrm{d}s$$

（2）当出气角小于 0 时：

$$\varphi_{s,\,out} = \int_0^s \lambda(s)\,\mathrm{d}s = \int_0^{spl}\lambda_1\mathrm{d}s + \int_{spl}^{spl+rs}\lambda_s(s)\,\mathrm{d}s + \int_{spl+rs}^{spl+rs+spt}\lambda_2\mathrm{d}s$$

$$\varphi_{p,\,out} = \int_0^s \lambda(s)\,\mathrm{d}s = \int_0^{spl+\Delta s_s}\lambda_1\mathrm{d}s + \int_{spl+\Delta s_s}^{spl+\Delta s_1+rp}\lambda_p(s)\,\mathrm{d}s + \int_{spl+\Delta s_1+rp}^{spl+\Delta s_1+rp+spt+\Delta s_2}\lambda_2\mathrm{d}s$$

10.3.3　初始叶型设计算例分析

前面介绍的势、流函数反方法与我们通常所熟知的其他反方法有许多不同之处，通过对此方法的方程推导、物理域与计算域之间的方程变换、方程求解的分析、初始叶型的设计及修正，逐步加深对该方法特点的了解。

根据前面的讨论可知，采用反方法进行叶型设计的过程中，初始计算时叶片的几何形状是未知的，必须通过给定的气流参数来求解出。初始叶型的获取过程如下：依据给定的叶片表面的初始速度系数分布，求解出全流场的气动参数，反求出叶片的吸、压力面型线，移动一个栅距，叠加得到初始的叶型。叶片形状是否合理

取决于给定的叶片表面速度系数分布是否理想,而采用反方法进行叶型设计的难点恰恰是难以一次就给定一个理想的叶片表面速度系数分布,设计的叶片形状通常不能达到设计要求。因此,对于初始给定的叶片表面速度系数分布,很有可能会出现叶型型线叠加的不合理情况,即叶型的前、尾缘处有张口或者交叉,使得几何约束无法满足,而且此时得到的出气角往往与设计值不相符,叶型的厚度分布也不一定满足要求,会偏薄或者偏厚。针对这种情况,必须对叶片表面速度系数分布的初始值进行有效调整,使得最终得到的叶型型线在前、尾缘处能够很好地叠加,厚度及弯角值也符合要求。

通过前面对势、流函数法的方程变换和公式推导,以及边界条件的变换、处理,解析解的求解,在此基础上,应用所提出的势、流函数解析法的反设计方法,进行压气机静子叶型的算例设计分析。下面给出的三个设计算例可在一定程度上反映出反方法设计叶型存在的问题。以某压气机第一级静子的尖部、中部和根部三个典型截面的叶型为例,其设计参数及结果如下。

1. 设计算例 1

某压气机的速度系数分布及第一级静子根部初始叶型分别如图 10.7 和图 10.8 所示,其中 x、y 分别表示轴向和周向的位置坐标。设计参数:$\beta_1 = 35.24°$、$\beta_2 = -8.66°$、$\lambda_1 = 0.87$、$\lambda_2 = 0.60$、$\Omega = 1.14$、$b/t = 1.406\,5$。设计参数的含义说明:β_1、β_2 为进出口轴向气流角,λ_1、λ_2 分别为进出口速度系数(其含义与气流马赫数类似),Ω 和 b/t 分别为进出口轴向速度密流比和叶栅稠度。

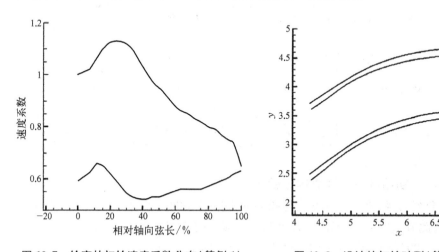

图 10.7　给定的初始速度系数分布(算例 1)　　　图 10.8　设计的初始叶型(算例 1)

从反方法设计出的叶型图可以看到,设计出的叶型的弯角很明显不符合预定的进气角和出气角的条件,同时叶型的前、尾缘也不闭合,张口太大。说明初始给定的速度系数分布初值不合理。

2. 设计算例 2

某压气机速度系数分布及第一级静子中部初始叶型如图10.9和图10.10所示。设计参数：$\beta_1 = 44.472°$、$\beta_2 = 8.95°$、$\lambda_1 = 0.75$、$\lambda_2 = 0.56$、$\Omega = 1.30$、$b/t = 1.2059$。

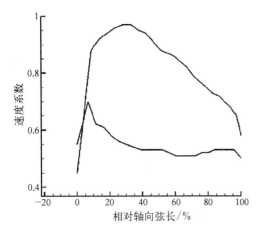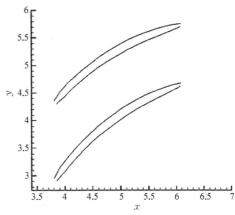

图 10.9　给定的初始速度系数分布（算例2）　　　图 10.10　设计的初始叶型（算例2）

从反方法设计出的叶型图可以看到，设计出的叶型的弯角也不符合初始给定的出气角条件，叶型的前、尾缘的闭合情况更趋于合理，但是仍然存在一定的张口，叶型的厚度分布也不是很合理，说明初始给定的速度初值仍不太合理。

3. 设计算例 3

某压气机速度系数分布及第一级静子尖部初始叶型如图10.11和图10.12所示。设计参数：$\beta_1 = 56.294°$、$\beta_2 = 16.13°$、$\lambda_1 = 0.71$、$\lambda_2 = 0.50$、$\Omega = 1.26$、$b/t = 1.1049$。

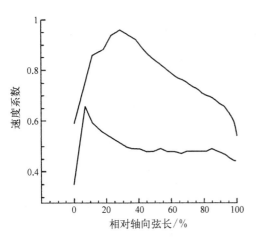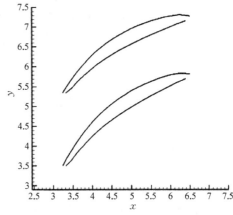

图 10.11　给定的初始速度系数分布（算例3）　　　图 10.12　设计的初始叶型（算例3）

从反方法设计出的叶型图可以看到,设计出的叶型的弯角与初始给定的出气角条件符合较好,叶型的前、尾缘的也基本闭合,只有很小的张口,说明初始给定的速度初值更合理。

通过以上的三个算例的结果可以看到,因为采用反方法设计时很难一开始就给定非常理想的速度初值,所以设计出的初始叶型不易满足几何约束条件,设计出的叶型主要存在以下的几个问题:

(1) 叶型的弯角不符合要求;

(2) 叶型的厚度不符合要求;

(3) 叶型吸、压力面的型线在前、尾缘处不能很好地叠加;

(4) 非设计工况下的情况未被考虑。

10.4　势、流函数反方法叶型优化设计

针对势、流函数反方法在叶型几何形状方面存在的不足,采用一种非线性的速度优化方法对初始速度系数分布进行调整,同时考虑到叶型设计中对厚度的要求,分析了速度系数分布调整时叶型厚度的变化趋势,通过自动调整吸力面的速度系数分布,可以有效地调整叶型的厚度,使得设计出的叶型符合厚度的要求,并在设计的过程中考虑了攻角和落后角。针对叶型厚度的人工控制和加入攻角、落后角后引起叶型型线的弯曲变形分别建立了优化函数,提出了一些优化准则,通过若干设计算例验证了方法的有效性。下面介绍所提出的改进的反设计优化技术。

10.4.1　叶型弯角优化

由前面的三个设计算例(图 10.8、图 10.10 和图 10.12)可以看到,设计出的初始叶型在尾缘处的弯角与给定的出气角存在或大或小的偏差,并且吸、压力面的型线也没有很好地闭合,因此必须对尾缘进行优化改进。叶型尾缘的封闭性及叶型弯角的优化与上一节中前缘的优化条件分析类似,由于叶型设计过程中速度系数分布的离散性,以及物理域与计算域之间的反复变换,叶型几何坐标与控制速度点之间难以确定一解析表达式。因此,优化程序中所采用的寻优导数也是以差分形式表示的关系式。

叶型弯角的优化是其尾缘闭合的关键。在叶型尾缘处,由于速度的变化较为平缓,尤其是气流在叶型尾缘无分离时,气流的流线与叶型近尾缘处的型线是重合的。因此,只要叶型弯角达到设计要求,叶型尾缘就会自然地呈封闭状。弯角优化时也会使得叶型前缘的闭合情况大为改善,有可能使叶型的前缘很好地闭合,此时只需要对前缘采用上面的优化方法,可以很快地使得前缘也呈封闭状。在叶栅进出口处,沿周向气流的分布是均匀的,在对叶型弯角优化时,可选叶栅通道中间流线的弯角为计算目标,如果叶栅通道的中流线弯角满足设计要求,则认为整个叶型

弯角也满足设计要求。优化的目标函数设置如下。

目标函数：

$$\mathrm{Min}\mid G(\lambda_p,\ m,\ i)\mid$$

函数 G 为叶片吸、压力面在尾缘点坐标之差,当 G 趋于零时,可以使叶片的尾缘封闭,同时也使得叶型弯角满足要求。

控制变量：

$$\Gamma(\lambda_p,\ m,\ i)=0,\quad i=1,\cdots,k$$
$$\Delta\theta(\lambda_p,\ m,\ i)=0,\quad i=1,\cdots,k$$
$$\lambda_p,\ m,\ i>0,\quad i=1,\cdots,k$$

前缘优化后,吸力面速度系数 λ_s 及 i 为常数,选取压力面的速度系数 λ_p 及 m、i 作为设计变量,$[\Delta\theta(\lambda_p,\ m,\ i)]$ 为弯角的计算值与设计时的给定值之差,其中 m 为参与弯角优化的压力面速度系数分布的点数。通过算例的设计,m 值越大,优化效果越好,型线的变化也更为光顺,m 取值太小,会导致优化失败。可采用的方法是以整个压力面的速度系数 λ_p 及 i 作为设计变量,如果进行弯角优化时选用的压力面的速度值小,会影响弯角优化的结果,甚至使优化失败。

1. 选取压力面前缘 10 点的速度初值进行弯角优化

下面给出第一级静子根部叶型采用前缘 10 点压力面的速度初值进行弯角优化的优化过程,与采用整个压力面的速度值进行弯角优化的情况进行对比分析。

图 10.13 所示的是采用前缘 10 点速度值进行弯角优化时的叶型变化过程,从图中可以看出,采用 10 点速度值进行弯角优化同样可使叶型弯角达到设计要求,在优化的过程中,叶型的尾缘逐渐下弯,但是当弯角符合要求后,尾缘没有很好地闭合,存在着较大的张口,前缘的闭合情况较好。

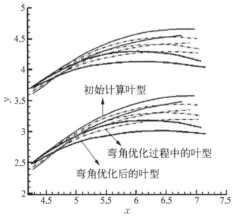

图 10.13 弯角优化过程中的叶型变化
(选取压力面前缘 10 点)

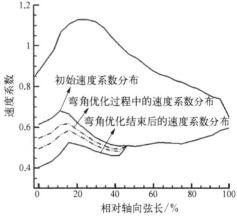

图 10.14 弯角优化过程中的速度系数分布变化(选取压力面前缘 10 点)

从图 10.14 中可以看到,采用 10 点速度值进行弯角优化时,只有压力面前缘处的 10 点速度值发生变化,这就是采用离散形式的速度初值的优点。因为只是对前缘的 10 点速度初值进行了调整,所以压力面的速度系数分布极不光滑。从图 10.15 中可以看到优化过程中的弯角误差值变化(其中 N 表示优化迭代步数),优化结束后,弯角的误差只有 $1°$,相差不大。

图 10.16 所示的是优化结束后的叶型图,从图中可以明显看到,当弯角符合要求时,叶型的尾缘并未完全闭合,还存在较大的张口,前缘的闭合情况良好,吸、压力面的型线完全叠加。同时,压力面的型线也不是很光滑,存在明显的拐点,说明采用 10 点速度值进行弯角优化不可行。

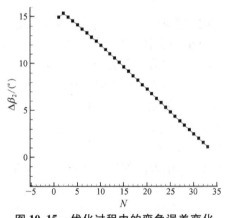

图 10.15　优化过程中的弯角误差变化
(选取压力面前缘 10 点)

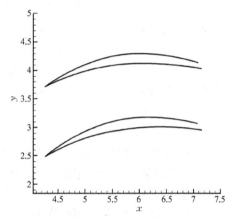

图 10.16　经过优化的最终叶型(选取
压力面前缘 10 点)

针对选用不同的点数参与弯角优化的算例检验后,最终得到下面的初始结论:参与弯角优化的点数越多,弯角优化的结果越理想,点数过少有可能导致优化失败。这是因为弯角优化的目的是使叶型的弯角与给定值相符合,那么就要使得整个的叶型型线,包括吸力面和压力面的型线,都朝着误差变小的方向弯曲。采用整个压力面的速度值进行优化时,叶型面上的每一个点都随之调整,整个曲线是平滑的。采用的点数少,对局部的叶型参数的影响较大,其他区域的影响较小,导致叶型型线出现拐点、不光滑,也不能很好地闭合。因此,弯角优化时应该选取整个压力面的速度值作为控制变量。

2. 选取整个压力面的速度初值进行弯角优化

1) 第一级静子根部叶型及速度系数分布的变化过程图

图 10.17 描述的是设计算例中第一级静子根部叶型在弯角优化过程中的变化,从图中可以看到,通过采用所提出的弯角优化方法,能够使得初始叶型朝着预期的方向发展,随着速度初值的自动调整,叶型的弯角不断朝向规定的值靠近,直至满足给定的误差精度,同时叶型的前缘也基本趋于闭合。

　　图 10.18 描述的是调整给定的速度初值的变化过程,在调整速度初值的过程中,寻优函数会自动搜寻弯角趋向给定值的方向,并且能够人为地控制调整值,也可以根据误差的变化趋势自动修正,即在误差值逐渐变小的过程中,调整值也随之变化。

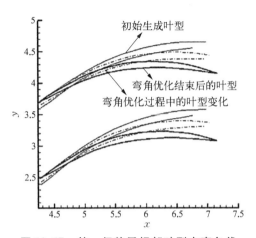

图 10.17　第一级静子根部叶型在弯角优化过程中的变化(选取整个压力面)

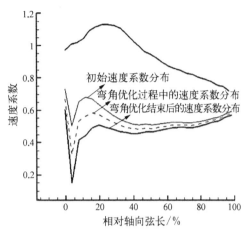

图 10.18　第一级静子根部叶型在弯角优化过程中的速度系数分布变化(选取整个压力面)

　　图 10.19 给出了在弯角优化的过程中,计算出的弯角与给定的出气角差值的变化过程,在初始地方,弯角误差先增加再逐渐下降,这是因为,在调整速度初值的开始,如何调整才能使叶型弯角的误差变小是未知的,所以先人为赋予优化函数一个初值。当然,也有可能直接朝着误差减小的方向进行,开始的变化趋势主要与给定的优化函数初值有关。经过一次速度初值的优化后,优化函数获得了一定的信息,能够判断优化的方向,从而使得优化朝着预期的方向进行。从图 10.19 中可以看到,在后来的优化过程中,误差一直朝着减小的方向变化,直至满足精度要求。

　　图 10.20 给出了经过优化并且进行了前、尾缘处理的叶型图,优化结束后的初始叶型图见图 10.17。从图 10.20 中可以看到,经过优化并进行了前、尾缘处理的叶型,其吸、压力面的型线已基本变得十分光顺,经测量,叶型的进出口几何角与给定的进气角、出气角一致,满足设计要求。

　　2) 第一级静子中部叶型及速度系数分布的变化过程

　　图 10.21 所示为第一级静子中部叶型在弯角优化过程中的变化,从图中可以明显看到,在弯角的优化过程中,叶型尾缘处吸、压力面的型线趋于闭合,当弯角达到要求时,吸、压力面的型线闭合。同时,前缘处吸、压力面的型线也随着弯角趋于给定值而趋于闭合。由此可见,弯角优化时不但能够使得叶型的出口几何角与规定的出气角一致,同时也能够使得叶型吸、压力面的型线在前、尾缘处合理地叠加。从设计的众多算例中可以得到如下结论:弯角优化同时能够使得尾缘处叶型闭

合,能够改善前缘处叶型的闭合,有时可使三个约束条件同时满足,这与给定的速度系数分布密切相关,特别是前缘处的速度初值的分布形式。

图 10.22 所示为第一级静子中部叶型在弯角优化过程中速度系数分布的变化。速度系数分布的优化依据一定的规律变化,从图中可以看到速度系数分布的变化趋势。随着速度系数分布的变化,实际上包围叶片的环量也会发生变化,这说明初始给定的叶片表面速度并不是很理想。

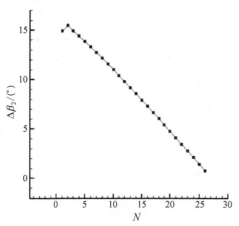

图 10.19 第一级静子根部叶型在优化过程中的弯角误差变化(选取整个压力面)

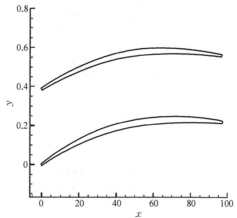

图 10.20 经过优化并加前后小圆的最终叶型(选取整个压力面)

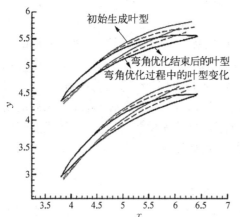

图 10.21 第一级静子中部叶型在弯角优化过程中的变化(选取整个压力面)

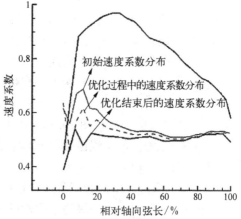

图 10.22 第一级静子中部叶型在弯角优化过程中的速度系数分布变化(选取整个压力面)

图 10.23 显示,优化过程中弯角误差值的变化趋势总体与图 10.19 基本相同,在初始有一个上升趋势,随后一直随着速度系数分布的调整达到设计要求。

图 10.24 是优化结束后的最终叶型图,前、尾缘采用圆弧处理,当然也可以采用圆弧尖劈的处理方式,后者一般用于进行流场检验。因为实际的叶型在前、尾缘处,吸、压力面的型线并不是直接完全闭合,都存在一个小圆,所以闭合叶型的前、尾缘时,可以留有一定的间距,作为要加入小圆的直径。

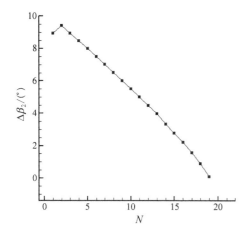

图 10.23　第一级静子中部叶型在优化过程中的弯角误差变化(选取整个压力面)

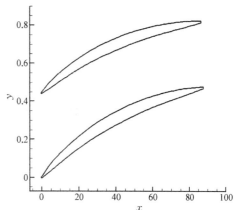

图 10.24　中部叶型经过优化并加前后小圆的最终叶型(选取整个压力面)

3) 第一级静子尖部叶型及速度系数分布变化过程

图 10.25 所示为第一级静叶尖部叶型变化情况,在进行这个算例的设计时,第一步的计算结果就已经相当理想了,前、尾缘处的吸、压力面型线也叠加较好,在前、尾缘处只有很小的张口,如果考虑到叶型前、尾缘需要添加圆弧,那么可以认为达到设计要求。从图中看到,此算例只进行了一步优化就达到要求,并且这一步只对速度系数分布进行了极其小的调整,可见初始速度系数分布的给定是否理想对设计结果有很大的影响。

图 10.26 所示的是速度系数分布优化的过程,计算出的初始叶型很接近设计要求,因此只进行了微小的调整,其速度系数分布变化很小,与初始的速度系数分布基本一致。

图 10.27、图 10.28 所示分别为弯角优化时的前、尾缘局部放大图,从图中可以看到,初始设计的叶型弯角基本已经达到了要求,前、尾缘也趋于闭合,只需要进行初步的优化就可以满足要求。

图 10.29 所示的是优化过程中尾缘弯角的变化情况,从图中可以看到,初始计算的弯角已经符合要求,进行了一步优化后,其差值更小,完全满足精度要求。

图 10.30 所示的是经优化后并且经过前、尾缘圆弧处理的叶型,经检验符合设计要求。

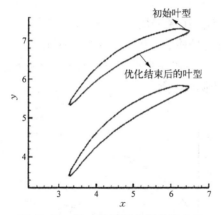

图 10.25 第一级静子尖部叶型在弯角优化过程中的变化（选取整个压力面）

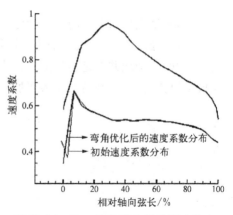

图 10.26 第一级静子尖部叶型在弯角优化过程中的速度系数分布变换（选取整个压力面）

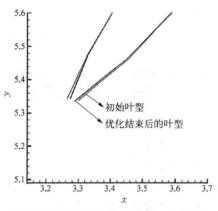

图 10.27 弯角优化过程中第一级静子尖部叶型变化前缘局部放大图（选取整个压力面）

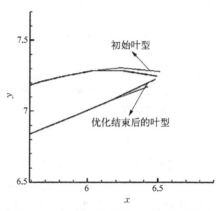

图 10.28 弯角优化过程中第一级静子尖部叶型变化图的尾缘局部放大图（选取整个压力面）

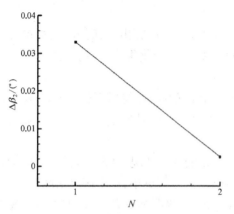

图 10.29 第一级静子尖部叶型在优化过程中的弯角误差变化（选取整个压力面）

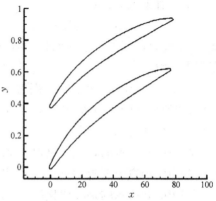

图 10.30 尖部叶型经过优化并加前后小圆的最终叶型（选取整个压力面）

通过以上三个算例的弯角优化的详细分析,以及优化过程中的叶型变化、速度系数分布变化和差值变化,可以看到,所采用的弯角优化方法是可行的,能够对一个任意给定的速度系数分布进行优化调整,通过最终优化得到的速度系数分布反设计出合理的叶型。

10.4.2　前缘优化

在计算过程中,叶片前缘点为奇点,其速度值不能为零,因此需要取一个合理的小值。对于给定的前缘点速度初值,计算出的叶型在前缘点可能出现张口或交叉的情况,由前面的若干算例可以看到,计算出的叶型前缘出现较大张口和交叉的情况在另外的算例计算中也出现过。这是因为吸力面在近前缘处的变化较为剧烈,速度值很快地向上爬升。通过有效调控吸力面上近前缘处的速度大小,以相应的速度系数分布点作为控制变量,以前缘点吸、压力面型线的坐标之差的绝对值为目标函数,可解决叶型前缘封闭性问题。

采用势、流函数反方法进行叶型设计时,可以从给定离散的速度系数分布控制点开始,采用三次样条函数对调整后的速度系数分布进行拟合,便于进一步计算。主方程从物理域变换到计算域,先计算流场参数,最终又反变换回物理域得到叶栅通道坐标及叶型几何形状。在整个计算过程中,从速度系数分布的给定到叶型几何形状的确定,既有解析表达式之间的变换,也有离散控制点的样条拟合,因此目标函数与变量之间的关系无法用解析关系式来表达,在优化程序中采用变梯度算法,寻优导数是以差分形式表示的关系式,即

目标函数:

$$\text{Min} \mid D(\lambda_s, n, i) \mid$$

函数 D 即为吸、压力面前缘点处坐标的距离,当 D 趋近于给定的一小值时,即达到了叶片前缘封闭状态。因为叶型优化结束后还需要进行前、尾缘处理,所以叶型前缘不需要完全闭合,允许有一小的合理张口。

控制变量:

$$\Gamma(\lambda_s, n, i) = 0, \quad i = 1, \cdots, k$$
$$\lambda_s, n, i > 0, \quad i = 1, \cdots, k$$

式中, $\Gamma(\lambda_s, n, i)$ 为速度系数分步积分得到的绕叶型的环量与叶片进出口参数计算的环量 Γ (常数)之差; λ_s 为吸力面的速度系数; n 为参与前缘优化的速度系数分布的点数,可以主动控制其值大小。

在弯角优化结束后,叶型前缘的闭合情况也将大为改善,甚至也可以很好地闭合,此时,再采用前缘优化,能够很快地使叶型很好地封闭。当弯角优化结束后,叶

型前缘仍然存在较大的张口或交叉时,必须采用前缘优化。下面给出第二级静子根部叶型前缘优化时的叶型、速度系数分布及前缘点坐标的差值的变化过程,选取吸力面的速度系数分布作为控制变量。

下面分析采用不同速度系数分布点数对前缘优化结果的影响,以第二级静子根部叶型为例来说明。

1. 选取整个吸力面的速度初值进行前缘优化

选取整个吸力面上的速度值参与前缘优化,叶型在优化过程中的变化如图 10.31 所示。从图中可以明显看到,随着前缘点的闭合,叶型的尾缘逐渐向上翘起,导致设计叶型的弯角与给定的出气角的差值变大,超出了误差范围,不符合设计要求,那么此时必须对初始弯角优化的误差重新调整,再返回来进行前缘优化,这样就增加了很多重复性工作。在此验算工作的基础上,采用不同的速度值点数进行前缘优化,分析参与前缘优化的点数对弯角的影响,以便选用合理的点数进行前缘优化,这些工作将在下面进行讨论。

选取整个吸力面上的速度值参与前缘优化时的速度系数分布的变化过程如图 10.32 所示,采用此优化方法,对靠近叶型前缘处的速度值的调整量较大,这是因为考虑到优化的目的只是使前缘处闭合。

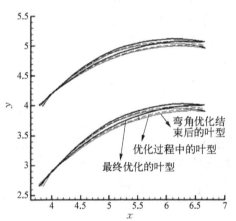

图 10.31　前缘优化过程中的叶型变化
（选取整个吸力面）

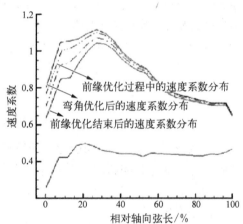

图 10.32　前缘优化过程中的速度系数分布
变化（选取整个吸力面）

图 10.33 所示的是在整个优化过程中,前缘点坐标差值的变化情况,其中 ΔD 与弦长的比值的量级为 10^{-3}。从图中可以看到,在不考虑对弯角影响的情况下,选用整个吸力面的速度系数分布来优化前缘是可行的。由图 10.33 可知,差值不断地变小,直至符合精度要求。

图 10.34 所示为优化过程中弯角与给定的出气角误差的变化情况,其中虚线

右侧为前缘优化后弯角误差的变化。从图中可以看到,随着前缘优化的推进,弯角误差逐渐增大,接近 4°,已经远远超出了精度要求,因此,这种采用整个吸力面的点数参与前缘优化是不可行的。

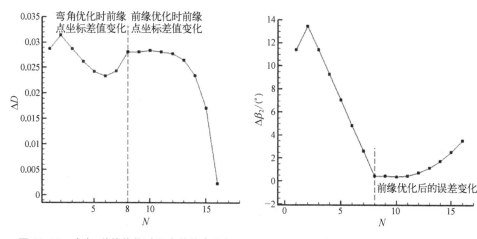

图 10.33　弯角、前缘优化过程中前缘点坐标　　图 10.34　前缘优化时的弯角误差变化
　　　　　　差值的变化(选取整个吸力面)　　　　　　　　　　(选取整个吸力面)

　　针对选用不同的点数参与前缘优化对弯角的影响检验后,最终得到如下的结果:参与前缘优化的点数越多,对尾缘的影响越大,会使得弯角的误差增大。这是因为,经过弯角优化后,前缘交叉或者张口的情况已经得到了很大的改善,甚至闭合很好,因此只需对前缘进行局部的细微调整,因此参与优化的点数越少,对其他部分的影响就越小。经过验证,采用两点进行前缘优化比较合理。

　　2. 选取吸力面前缘两点的速度初值进行前缘优化

　　采用吸力面前缘两点速度值进行前缘优化的叶型变化如图 10.35 所示,从图中可以看到,当前缘处的张口逐渐靠拢时,整个叶型的变化很小。与图 10.31 相比,叶型的弯角基本未发生改变,而且前缘也能闭合,因此选用两点进行前缘优化是可行的,能够满足要求。

　　图 10.36 所示的是吸力面前缘两点优化时的速度系数分布变化过程,从图中可以看到,优化过程中,只有吸力面前缘两点的速度值发生改变,只是针对前缘进行了局部的速度系数分布优化,并且能够达到优化的目的。

　　图 10.37 所示的是弯角、前缘优化过程中,前缘点坐标差值的变化情况,其中 ΔD 与弦长的比值的量级为 10^{-3}。从图中可以看到,选用吸力面两点的速度系数分布来优化前缘是同样可以使前缘闭合,同时对叶型的其他参数影响也很小,并且参与优化的点数少,能够节省计算时间,提高程序效率。

　　图 10.38 所示的是前缘优化过程中弯角与给定出气角的误差变化图,其中虚

线右侧为前缘优化后弯角误差的变化情况。从图中可以看到,随着前缘优化步数增加,其弯角误差值的变化只有微小的增加,完全在规定的误差范围以内。

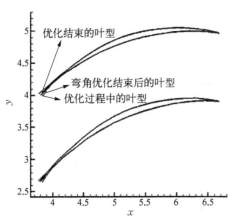

图 10.35　前缘优化过程中的叶型变化
（选取吸力面前缘两点）

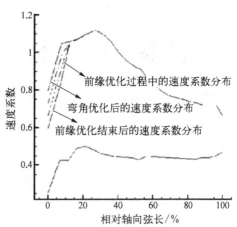

图 10.36　前缘优化过程中的速度系数分布变化（选取吸力面前缘两点）

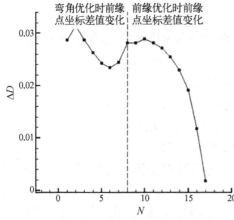

图 10.37　弯角、前缘优化过程中前缘点坐标差值的变化（选取吸力面前缘两点）

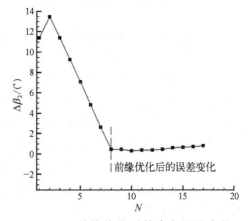

图 10.38　前缘优化时的弯角误差变化
（选取吸力面前缘两点）

　　在进行叶型设计的初始,吸、压力面上的速度系数分布是以离散点的形式给定的。这样在进行优化时能有多个控制变量,使得速度系数分布的调节更加细微。如以函数形式给出速度系数分布,调节的参数相对较小,而且某一参数的细微变化,可能引起其他速度的变化,不利于速度的有效调整。在优化过程中增加控制变量,可使速度系数分布的调节更加细微,将速度的调节变化对叶型设计的影响反映得更为精细、具体。但是根据算例的验证,并不是参与优化的速度的点数越多就效果越好,且吸、压力面有所区别。

10.4.3　厚度分布的调整

当设计叶型的弯角值达到要求,前、尾缘也基本闭合时,还需要检验叶型的厚度是否符合要求,若叶型过薄或者过厚,则需要进行调节。作者通过对吸、压力面的速度系数分布采用非线性的预处理,调整环绕叶型的环量 Γ 来改变叶型的厚度,经过验算,环绕叶型的环量增大,叶型的厚度也会比较大。对初始速度系数分布的预处理不会影响前、尾缘的优化结果,只有可能使前、尾缘的优化步数增加。如果将吸力面或压力面的速度系数值整体增加或减小某一量值,这样改变环量不但不能很好地改变叶型厚度,还可能导致叶型优化失败。经验算,采用下面三种方式对初始速度系数分布进行预处理,能够达到改变叶型厚度的目的。

1. 对叶型吸力面的速度系数分布采用反比式的预处理,即叶型的速度系数分布从初始点到末点调整量逐渐减少,如图10.39(反比式变化趋势)所示。

不同吸力面位置的速度系数根据如下原则给定:

$$\lambda_s,\ n = \lambda_s,\ n - S(n,\ h)$$
$$S(n,\ h) = h/n$$

式中,n 为吸力面速度系数分布点数;h 为控制速度系数值变化量的大小;$S(n,\ h)$ 为不同吸力面位置速度系数的调整量。

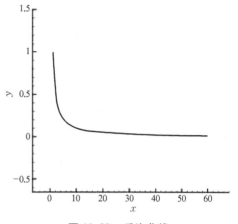

图 10.39　反比曲线

若要求的叶型很厚,那么只通过调节吸力面的速度系数分布远远不够,此时应该对压力面的速度系数分布也进行预处理。

2. 叶型压力面的速度系数分布的预处理

对叶型的压力面采用抛物式或抛物指数式预处理,即速度系数分布的调整量的变化为由小到大再到小,如图 10.40(抛物式变化趋势,即指数 $e = 1.0$)、图 10.41(抛物指数式变化趋势,即指数 $e > 1.0$)所示,改变量的最大值可以自由控制。抛物式或抛物指数式的处理结果相差不是太大,可以适当选用,在选用抛物指数式的处理方式时要注意指数大小,过大过小都不行,应给定一个较合理值。

不同压力面位置的速度系数根据如下原则给定。

$$\lambda_p,\ n = \lambda_p,\ n - \left[P(n,\ h) \right]^e$$
$$P(n,\ h) = h(An^2 + Bn + C)$$

式中,n 为压力面速度系数分布点数;h 为控制速度系数值的变化量的大小;e 为指数大小;$P(n,\ h)$ 为不同压力面位置速度系数的调整量。

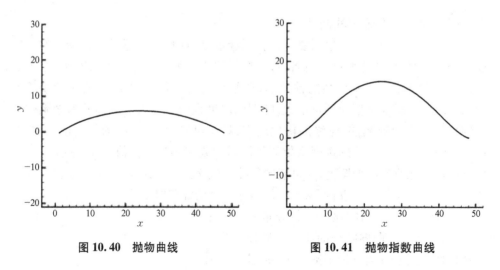

图 10.40　抛物曲线　　　　　　　　图 10.41　抛物指数曲线

下面给出设计的第一级静子尖部截面叶型厚度调节过程,包括速度系数分布和叶型变化过程。

图 10.42 为未作环量调整时经过前缘、弯角优化后的叶型,由图可以看到,设计的叶型偏薄,一般情况下压气机静子尖部的叶型比较厚,不满足厚度分布要求,因此必须对其厚度分布进行有效的调整,使其满足设计要求。图 10.43 为未作环量调整时经过前缘和弯角优化的速度系数分布。

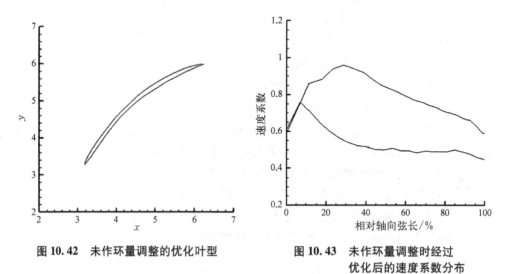

图 10.42　未作环量调整的优化叶型　　　图 10.43　未作环量调整时经过
　　　　　　　　　　　　　　　　　　　　　　　 优化后的速度系数分布

图 10.44 给出了通过改变吸力面速度系数值调整环量后经过前缘、弯角优化的叶型,与图 10.42 相比,叶型的厚度分布明显改变,叶型厚度增加,可见采用吸力面的速度系数分布预处理方法能在一定程度上调节叶型的厚度。图 10.45 为通过

改变吸力面速度系数值来调整环量后,经过前缘、弯角优化后的速度系数分布和未作环量调整的初始速度系数分布优化结果对比。从图 10.45 中可以看到,经过吸力面速度系数分布预处理并优化后的速度系数分布所对应的环量发生了变化,由此可以推断环绕叶型的环量与叶型厚度必然存在着联系,可以通过调整初始环量的方法来调节叶型厚度。

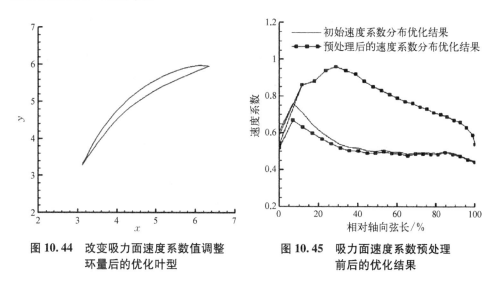

图 10.44　改变吸力面速度系数值调整
环量后的优化叶型

图 10.45　吸力面速度系数预处理
前后的优化结果

　　图 10.46 为通过改变压力面的速度系数值来调整环量后,经过前缘、弯角优化的叶型,从图中可以看到,通过对压力面速度系数值进行预处理同样可以改变叶型的厚度分布。原因也在于,通过压力面速度系数分布的调整,同样能改变环绕叶型的初始环量,从而达到调节叶型厚度的目的。图 10.47 为通过改变压力面速度系

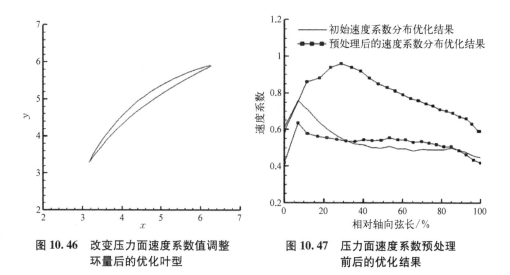

图 10.46　改变压力面速度系数值调整
环量后的优化叶型

图 10.47　压力面速度系数预处理
前后的优化结果

数值来调整环量后经过前缘、弯角优化后的速度系数分布和未作环量调整的速度系数分布优化结果对比。最终,优化结束后的叶型环量也发生了变化。

图 10.48 为通过改变吸、压力面的速度系数值来调整环量后,经过前缘、弯角优化后的反方法设计叶型与几何方法设计叶型的对比结果,由图可以看到,通过厚度的调整、优化,反设计叶型的进出口几何角及厚度与几何方法设计叶型十分接近,厚度分布基本一致,在压力面的中后部,两者的型线没有完全重合,但是仅有很小的差别,可以满足设计要求。图 10.49 为通过改变吸、压力面速度系数值来调整环量,经过前缘、弯角优化后的速度系数分布和未作环量调整的速度系数分布优化结果对比,从图中可以看到,吸、压力面的速度系数分布都发生了变化,叶型的环量变化更大。

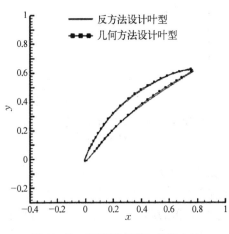

图 10.48　反设计叶型与几何方法
设计叶型对比

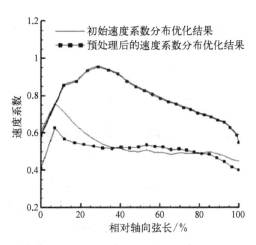

图 10.49　吸、压力面速度系数预处理
前后的优化结果

通过上面算例中厚度分布的调整设计过程可以看到,采用通过吸、压力面的速度初值预处理来调整环量的方法,调整后经过前、尾缘的优化,可以有效地调整叶型的厚度,对叶型厚度的调节可以采用吸力面速度系数分布预处理,也可以采用压力面的速度系数分布预处理。当要求的目标叶型过厚时,单独采用吸力面或压力面的速度系数分布预处理不能达到要求时,可以同时采用两种方法,得到满足厚度要求的叶型。

10.5　考虑攻角、落后角的优化设计

考虑到来流流入叶型时的方向不可能总是与叶型的几何进口角一致,总会有一个小的夹角,即攻角 i。同时,由于出口处的叶型吸、压力面的压差,出气角

与叶型几何出口角之间也必然存在一个夹角,即落后角 δ。因此,在设计叶型时,可以根据设计的需要适当地给定一个落后角或攻角。本节采用自行编制的设计程序,可以在设计的初始给定一个落后角或攻角,设计出对应的叶型。

在加入攻角、落后角的同时,要考虑到给定的初始进气角和出气角不能变化。因此,在设计过程中求解叶型区域的流场参数时使用进气角和出气角,在计算叶型的几何坐标时加入攻角、落后角。加入攻角、落后角后,生成的叶型的几何形状会发生变化,此时必须对速度系数分布进行调整,根据总结出的叶型几何参数与气动参数间的关系,编制了一套自动优化程序,对速度系数分布进行优化,使最终的叶型符合设计要求。

下面给出某压气机第一级静子的根部、中部、尖部三个截面的叶型在加入攻角、落后角的叶型图与设计工况的叶型图对比。

1. 第一级静子根部叶型考虑攻角、落后角的设计结果与设计工况的结果对比

图 10.50 为设计工况与加落后角的叶型对比图,在给定落后角值后,通过速度系数分布的优化能够使叶型在尾缘处下弯,并且保证进气角不变,叶型的厚度也没有发生变化,得到符合要求的叶型。图 10.51 为设计工况与加攻角的叶型对比图,从图中可以看到,在设计中给定了攻角值后,设计叶型在前缘处明显下弯或上弯,但是由于误差的存在,给定±5°攻角值时的叶型图不是完全对称的,−5°时叶型的下弯程度更大一些。

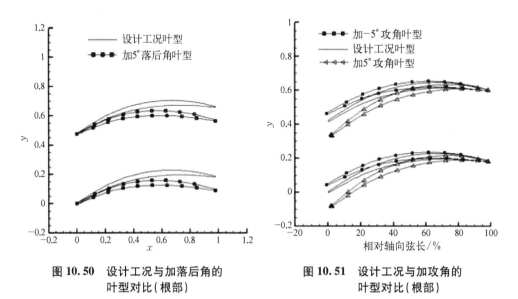

图 10.50　设计工况与加落后角的叶型对比(根部)　　图 10.51　设计工况与加攻角的叶型对比(根部)

2. 第一级静子中部叶型考虑攻角、落后角的设计结果与设计工况的结果对比结果见图 10.52 和图 10.53,此处未作分析。

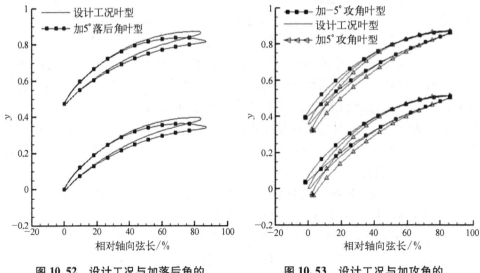

图 10.52   设计工况与加落后角的
叶型对比(中部)

图 10.53   设计工况与加攻角的
叶型对比(中部)

3. 第一级静子尖部叶型考虑攻角、落后角的设计结果与设计工况的结果对比

图 10.54 为设计工况与加弯角后的叶型对比,由图可知,叶型在尾缘处明显下弯,其他的叶型参数没有发生变化,得到了预期的目标叶型。图 10.55 为加±5°的攻角后的叶型与设计工况叶型的对比,由于存在误差,可以看到在加 5°攻角时,叶型上弯得更多一些,并且-5°攻角的叶型在前缘处的厚度略有增大,与初始要求有一定的误差。

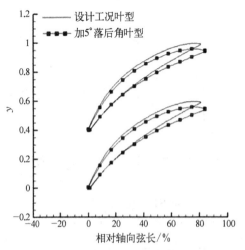

图 10.54   设计工况与加落后角的
叶型对比(尖部)

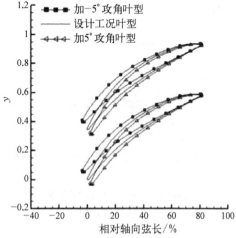

图 10.55   设计工况与加攻角的
叶型对比(尖部)

10.6 反方法设计叶型与几何方法设计叶型的对比

反设计的叶型还需进行前、尾缘的处理。采用圆弧处理前、尾缘的具体方法如下：从叶片的几何构型可知,在 S1 流面视图中,任何叶型都有一段叶型中弧线,它定义为叶型内切圆圆心的连线。对叶型进行前、尾缘圆弧处理时,首先要找出其内切圆的圆心,这样才能得到与叶型相切的圆及相应的圆弧。

以叶型前缘为例,如图 10.56 所示,在叶型的近前缘或尾缘处的吸力面上的适当位置选取一点 a,过点 a 作吸力面叶型线的法线,它与压力面叶型线交于点 b,将线段 ab 分为 N 个小等分 $dl = ab/N$,圆心点 o 的确定可从点 a 加 dl 开始,点 c 在压力面上从前缘点开始,如果直线 co 的斜率与吸力面叶型线在点 c 的斜率相等,而

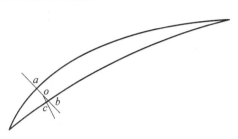

图 10.56　叶型内切圆圆心求解示意图

且线段 co 的值与线段 ao 的值相等,则认为点 o 即所找的内切圆的圆心。那么就可以以点 o 为圆心、线段 co 的长度为半径,作一个圆及相应的圆弧。如果线段 co 的值与线段 ao 的值不相等,则在点 o 原有的基础上增加 dl,压力面上的点 c 从前缘点开始向后移动,判断斜率和距离,重复以上过程,直到满足以上两个条件为止。尾缘圆弧的求解与前缘类似。读入叶型数据后,需要对叶型吸、压力面的数据点进行插值加密,这样就能够使得点 c 移动时的每一步的步长足够小,避免找不到圆心的情况。同时,N 值也要取得很大,这样 dl 的值就足够小,也是为了避免找不到圆心的情况。

下面给出一个求出内切圆的叶型的尾缘示意图,见图 10.57。

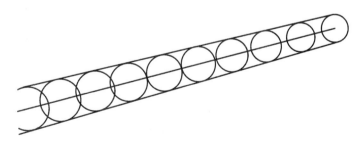

图 10.57　尾缘加圆弧示意图

可以看到,采用此方法能够在叶型的任意位置生成内切圆,只要叶型线上的点数足够多,就可以随意地控制前、尾缘圆弧的大小。

下面给出前、尾缘处理后的叶型与几何方法设计的叶型对比。

1. 算例1：第一级静子根部、中部、尖部叶型对比

（1）第一级静子根部叶型，设计参数：稠度 $\tau = 1.4065$、进出口轴向速度密流比 $\Omega = 1.16$、$\lambda_1 = 0.87$、$\lambda_2 = 0.60$、$\beta_1 = 35.24°$、$\beta_2 = -8.66°$。

（2）第一级静子中部叶型，设计参数：稠度 $\tau = 1.2059$，进出口轴向速度密流比 $\Omega = 1.28$、$\lambda_1 = 0.75$、$\lambda_2 = 0.56$、$\beta_1 = 44.472°$、$\beta_2 = 8.95°$。

（3）第一级静子尖部叶型，设计参数：稠度 $\tau = 1.1049$，进出口轴向速度密流比 $\Omega = 1.23$、$\lambda_1 = 0.71$、$\lambda_2 = 0.50$、$\beta_1 = 56.914°$、$\beta_2 = 16.13°$。

采用本节提出的反方法设计出的叶型与同样条件下采用几何方法设计的第一级静子根部叶型的对比如图 10.58 所示，叶型的前、尾缘采用了加圆弧的处理方式。从图中可以看到，两个叶型的厚度分布基本相同，在局部区域，吸、压力面型线的曲率有差别，进出口几何角均与设计的要求相符合。

图 10.59 所示为采用反方法设计出的第一级静子中部叶型与几何方法设计叶型的对比，从图中可以看到，两个叶型的型线基本完全重合，仅在尾缘处有很小的差别，几何约束完全与预期一致。

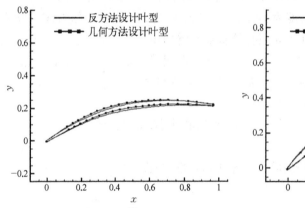

图 10.58　第一级静子根部叶型的反方法设计结果与几何方法设计结果对比

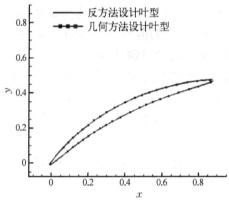

图 10.59　第一级静子中部叶型的反方法设计结果与几何方法设计结果对比

图 10.60 所示为采用反方法设计出的第一级静子尖部叶型与几何方法设计的叶型的对比，从图中可以看到，两个叶型在前缘处完全重合，从中部向后，吸、压力面型线的曲率有一些差别，但是厚度基本没有多大的变化。

2. 算例2：第二级静子根部、中部、尖部叶型对比

（1）第二级静子根部叶型，设计参数：稠度 $\tau = 1.7481$，进出口轴向速度密流比 $\Omega = 1.27$、$\lambda_1 = 0.88$、$\lambda_2 = 0.55$、$\beta_1 = 41.917°$、$\beta_2 = -4.84°$。

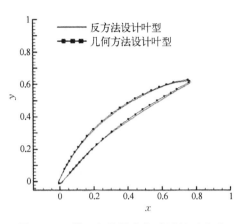

图 10.60　第一级静子尖部叶型的反方法设计结果与几何方法设计结果对比

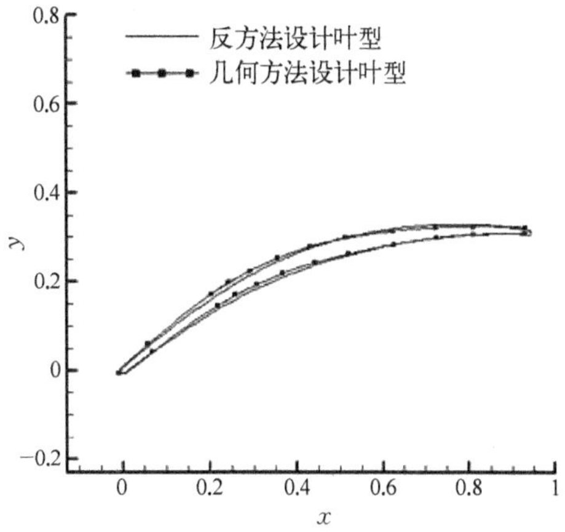

图 10.61　第二级静子根部叶型的反方法设计结果与几何方法设计结果对比

（2）第二级静子中部叶型,设计参数：稠度 $\tau = 1.5518$,进出口轴向速度密流比 $\Omega = 1.30$、$\lambda_1 = 0.75$、$\lambda_2 = 0.53$、$\beta_1 = 47.628°$、$\beta_2 = 20.552°$。

（3）第二级静子尖部叶型,设计参数：稠度 $\tau = 1.4413$,进出口轴向速度密流比 $\Omega = 1.37$、$\lambda_1 = 0.73$、$\lambda_2 = 0.48$、$\beta_1 = 55.192°$、$\beta_2 = 18.91°$。

图 10.61 所示为采用反方法设计的第二级静子根部叶型与几何方法设计叶型对比,从图中可以看到,两个叶型在靠近前缘段没有完全重合,反方法设计的叶型的曲率比几何方法设计的叶型小,但是两者的厚度基本一致,几何进口角也相同。靠近叶型的尾缘处相差较小,在尾缘处,弯角仅有微小差别,完全符合设计精度要求。

图 10.62 给出了采用反方法设计出的第二级静子中部叶型与几何方法设计的叶型对比,从图中可以看出,这两个叶型的型线的曲率有明显差别,反方法设计出的叶型中间部分的曲率明显小于几何方法设计的叶型型线的曲率,但叶型厚度和几何进出口角一致。

图 10.63 所示为采用反方法设计出的第二级静子尖部叶型与几何方法设计的叶型对比,从图中可以观察到,两个设计叶型吸力面的型线完全重合,压力面的型线曲率有一定的偏差,反方法设计的叶型稍薄。

通过上面 6 个算例的设计结果与几何方法设计结果的对比分析,可以看到本节提出的方法能够完成目标叶型的设计工作,通过厚度调整、型面优化等优化手段,最终设计出的叶型符合设计要求,能够满足工程实际应用的需要。除了可以实现与几何方法相同的功能外,采用本方法还可以设计出带有大攻角或落后角的叶型,也可以设计出型面曲线更为复杂的叶型,在一定程度上优于几何方法。

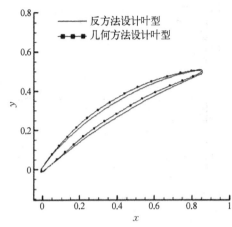

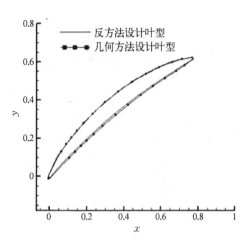

图 10.62 第二级静子中部叶型的反方法
设计结果与几何方法设计结果
对比

图 10.63 第二级静子尖部叶型的反方
设计结果与几何方法设计结果
对比

3. 算例 3：风机叶片剖面翼型设计对比

（1）叶片剖面一，设计参数：稠度 τ = 1.10、W_{x1} = 38.21 m/s、W_{y1} = 80.00 m/s、W_{x2} = 50.34 m/s、W_{y2} = 28.12 m/s、β_1 = 64.47°、β_2 = 29.19°。

（2）叶片剖面二，设计参数：稠度 τ = 1.20、W_{x1} = 72.56 m/s、W_{y1} = 72.56 m/s、W_{x2} = 77.18 m/s、W_{y2} = 12.09 m/s、β_1 = 45°、β_2 = 8.9°。

（3）叶片剖面三，设计参数：稠度 τ = 1.30、W_{x1} = 44.94 m/s、W_{y1} = 44.94 m/s、W_{x2} = 39.90 m/s、W_{y2} = 23.88 m/s、β_1 = 45°、β_2 = 30.9°。

图 10.64~图 10.66 分别风机叶片三个剖面的翼型设计结果。对于随意给定的一个速度系数分布，设计的过程中也出现了前面所讨论的诸多问题：几何约束

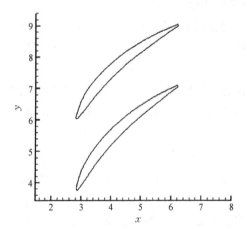

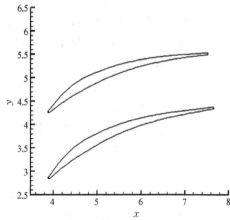

图 10.64 反方法设计的风机叶片剖面一翼型　　**图 10.65** 反方法设计的风机叶片剖面二翼型

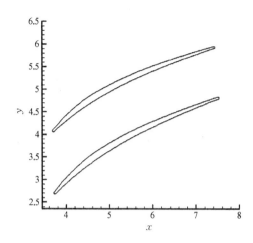

图 10.66   反方法设计的风机叶片剖面三翼型

不满足,弯角与设计值不符,厚度不符等。通过调用优化函数,采用厚度调整方法等优化手段,使得最终的翼型满足要求,同时也验证了本节提出的方法在设计低速翼型方面的可行性。

10.7   小   结

(1) 进行了六个压气机静子及三个风机叶片剖面翼型的算例设计,分析了目前一般反方法叶型设计中存在的不足之处。针对反设计中出现的非物理解问题,进行了分析研究,确定了叶型型面与叶片表面气流参数分布相互匹配的优化设计思路,提出了分区域调整叶片表面速度系数分布的设想。依据以离散点的形式给定的初始速度系数分布形式,分别建立了不同的优化函数,给出了优化函数的表达式,解决了叶型前、尾缘闭合问题。

(2) 采用本章提出的优化方法进行了算例的设计,给出了优化过程中叶型、速度系数分布、误差的变化,并且进行了分析对比。验证了优化算法的实用性,通过厚度调节的具体过程及调节结果对比,证明了通过控制环绕叶型的环量来改变叶型的厚度是可行的,并且能够设计出符合厚度要求的对应叶型。

(3) 将攻角、落后角这两个对叶型损失起着很大影响的重要因素加入设计过程中,并且针对加入攻角、落后角时引起叶型型线变形的情况编制了优化程序,对给定的速度系数分布进行自动的优化。设计出了给定攻角、落后角时的目标叶型。

第 11 章
前缘构型对叶型气动性能的影响研究

11.1　概　述

与叶型其他部位相比,前缘的形状直接影响附面层沿叶片表面的发展和下游的流场结构,进而影响叶型的整体性能[87, 88]。传统叶型前缘多为圆弧形,然而圆弧形前缘在气动性能上并非最优设计。2010 年,剑桥大学的 Goodhand 等[89]进行的实验结果显示,圆弧形前缘曲率大且与叶身连接处不连续,导致气流过度膨胀产生前缘吸力峰和分离泡,是造成叶型损失的主要根源之一。对前缘进行改型设计可调整曲率,削弱吸力峰,控制分离泡,减小叶型气动损失。椭圆形前缘在一定程度上改善了附面层流动[60],但存在与叶身连接处曲率不连续的问题,因此随后提出了曲率连续型前缘。清华大学的宋寅等[90]将曲率连续型前缘与椭圆形前缘进行了对比,研究发现,曲率连续型前缘可使攻角范围扩大 1.2°。西北工业大学的曾瑞慧[91]对前缘进行曲率连续设计得到了层流叶型,叶型表面在大攻角范围内维持层流流动。北京航空航天大学的刘宝杰等[92]也采用不同方法对曲率连续型前缘进行了设计研究,结果显示,曲率连续型前缘可使吸力峰强度明显削弱,提高叶型气动性能,但在进行设计时未特别关注吸力面与压力面两侧前缘的区别设计。

综上可见,叶型前缘设计的选择对叶型性能至关重要。因此,本章将针对目前常见的几种叶型前缘构型的设计工作进行介绍,其中圆弧形前缘构型主要作为对比构型方案,其他前缘构型主要包括椭圆弧前缘构型、非对称前缘构型、对称曲率连续型前缘构型。

11.2　椭圆弧前缘构型

11.2.1　椭圆弧前缘构型设计方法

与圆弧形前缘相比,如果椭圆的长轴位于中弧线前缘切线方向,那么椭圆弧的曲率变化将小于圆弧。为了减缓超声速气流在前缘的加速过程,用椭圆弧连接前、尾缘的上下表面切点是有益的。下面采用曲线族法[28]来推导其几何关系。

在平面解析几何中,圆锥曲线的一般方程为

$$Ax^2 + Bxy + Cy^2 + Dx + Ey + F = 0 \qquad (11.1)$$

式中、A、B、C、D、E、F 为常数,且 A、B、C 不同时为零,式(11.1)称为圆锥曲线的隐式方程。

令

$$\Delta = B^2 - 4AC \qquad (11.2)$$

式(11.2)称为二元二次方程(11.1)的判别式,由解析几何知:

(1) $\Delta < 0$ 时,式(11.1)为椭圆型曲线(包括圆、点椭圆和虚椭圆);

(2) $\Delta = 0$ 时,式(11.1)为抛物型曲线(包括两平行直线和虚直线);

(3) $\Delta > 0$ 时,式(11.1)为双曲型曲线(包括两相交直线)。

在式(11.1)中, 令 $A^2 + C^2 \neq 0$,且 $C \neq 0$, 解得

$$y = Px + Q \pm \sqrt{Rx^2 + Sx + T} \qquad (11.3)$$

其中,

$$P = -\frac{B}{2C}, \quad Q = -\frac{E}{2C}, \quad R = \frac{B^2 - 4AC}{4C^2} = P^2 - \frac{A}{C}$$

$$S = \frac{2BE - 4CD}{4C^2} = 2PQ - \frac{D}{C}$$

$$T = \frac{E^2 - 4CF}{4C^2} = Q^2 - \frac{F}{C}$$

若 $A \neq 0$, 也可以将式(11.1)就 x 解出,得到类似于式(11.3)的形式。因此,只要 A、C 不同时为零,就可以将式(11.3)就 y 或 x 解出表示为式(11.3)的形式或类似形式。式(11.3)称为圆锥曲线的显式方程。

若 $A^2 + C^2 = 0$,很容易便知式(11.1)是以直线 $y = -\frac{F}{B}$ 或 $y = -\frac{D}{B}$ 为渐近线的双曲线,这种情况不适合作前缘部分的连线,在此不作研究。

当 $R < 0$,$\frac{S}{4R} > T$ 时,此圆锥曲线为椭圆。因此,任何隐式椭圆就可以用式(11.3)的显式形式表示出来,便于编程使用。

从表面上来看,方程(11.1)有六个未知数需确定,实际上只有五个是独立的,因此只需五个条件就可以确定椭圆。

对于由几何法生成的压气机叶片叶型,以简便方式给出的五个条件有:叶盆、叶背前、尾缘切点的坐标及其切线的斜率值,另一个几何条件为沿前、尾缘构造角

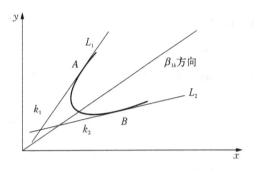

图 11.1　椭圆几何关系图

向外延伸位于椭圆上的一点。这些条件在图 11.1 中给出：点 $A(x_1, y_1)$ 及该点切线 L_1 的斜率 k_1；点 $B(x_2, y_2)$ 及该点切线 L_2 的斜率 k_2；点 $C(x_3, y_3)$ 沿 β_{1k} 方向向外延伸，位于椭圆上。

L_1 的直线方程为

$$y - y_1 - k_1(x - x_1) = 0 \quad (11.4)$$

L_2 的直线方程为

$$y - y_2 - k_2(x - x_2) = 0 \quad (11.5)$$

直线 AB 的方程为

$$y - y_1 - k_3(x - x_1) = 0 \quad (11.6)$$

其中，

$$k_3 = \frac{y_2 - y_1}{x_2 - x_1}$$

对三条直线方程进行交叉组合得到二元二次方程：

$$[y - y_1 - k_1(x - x_1)][y - y_2 - k_2(x - x_2)] + K[y - y_1 - k_3(x - x_1)]^2 = 0 \quad (11.7)$$

式中，K 为任意实常数，显然，对于固定的 K 值，在一般情况下，式（11.7）的图形是一条通过 A、B 两点，并与之相切的圆锥曲线，但它们都通过 A、B 两点且与之相切。

为了从这族曲线中找出通过点 C 的圆锥曲线，只需将点 C 的坐标代入式（11.7）得出常数 K 的值。

如果 $y_3 - y_1 - k_3(x_3 - x_1) \neq 0$，将点 C 的坐标 (x_3, y_3) 代入式（11.7）求得 K 的值为

$$K = -\frac{[y_3 - y_1 - k_1(x_3 - x_1)][y_3 - y_2 - k_2(x_3 - x_2)]}{[y_3 - y_1 - k_1(x_3 - x_1)]^2} \quad (11.8)$$

K 求出以后，将式（11.4）展开为一般形式：

$$Ax^2 + Bxy + Cy^2 + Dx + Ey + F = 0 \quad (11.9)$$

其中，

$$A = k_1 k_2 + K k_3^2$$

$$B = k_1 + k_2 + 2K k_3$$

$$C = K + 1$$

$$D = k_1(y_2 - k_2 x_2) + k_2(y_1 - k_1 x_1) + 2K k_3(y_1 - k_3 x_1)$$

$$E = -\left[(y_1 - k_1 x_1) + (y_2 - k_2 x_2) + 2K(y_1 - k_3 x_1)\right]$$

$$F = (y_1 - k_1 x_1)(y_2 - k_2 x_2) + K(y_1 - k_3 x_1)$$

判别式 $\Delta = B^2 - 4AC < 0$，则式(11.9)为椭圆；如果 $\Delta \geqslant 0$，则需重新给定点 C 的坐标。一般来说，当点 C 与前缘圆心的距离大于或等于二倍前缘半径时，所得到的圆锥曲线都是椭圆。

可将式(11.9)按式(11.3)的显式形式表示出来：

$$y = Px + Q \pm \sqrt{Rx^2 + Sx + T}$$

以长轴为对称轴，所得上下部分 x 的取值范围为

$$x_3 \leqslant x \leqslant x_1, \quad x_3 \leqslant x \leqslant x_2$$

如果 β_{1k} 较大，即前缘椭圆长轴太陡时，可用 y 表示为 x 的形式来离散椭圆弧，即

$$x = P_1 y + Q_1 \pm \sqrt{R_1 y^2 + S_1 y + T_1} \tag{11.10}$$

其中，

$$P_1 = -\frac{B}{2A}, \quad Q_1 = -\frac{D}{2A}, \quad R_1 = \frac{B^2 - 4AC^2}{4A^2}$$

$$S_1 = \frac{2BD - 4AE}{4A^2}, \quad T_1 = \frac{D^2 - 4AF}{4A^2}$$

因为前后椭圆弧都是在很小的范围内变化，当 β_{1k} 太大时，用式(11.9)离散出的椭圆弧在尖部不太光滑。

图 11.2 给出了某一典型超声速叶型前缘用圆弧与椭圆弧连接的对比。由图可知，椭圆连接弧的曲率变化明显比圆弧连接缓慢，这有助于降低超声速气流在前缘的加速过程。

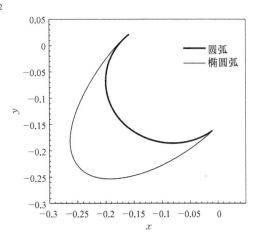

图 11.2　叶型前缘切点椭圆弧连接与
圆弧连接对比

11.2.2 椭圆弧前缘构型对超声速叶型的气动性能影响研究

本小节采用非均匀有理 B 样条方法对某两级风扇压气机的第二级转子的尖部基元级进行了一系列前缘构形设计[93]。根据上面阐述的构造方法针对不同的椭圆弧形状控制因子 u_e 和方向控制因子分别构建不同的椭圆弧前缘基元级,并采用叶轮机械流场计算商业软件 NUMECA 计算其流场气动性能。为了保证不同的基元级具有可比较性,在整个过程中,基元级沿弦长的厚度分布和进出口的边界条件都保持不变。

首先考虑椭圆弧形状控制因子 u_e 对整个基元级气动性能的影响,研究椭圆弧形状控制因子 u_e 分别为 0.16、0.10、0.08、0.05、0.04 时,在进口马赫数一定($Ma_1 = 1.0874$)的情况下基元级气动性能的变化情况,图 11.3 给出了这几种情况下基元级的几何形状对比图。然后又按基元级弦长不变的原则,在进口马赫数为1.077 的情况下,选择了椭圆弧形状控制因子 u_e 和方向控制因子 η 分别为 0.04/0.01、0.038/0、0.03/0.06、0.02/0.3 时的基元级,并对这些基元级进行了气动性能比较,其前缘几何曲线对比如图 11.4 所示。

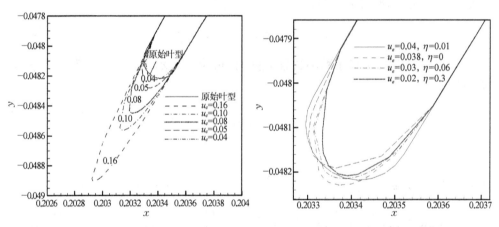

图 11.3 椭圆弧形状控制因子不同的基元级几何形状对比图

图 11.4 椭圆弧形状控制因子及方向控制因子不同时的基元级对比图

图 11.5~图 11.9 分别给出了在进出口边界条件相同的条件下,当椭圆弧形状控制因子 u_e 分别为 0.16、0.10、0.08、0.05、0.04 时,超声速叶栅前缘区域的马赫数等值线图。图 11.10 给出的是原始超声速叶栅前缘区域的马赫数等值线图,通过对比这几幅图,可以看出在 u_e 逐渐减小的过程中,叶栅椭圆前缘区域内的脱体激波强度逐渐增强,而在 u_e 等于 0.04 时,激波强度又有所减弱。同时,叶栅前缘区域马赫数的变化幅度也更为剧烈。出现这种现象的主要原因可能是随着 u_e 的减小,叶栅前缘圆弧变得越来越钝,导致前缘区气流的流动加速更快,更容易导致逆压梯度过大,出现气流的分离,因此所受的影响更为明显。

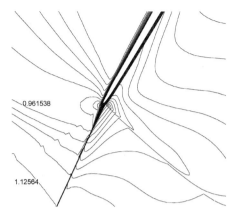

图 11.5 $u_e = 0.16$、$\eta = 0$ 时超声速叶栅前缘区域的马赫数等值线图

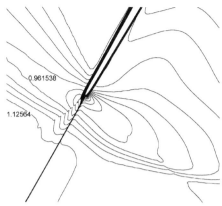

图 11.6 $u_e = 0.10$、$\eta = 0$ 时超声速叶栅前缘区域的马赫数等值线图

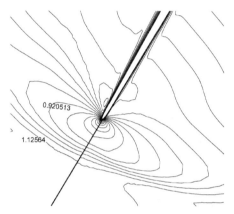

图 11.7 $u_e = 0.08$、$\eta = 0$ 时超声速叶栅前缘区域的马赫数等值线图

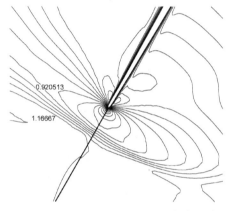

图 11.8 $u_e = 0.05$、$\eta = 0$ 时超声速叶栅前缘区域的马赫数等值线图

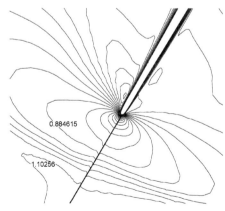

图 11.9 $u_e = 0.04$、$\eta = 0$ 时超声速叶栅前缘区域的马赫数等值线图

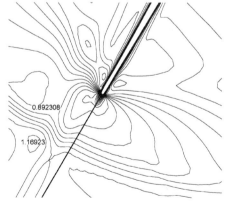

图 11.10 原始超声速叶栅前缘区域的马赫数等值线图（气动边界条件 1）

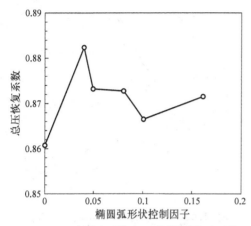

图 11.11   叶型总压恢复系数随椭圆弧形状控制因子 u_e 的变化曲线

对比分析以上几幅图的结果可以看出，u_e 越小，叶栅前缘区域的低速层流附面层区域越小，叶栅前缘的激波与附面层的干扰也越来越弱，叶栅的整体流动损失也会不断减小。图 11.11 给出了总压恢复系数随 u_e 的变化曲线，从图中可以看出：相对于原始叶型，几种椭圆形叶型的总压恢复系数都要略微高一些；而随着 u_e 的减小，总压恢复系数先减小后增大，在 $u_e = 0.04$ 处达到了最大值，而当 u_e 为 0，即为原始圆弧叶型时，总压恢复系数又降低为 0.860 7。

根据实际工程改型设计的要求，本节通过同时改变椭圆弧的形状控制因子 μ_e 和方向控制因子 η 来保证叶栅的气动弦长基本不变。图 11.12～图 11.15 给出了相应的超声速叶栅前缘区域的马赫数等值线图，图 11.16 显示的是与这几种叶栅几何构型处于相同气动边界条件下时原始超声速叶栅前缘区域的马赫数等值线图。

对比分析这几幅图可以看出，叶栅前激波强度随着 u_e 的减小先逐渐增强，然后又逐渐减弱，同时可以发现叶栅前缘的马赫数变化趋势也基本类似。结合表 11.1 给出的具体数据，可以发现，在保持叶栅的气动弦长不变的前提下，计算所得到的叶栅总压恢复系数随着 u_e 的减小先呈增大趋势，在 $u_e = 0.03$、$\eta = 0.06$ 的情况下达到最大值，然后逐渐减小。分析其主要原因可能是超声速叶栅中的流动受到了前缘激波和叶栅通道流动结构的共同影响，在不同的几何条件下，两种影响因

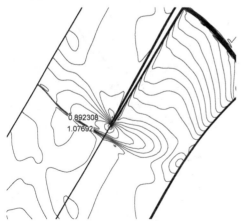

图 11.12 $u_e = 0.02$、$\eta = 0.3$ 时超声速叶栅前缘区域的马赫数等值线图

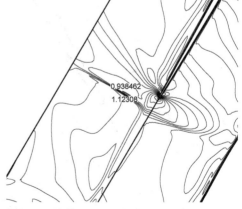

图 11.13 $u_e = 0.03$、$\eta = 0.06$ 时超声速叶栅前缘区域的马赫数等值线图

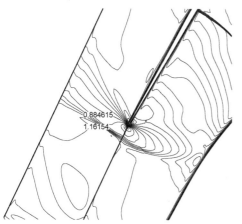

图 11.14 $u_e = 0.038$、$\eta = 0$ 时超声速叶栅前缘区域的马赫数等值线图

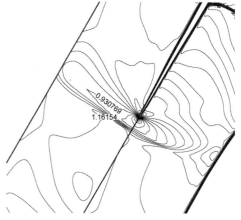

图 11.15 $u_e = 0.04$、$\eta = 0.01$ 时超声速叶栅前缘区域的马赫数等值线图

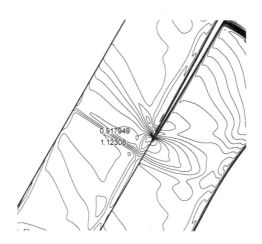

图 11.16 原始超声速叶栅前缘区域的马赫数等值线图(气动边界条件 2)

素会发挥出不同的影响作用。因此,可以判断出:在保持叶栅气动弦长不变的前提下,存在一个椭圆弧的形状控制因子和方向控制因子间的匹配,能够使该叶栅的总体气动性能达到最佳。

表 11.1 不同形状控制因子 u_e 和方向控制因子 η 下的超声速叶栅气动性能对比

椭圆弧控制参数	总压恢复系数
$u_e = 0.04$、$\eta = 0.01$	0.848 21
$u_e = 0.038$、$\eta = 0$	0.841 17

续　表

椭圆弧控制参数	总压恢复系数
$u_e = 0.030$、$\eta = 0.06$	0.863 33
$u_e = 0.02$、$\eta = 0.3$	0.839 22
原始叶型（$u_e = 0$、$\eta = 0$）	0.848 08

11.3　非对称前缘构型

非对称前缘的设计思想，就是在一定条件下牺牲压力面侧前缘的设计空间，实现吸力面侧前缘的更优设计，从而更好地通过调整吸力面侧前缘曲率来控制叶型吸力面侧前缘的吸力峰强度，消除前缘分离泡，进而提升叶型的整体气动性能。

Denton[94]研究提出，叶型附面层的单位面积熵与当地附面层边缘速度的立方成正比，扩压叶栅吸力面表面气体流速更高，附面层损失比压力面大。在已有的对大弯角高负荷叶型研究中，均侧重吸力面附面层的发展，而压力面附面层的发展对叶型损失的影响小得多。前缘作为叶型表面附面层发展的起始位置，影响到整个附面层的流动情况，因此吸力面侧前缘相对压力面侧前缘来说更重要，两侧前缘几何应该有所区别。

基于上下翼面的流动特点不同，非对称前缘在翼型设计中有较多应用，对改善翼型失速具有显著作用[95, 96]。压气机扩压叶栅叶型吸力面与压力面侧的流动不同，前缘作为流动的起始位置，采取非对称的前缘设计也是有效的。北京航空航天大学的陆宏志等[97]从削弱吸力峰强度角度，提出了一种带平台圆弧形前缘，该前缘具有非对称特点，但未采取曲率连续设计，对叶型吸力峰的控制效果略优于椭圆前缘，是一种被动的非对称前缘设计方法。

非对称前缘的设计方法如图 11.17 所示，原始对称前缘吸力面侧的控制线 $DS + SS_C$ 与压力面侧前缘的控制线 $DP + PP_C$ 对称，长度一致，如不进行调整，设计结果仍为对称前缘。由于非对称前缘的设计思路是通过牺牲部分压力面前缘设计空间来扩展吸力面前缘的设计空间，因此将前缘点 D 向点 P 方向移动，得到更接近压力面侧的点 D_1。此时，吸力面侧前缘控制线扩展

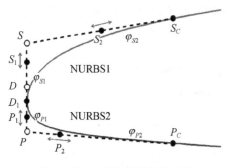

图 11.17　非对称前缘设计方法

为 D_1S+SS_C，压力面侧前缘的控制线缩减为 D_1P+PP_C。为了避免叶型发生太大变形和不合理的变化，在初步研究时，将点 D_1 取为 DP 靠近点 D 的 $1/3$ 处，使得 $\overline{DD_1}=1/3\overline{DP}$，从而扩展吸力面侧前缘的设计空间。由点 D_1、S_1、S_2、S_C 作为非对称前缘吸力面侧 NURBS1 曲线控制点，点 D_1、P_1、P_2、P_C 作为非对称前缘压力面侧 NURBS2 曲线控制点。

在对非对称前缘进行设计时，设计变量为 S_1、S_2、P_1、P_2 四个点的位置。为保证设计结果前缘曲线与叶身一阶光滑连续，S_1、S_2、P_1、P_2 四点需要限制在各自所在的控制线段上，因此可以将设计变量进行如下转化：

$$\varphi_{S1}=\overline{D_1S_1}/\overline{D_1S} \tag{11.11}$$

$$\varphi_{S2}=\overline{S_CS_2}/\overline{S_CS} \tag{11.12}$$

$$\varphi_{P1}=\overline{D_1P_1}/\overline{D_1P} \tag{11.13}$$

$$\varphi_{P2}=\overline{P_CP_2}/\overline{P_CP} \tag{11.14}$$

以 φ_{S1}、φ_{S2}、φ_{P1}、φ_{P2} 四个变量作为设计变量，变化区间为 $(0,1]$。通过改变设计变量的数值可以得到相应的控制点坐标，可以分别由相应的控制点坐标对应确定一组前缘 NURBS 曲线，即一组设计变量可以确定一组前缘形状。

为保证所设计的非对称前缘具有曲率连续的性质，要求点 D_1 处、前缘与叶身的连接点 S_C 和 P_C 处两侧的型线曲率连续。若曲率误差在 $\Delta k/k \leqslant 0.5\%$ 范围内，即认为曲线在端点位置曲率连续。选择能满足连续要求的设计结果，作为非对称前缘的设计结果，这样不仅满足非对称的设计思想，也满足前缘曲率的要求。非对称前缘设计流程如图 11.18 所示。

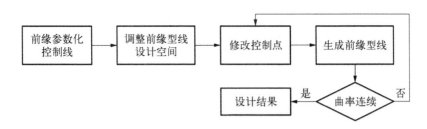

图 11.18　非对称前缘设计流程

图 11.19 展示了对两个叶型采用基于 NURBS 方法的非对称前缘设计结果。如图所示，与原始圆弧形前缘对比，非对称前缘与叶身相连处的曲率连续，并且由于扩展了吸力面侧前缘型线的设计空间，得到了非对称的前缘结构。

图 11.20 进一步给出了两叶型在进行非对称前缘设计前后的前缘型线曲率分

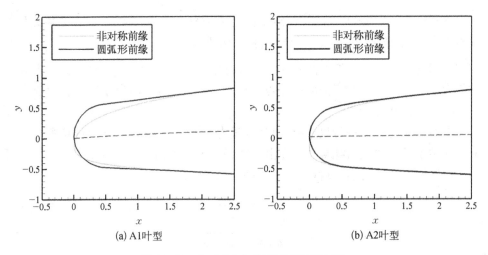

图 11.19　非对称和圆弧形前缘型线对比

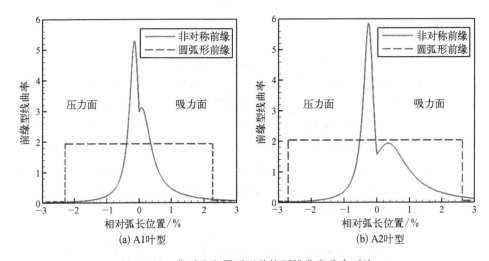

图 11.20　非对称和圆弧形前缘型线曲率分布对比

布对比,如图所示,相对弧长位置小于 0 为压力面侧前缘,大于 0 为吸力面侧前缘。圆弧形前缘的型线曲率为定值,与叶身连接处由于不连续而存在突变,且吸力面侧和压力面侧的曲率分布对称一致,具有较广的大曲率分布范围。而非对称前缘设计叶型既实现了前缘与叶身连接处的曲率连续,缩减了型线大曲率分布的范围,同时由于两侧前缘进行非对称设计,牺牲了部分压力面侧前缘的设计空间,更好地控制了吸力面侧前缘型线的曲率分布。

　　图 11.21 给出了 A1 叶型和 A2 叶型的非对称前缘叶型与原始圆弧形前缘叶型的总压损失系数随进气角的变化特性曲线。对于 A1 叶型,与圆弧形前缘叶型相比,非对称前缘叶型的总压损失系数在整个计算进气角范围内均明显降低,在进气

角为 45.83°的工况下降低 26.3%,在进气角为 50.83°的工况下降低 54.8%,在大进气角工况下的降幅更明显。对于 A2 叶型,与圆弧形前缘叶型相比,非对称前缘叶型在低于 42°进气角工况下的总压损失系数略高,但差别较小;随着进气角增大,非对称前缘的总压损失系数明显降低,在 49°进气角工况下降低 23.5%。

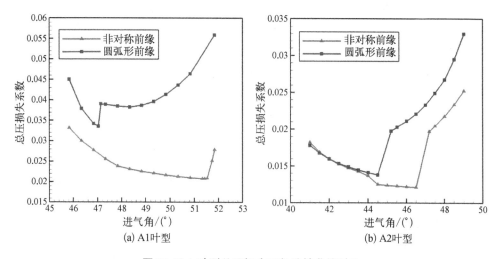

(a) A1叶型　　　　　　　　　　(b) A2叶型

图 11.21　叶型总压损失系数特性曲线对比

与原始圆弧形前缘相比,一方面,非对称前缘与叶身连接处的曲率连续过渡,从而有效控制前缘流动分离,减小分离泡;另一方面,吸力面前缘型线的曲率整体减小,缓解前缘加速流动并减弱前缘绕流的过度膨胀效应,从而大幅削弱了吸力峰强度,减小了前缘附近的附面层逆压梯度,并抑制了前缘转捩发生,因此非对称前缘叶型损失总体小于原始叶型,在大进气角下具有更好的气动性能。与 A1 叶型相比,A2 原始叶型前缘半径小且楔形角大,前缘吸力峰相对较弱,因此采用非对称前缘设计后的性能改善幅度低于 A1 叶型,但是在大进气角下仍有明显作用。

此外,可明显看出,对于所有叶型,总压损失系数均在一定进气角下突然增大,这一现象称为临界转捩,即叶型在该临界工况下开始出现前缘转捩。对于 A1 叶型,非对称前缘叶型在 51.53°进气角工况下出现临界转捩,相对于圆弧形前缘叶型延迟了 4.5°;对于 A2 叶型,非对称前缘叶型在 47.2°进气角工况下出现临界转捩,相对于圆弧形前缘叶型延迟了 2°,这意味着非对称前缘对前缘转捩发生具有抑制作用,可在更大进气角范围内维持前缘附面层的层流状态,减小叶型表面摩擦损失。

总体而言,对原始圆弧形叶型进行基于 NURBS 的非对称前缘设计后叶型的气动性能明显优于原始叶型,显著降低了总压损失,并推迟了临界转捩发生。通过减小压力面侧前缘设计空间来扩展吸力面侧前缘设计空间的非对称前缘的设计理论是可行并且有效的。

11.4　对称曲率连续前缘构型

前缘型线大曲率分布引起气流的过度膨胀,从而导致较强的吸力峰分布,气流从峰值点向主流水平恢复过程的强逆压梯度是引起前缘分离、前缘转捩,甚至导致叶型性能降低的关键。压力面与吸力面相比附面层结构更为稳定,流动受前缘吸力峰的影响相对较小,因此削弱吸力面侧前缘的吸力峰强度更为关键。而对称曲率连续前缘将两侧进行同等处理,在进行造型时,两侧前缘型线的可变化设计空间一致,因此限制了对吸力面侧前缘型线曲率大小的进一步控制,并限制了对此侧吸力峰强度的进一步削弱。

前面发展的非对称前缘设计方法在实现前缘曲率连续设计的基础上,对吸力面与压力面两侧前缘实现了非对称设计。为了探究非对称设计的作用,排除曲率是否连续的影响,对对称曲率连续前缘和非对称前缘 A1 叶型作进一步的数值研究,前缘型线对比如图 11.22 所示,图中还给出了圆弧形前缘构型。采用数值方法,在来流马赫数为 0.7 下对叶型气动性能进行数值计算,并进行分析。在进口马赫数为 0.7 的工况下,非对称前缘叶型与对称曲率连续前缘叶型的总压损失系数随进气角的变化特性曲线见图 11.23。

由图 11.23 可知,在进气角小于 47.83° 时,非对称前缘叶型的总压损失略高于对称曲率连续前缘叶型,然而在大进气角工况下,非对称前缘叶型损失明显减小,在 51.83° 进气角下,损失可降低 20.9%,同时临界转捩角增大 0.9°。从整个进气角范围来看,非对称前缘叶型的损失低于对称前缘叶型,并且具有更宽广的工作范围。

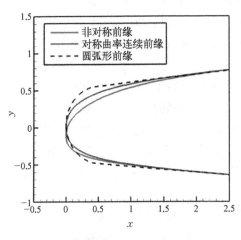

图 11.22　A1 叶型非对称、对称曲率连续和
　　　　　圆弧形前缘型线对比

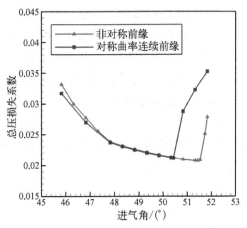

图 11.23　A1 叶型总压损失系数
　　　　　特性曲线对比

非对称前缘通过在一定条件下牺牲压力面前缘设计空间以实现吸力面前缘型线的更优设计,故与对称曲率连续前缘相比,其压力面侧前缘型线的曲率更大,使得该侧前缘流动过度膨胀效应变强,且吸力峰强度随着进气角的减小而提高,因此在小进气角下,非对称前缘叶型损失高于对称曲率连续前缘。然而,与吸力面相比,压力面侧附面层流动对前缘的敏感性较低,且压力面附面层发展对叶型损失的影响较小,因此在小进气角工况下,非对称前缘叶型损失仅略低于对称曲率连续前缘叶型。

当进气角为 47.83°～50.53°时,来流处于设计攻角附近,两个叶型的损失分布基本一致。对于满足曲率连续的前缘叶型,在一定攻角范围内,总压损失对前缘形状不敏感,前缘非对称的设计不会对设计工况附近性能带来影响。

在大进气角下,吸力面侧前缘分离进一步加剧,吸力峰强度随进气角的增大而提高,前缘流动进一步恶化并对下游产生较大影响。通过非对称的前缘设计,吸力面侧前缘型线曲率分布相对于对称曲率连续前缘更加缓和。图 11.24 给出了两种叶型吸力面侧前缘的曲率分布对比,由前缘点到点 A,非对称前缘的曲率大于对称前缘,但范围较小;随后由点 A 到点 B 的更大范围内,非对称前缘曲率小于对称前缘。本节提出的非对称前缘设计方法,通过牺牲部分压力面侧前缘型线设计空间扩大了吸力面侧前缘范围,可更好地控制吸力面前缘曲率分布,减小大曲率型线范围。

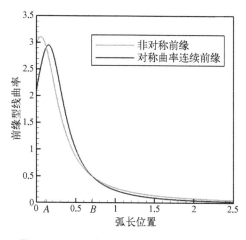

图 11.24　A1 叶型吸力面非对称前缘和对称曲率连续前缘曲率分布对比

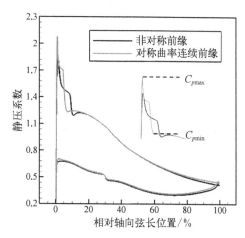

图 11.25　A1 叶型吸力面非对称前缘和对称曲率连续前缘表面静压系数分布图

由于进一步控制了大曲率型线范围,在大进气角下,在曲率连续设计的基础上,非对称前缘设计进一步削弱了吸力峰强度。图 11.25 给出了两种前缘 A1 叶型在 51.83°进气角下的表面静压系数分布对比。两种前缘叶型主体部分的静压系数 C_p 分布基本一致,在前缘附近区域有明显差异。在两种叶型前缘附近,都呈现出静压系数突然升高又急剧下降的吸力峰分布特性,借鉴 Goodhand 等[89] 在叶型前缘流动细节分析中提出一种新的性能标准,定义吸力峰强度为

$$D_{\text{spike}} = \frac{C_{p\max} - C_{p\min}}{C_{p\max}} \qquad (11.15)$$

非对称前缘叶型的吸力峰强度明显低于对称前缘叶型,相对降低 13.4%,在曲率连续前缘的基础上进一步控制了吸力峰强度。静压系数的平台分布表示了前缘分离转捩过程,非对称前缘附面层的分离转捩发生位置比对称前缘延迟了 4.6% 相对轴向弦长。与对称曲率连续前缘相比,采用非对称前缘设计可更进一步削弱前缘吸力峰强度,推迟前缘转捩发生,在大进气角和宽工作范围下具有更好的气动性能。

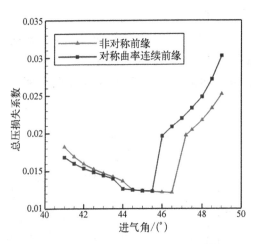

图 11.26　A2 叶型总压损失特性曲线对比

马赫数为 0.5 时,非对称前缘与对称曲率连续前缘 A2 叶型的总压损失系数随进气角的变化特性如图 11.26 所示。与 A1 叶型相同,在小进气角下,非对称前缘叶型的总压损失系数略高于对称曲率连续前缘叶型,但在大进气角下,非对称前缘叶型损失明显减小,同时临界转捩角增大。从整个进气角范围来看,非对称前缘叶型的损失低于对称曲率前缘叶型,并且具有更宽广的工作范围。通过对可控扩散 A1 叶型与低负荷 A2 叶型的应用对比可知,非对称前缘设计具有较好的普适性。

11.5　小　结

叶型前缘的形状对叶型的气动性能至关重要,因此开展叶型前缘构型对叶型气动性能影响的研究对高性能压气机叶型设计意义重大。在对目前压气机叶型前缘研究进展进行概述的基础上,本章首先对椭圆弧前缘构型设计方法进行了详细介绍,在此基础上开展了椭圆弧前缘构型对超声速叶型的气动性能影响的研究,获得了椭圆弧前缘构型对叶型气动性能的影响规律。

其次,发展了一种基于 NURBS 的压气机叶型非对称前缘构型设计方法,并验

证了该设计方法的有效性,采用非对称前缘设计构型,叶型的气动性能明显优于原始对称前缘构型,显著减小了总压损失系数,并推迟了临界转捩发生。最后,为了探究非对称前缘设计的作用,排除曲率连续与否的影响,对对称曲率连续前缘和非对称前缘叶型进行了进一步的对比研究,在排除曲率因素影响的情况下,非对称前缘叶型的损失低于对称前缘叶型,并且具有更宽广的工作范围。

参考文献

[1] Andrews S J. Tests related to the effect of profile shape and camber line on compressor cascade performance[R]. ARC Report, R&M－2743, 1955.

[2] Carter A D S. Some tests on compressor cascade of related aerofoils having different positions of maximum camber[R]. ARC Report, R&M－2694, 1953.

[3] Howell A R. A note on compressor base aerofoils c1,c2,c3,c4,c5 and aerofoils made up of circular arcs[R]. Power Jets Memorandum, 1011, 1944.

[4] Herrig L J, Emery J C, Erwin J R. Systematic two-dimensional cascade tests of NACA 65-series compressor blades at low speeds[R]. NACA Report, TN－3916, 1957.

[5] Todd K W. An experimental study of three-dimensional high-speed air conditions in a cascade of axial-flow compressor blades[R]. ARC Report, RM－2792, 1954.

[6] Howell A R. Note on the theory of arbitrary aerofoils in cascades[R]. RAE Report, E3859, 1941.

[7] 严汝群,钱肇琰.轴流压气机跨声速双圆弧(DCA)叶型的研究——叶型设计计算[J].工程热物理学报,1984,5(4):342－344.

[8] 刘波,严汝群.变几何收敛通道中叶栅性能的研究[J].西北工业大学学报,1987,5(1):84－91.

[9] Korn D G. Numerical design of transonic cascades[J]. Journal of Computational Physics, 1978, 29(1):20－34.

[10] Schimidt E. Computation of supercritical compressor and turbine cascade with a design method for transonic flows[J]. Journal of Engineering for Power, 1980, 102(1):68－74.

[11] Stephens H E, Hobbs D E. Design and performance evaluation of supercritical airfoils for axial-flow compressor[R]. Technical Report in Pratt & Whitney Government Products Division, PWA-FR-11455, 1979.

[12] Canal E, Chisholm B C, Lee D, et al. Study of controlled diffusion stator

blading. 1. Aerodynamic and mechanical design report[R]. NACA Report, CR－165500, 1981.

[13] Sanger N L. The use of optimization technique to design controlled diffusion compressor blading[J]. Journal of Engineering for Power, 1983, 105(2): 256－264.

[14] Dunker R, Rechter H, Starken H, et al. Redesign and performance analysis of a transonic axial compressor stator and equivalent plane cascades with subsonic controlled diffusion blades[J]. Journal of Engineering for Power, 1984, 106(4): 279－287.

[15] Rechter H, Steinert W, Lehmann K. Comparison of controlled diffusion airfoils with conventional NACA 65 airfoils developed for stator blade application in a multistage axial compressor[J]. Journal of Engineering for Power, 1985, 107(4): 494－498.

[16] Goel S, Cofer J I IV, Singh H. Turbine airfoil design optimization[R]. ASME Paper, 96－GT－158, 1996.

[17] Gersch H M. NASA Gas Turbine Stator Vane Ring[R]. ASME Paper, 81－GT－208, 1981.

[18] Eggers Jr A J. Aerodynamic characteristics at subcritical and supercritical Mach numbers of two airfoil sections having sharp leading edges and extreme rearward positions of maximum thickness[R]. NACA Report, RM－A7C10, 1947.

[19] Haugen R L, Steurer J W. Cascade testing of supersonic compressor blade elements[R]. Technical Report in Aerospace Research Laboratories, ARL 69－0034, 1969.

[20] Keenan M J, Bartok J A. Experimental evaluation of transonic stator. Data and performance report multiple-circular-arc stator b[R]. NASA Report, CR－54622, 1968.

[21] 查戈成,严汝群.轴流压气机超声速多圆弧(NCA)叶型的研究[J].航空动力学报,1987,2(2):113－116.

[22] 丛宝亨,喻双喜.高速高压压气机先进叶片的设计和性能[J].航空发动机参考资料,1994(1):18－27.

[23] Griepentrog H F L. Performance prediction for high turning low aspect ratio stator cascades in the transonic regime[J]. Journal of Engineering for Power, 1970(10): 390－398.

[24] 朱方元.航空轴流叶片机气动设计[M].西安:西北工业大学出版社,1984.

[25] Monsarrat N T, Keenan M J, Tramm P C. Design report single stage evaluation

of highly-loaded high-Mach-number compressor stage[R]. NASA Report, CR - 72562, 1969.

[26] Jones B A, Wright D L. Single stage experimental evaluation of variable geometry guide vanes and stators. Part 1 - Analysis and design[R]. NASA Report, CR - 54554, 1968.

[27] 程昊. 轴流压气机串列叶片造型及优化设计[D]. 西安：西北工业大学, 2015.

[28] 张永曙. 计算机辅助几何设计的数学方法[M]. 西安：西北工业大学出版社, 1986.

[29] 肖敏. 高马赫数, 大弯角叶型平面叶栅吹风实验报告[R]. 燃汽涡轮研究院, JGY2 - 22, 1996.

[30] 肖敏. 中推验证机风扇任意几何叶型平面叶栅吹风实验报告[R]. 燃汽涡轮研究院, JGF2 - 23, 1996.

[31] 靳军, 刘波, 曹志鹏, 等. 基于 NURBS 的三维轴流压气机叶片的几何型面优化研究[J]. 航空动力学报, 2005, 20(4)：625 - 629.

[32] 施法中. 计算机辅助几何设计与非均匀有理 B 样条 CAGD&NURBS[M]. 北京：高等教育出版社, 2001.

[33] Zhang W L, Knight D D, Smith D. Automated design of a three-dimensional subsonic diffuser[J]. Journal of Propulsion and Power, 2000, 16(6)：1132 - 1140.

[34] Miller IV P L, Oliver J H, Miller D P, et al. Blade CAD: an interactive geometric design tool for turbomachinery blades[R]. ASME Paper, 96 - GT - 58, 1996.

[35] Kaplan B, Eyi S. Inverse design of compressor cascades[R]. AIAA Paper, 2001 - 0387, 2001.

[36] Burman J, Gebart B, Martensson H. development of a blade geometry definition with implicit design variables[R]. AIAA Paper, 2000 - 0671, 2000.

[37] 陈波, 高学林, 袁新. 采用 NURBS 的某级透平叶片全三维气动最优化设计[J]. 动力工程, 2006, 26(2)：201 - 206.

[38] 崔彦平, 傅其凤, 刘玉秋, 等. 基于 NURBS 方法的复杂叶片形状设计[J]. 现代制造工程, 2003, 8：37 - 38.

[39] 齐涤非, 杨劲松, 刘国淦, 等. 应用 NURBS 实现飞机叶片的三维重构[J]. 光学精密工程, 2001, 9(3)：223 - 225.

[40] 刘波, 梅运焕, 靳军, 等. 基于 NURBS 的叶片优化设计研究[J]. 机械科学与技术, 2006, 25(7)：844 - 847.

[41] Suder K L, Chima R V, Strazisar A J, et al. The effect of adding roughness and thickness to a transonic axial compressor rotor[R]. ASME Paper, 94 - GT - 339, 1994.

[42] Walraevens R E, Cumpsty N A. Leading edge separation bubbles on turbomachine blades[R]. ASME Paper, 93 - GT - 091, 1993.

[43] 陆宏志,徐力平,方韧. 压气机叶片前缘形状的改进设计[J]. 航空动力学报,2000,15(2):129 - 132.

[44] 刘波,靳军,郑舒桐,等. 基于改进型动量 BP 神经网络算法的风扇叶片性能优化研究[J]. 西北工业大学学报,2007,25(2):266 - 269.

[45] 刘波,宣扬,陈云永. 基于人工神经网络的静子叶片优化设计研究[J]. 推进技术,2009,30(5):576 - 580.

[46] Messenger H E, Kennedy E E. Two-stage fan I: aerodynamic and mechanical design[R]. NASA Report, CR - 120859, 1972.

[47] 王掩刚,刘波,陈云永,等. 双级对转压气机流场分析研究[J]. 西北工业大学学报,2006,24(1):97 - 101.

[48] 刘波,陈云永,项效镕,等. 对转压气机数值模拟及实验研究[J]. 推进技术,2008,29(4):454 - 457.

[49] Chen Y Y, Liu B, Xuan Y, et al. A study of speed ratio affecting the performance of a contra-rotating axial compressor [J]. Proceedings of the Institution of Mechanical Engineers, Part G: Journal of Aerospace Engineering, 2008, 222(7):985 - 991.

[50] Wang Y G, Liu B, Ma C Y. Numerical investigation of dual stage counter-rotating compressor[C]. Xi'an: Proceedings of the Sino-Russian Conference on Aerospace Technology, 2006.

[51] Mike O'Docherty. 面向对象分析与设计[M]. 俞志翔,译. 北京:清华大学出版社,2006.

[52] Reuther J, Jameson A. Aerodynamic shape optimization of complex aircraft configuration via an adjoint formulation[R]. AIAA Paper, 1996 - 0094, 1996.

[53] Burguburu S, Toussaint C, et al. Numerical optimization of turbomachinery bladings[J]. Journal of Turbomachinery, 2004, 126(1):91 - 100.

[54] 宣扬. 基于人工神经网络和遗传算法的叶片优化设计研究[D]. 西安:西北工业大学,2009.

[55] 舒信伟,谷传纲,杨波,等. 基于小生境遗传算法和 RANS 方程的平面叶栅气动优化设计[J]. 航空动力学报,2007,22(1):48 - 53.

[56] Oksuz O, Akmandor I S, Kavsaoglu M S. Aerodynamic optimization of

turbomachinery cascades using Euler/boundary-layer coupled genetic algorithms [J]. Journal of Propulsion and Power, 2002, 18(3): 652 – 657.

[57] Huang M W, Arora J S. Optimal design with discrete variables: some numerical experiments[J]. International Journal for numerical methods in engineering, 1997, 40(1): 165 – 188.

[58] 邓磊,乔志德,熊俊涛,等. 多目标自然层流翼型反设计方法[J]. 航空学报, 2010,31(7): 1373 – 1378.

[59] Cumpsty N A. Compressor Aerodynamics [M]. London: Longman Scientific and Technical, 1989.

[60] Walraevens R E, Cumpsty N A. Leading edge separation bubbles on turbomachine blades[J]. Journal of Turbomachinery, 1995, 117(1): 115 – 125.

[61] Elmstrom M E, Millsaps K T, Hobson G V, et al. Impact of nonuniform leading edge coatings on the aerodynamic performance of compressor airfoils [J]. Journal of Turbomachinery, 2011, 133(4): 41004.

[62] 刘波,王掩刚,肖敏. 压气机叶栅叶片表面附面层流态变化影响因素探讨 [J]. 推进技术,1999,20(3): 65 – 69.

[63] 刘太秋,黄洪波,杜辉. 压气机低雷诺数叶型设计技术研究[J]. 航空发动 机,2006,32(2): 26 – 30.

[64] 刘波,靳军,南向谊,等. 高空低雷诺数二维叶栅叶型优化设计研究[J]. 燃 气涡轮实验与研究,2007,20(4): 1 – 6.

[65] 叶建,邹正平. 逆压梯度下层流分离泡转捩的大涡模拟[J]. 工程热物理学 报,2006,27(3): 402 – 404.

[66] 梁海奇,莫蓉,王增强,等. 航空发动机涡轮叶片敏捷化设计与制造技术 [J]. 航空计算技术,2000,30(3): 48 – 50.

[67] 肖敏,刘波,程荣辉. 轴流压气机超音叶片新设计技术研究[J]. 航空动力学 报,2001,17(1): 83 – 86.

[68] Kaplan B, Eyi S. Inverse design of compressor cascades[R]. AIAA Paper, 2001 – 0387, 2001.

[69] Fejtek L, Jones D, Waller G, et al. A transonic wing inverse design capability for complete aircraft configurations[R]. AIAA Paper, 2001 – 2443, 2001.

[70] Dang T Q, van Rooij M P C, Larosiliere L M. Design of aspirated compressor blades using three-dimensional inverse method[R]. ASME Paper, GT2003 – 38492, 2003.

[71] Chung J, Shim J, Lee K D. Inverse design of 3d transonic compressor blade

using 3d navier-stokes flow physics[R]. AIAA Paper, 2002 - 0103, 2002.

[72] Ozhamam M, Eyi S. Inverse design of compressor cascades on parallel computers[R]. AIAA Paper, 2002 - 0375, 2002.

[73] Jeffrey K, Jepson, Gopalarathnam A. Inverse airfoil design via specification of the boundary-layer transition curve[R]. AIAA Paper, 2003 - 212, 2003.

[74] Wilhelm R. Inverse design method for designing isolated and wing-mounted engine nacelles[J]. Journal of Aircraft, 2002, 39(6): 989 - 995.

[75] van Rooij M P C, Dang T Q, Larosiliere L M. Improving aerodynamic matching of axial compressor blading using a three-dimensional multistage inverse design method[J]. Journal of Turbomachinery, 2007, 129(1): 108 - 118.

[76] 周玉珍,陈东光. 涡轮叶片的优化和反设计技术研究[J]. 飞航导弹,1998 (5): 38 - 41.

[77] 王正明,贾希诚. 正反问题数值解法相结合三维叶片的优化设计[J]. 工程热物理学报,2000, 21(5): 183 - 190.

[78] Yu J, Paraschivoiu I, Saeed F. Iterative inverse design method based on streamline equations[J]. Journal of Aircraft, 2004, 41(4): 821 - 828.

[79] Jepson J K, Gopalarathnam A. Incorporation of aircraft performance considerations in inverse airfoil design[J]. Journal of Aircraft, 1971,42(1): 199 - 207.

[80] Gardner B, Selig M. Airfoil design using a genetic algorithm and an inverse method[R]. AIAA Paper, 2003 - 0043, 2003.

[81] Baauer F, Garbedion P, Korn D. Supercritical Wing Sections II [M]. New York: Springer-Verlag, 1975.

[82] Sobieczky H, Yu N J, Fung K Y, et al. New method for designing shock-free transonic configurations[J]. AIAA Journal, 1979, 17(7): 722 - 729.

[83] Steinert W, Eisenberg B, Starken H. Design and testing of a controlled diffusion airfoil cascade for industrial axial flow compressor application[J]. Journal of Turbomachinery,1991, 113(4): 583 - 590.

[84] 刘波. 一种设计亚声速叶型的解析方法[J]. 航空动力学报,1991,6(3): 207 - 210.

[85] 刘波. 流-势函数法的人工密度格式在叶型设计中的应用[J]. 航空动力学报,1988(3): 223 - 226.

[86] 王华,黄俊杰,阿拉坦仓. 二阶常系数非齐次线性常微分方程通解的分离变量法[J]. 数学的实践与认识,2013,43(13): 260 - 263.

[87] Leibfried D, Schirrmacher A, Bartelmann M, et al. The effect of leading-edge

geometry on wake interactions in compressors [J]. Journal of Turbomachinery, 2007, 131(4): 1769 - 1779.

[88] Zhang W, Zou Z, Ye J. Leading-edge redesign of a turbomachinery blade and its effect on aerodynamic performance [J]. Applied Energy, 2012, 93(5): 655 - 667.

[89] Goodhand M N, Miller R J. Compressor leading edge spikes: a new performance criterion [J]. Journal of Turbomachinery, 2010, 133(2): 394 - 399.

[90] 宋寅,顾春伟. 曲率连续的压气机叶片前缘设计方法[J]. 推进技术,2013, 34(11): 1474 - 1481.

[91] 曾瑞慧. 压气机层流叶型设计方法研究[D]. 西安: 西北工业大学,2017.

[92] 刘宝杰,袁春香,于贤君. 前缘形状对可控扩散叶型性能影响[J]. 推进技术,2013,34(7): 890 - 897.

[93] 靳军,刘波,南向谊,等. 超声速叶型前缘几何形状对叶栅气动性能的影响[J]. 航空动力学报,2007,22(4): 660 - 665.

[94] Denton J D. The 1993 IGTI scholar lecture: loss mechanisms in turbomachines [J]. Journal of Turbomachinery, 1993, 115(4): 621 - 656.

[95] Gonzalez H, Winkelmann A. An experimental study of droop leading edge modifications on high and low aspect ratio wings up to 50 deg angle of attack [C]. Monterey: 11th Applied Aerodynamics Conference, 1993.

[96] 卢天宇,吴小胜. 翼型前缘变形对动态失速效应影响的数值计算[J]. 航空学报,2014,35(4): 986 - 994.

[97] 陆宏志,徐力平. 压气机叶片的带平台圆弧形前缘[J]. 推进技术,2003,24(6): 532 - 536.